Gisela Schmalz ▪ Cliquenwirtschaft

Gisela Schmalz

Cliquenwirtschaft

Die Macht der Netzwerke: Goldman Sachs, Kirche, Google, Mafia & Co.

Kösel

Der Kösel-Verlag weist ausdrücklich darauf hin, dass im Text enthaltene externe Links vom Verlag nur bis zum Zeitpunkt der Buchveröffentlichung eingesehen werden konnten. Auf spätere Veränderungen hat der Verlag keinerlei Einfluss. Eine Haftung des Verlags für externe Links ist stets ausgeschlossen.

Anmerkung der Autorin: Die männliche Form von Personenbezeichnungen wird im Text nur in der Hoffnung auf bessere Lesbarkeit verwendet und nicht, weil es keine weiblichen Manager, Mitarbeiter, Kunden, Banker, Programmierer, Studenten, Mitglieder etc. gäbe.
Eigennamen wie Unternehmens- und Organisationsbezeichnungen werden bei der ersten Nennung *kursiv*, anschließend gerade gesetzt.

MIX
Papier aus verantwortungsvollen Quellen
FSC® C014496
FSC www.fsc.org

Verlagsgruppe Random House FSC® N001967
Das für dieses Buch verwendete FSC®-zertifizierte Papier
Munken Premium Cream liefert Arctic Paper Munkedals AB, Schweden.

Umschlag: Weiss Werkstatt, München
Umschlagmotiv: Shutterstock/Bokica
Lektorat: Monika Spinner-Schuch
Druck und Bindung: GGP Media GmbH, Pößneck
Printed in Germany
ISBN 978-3-466-34595-3

www.koesel.de

Inhalt

Einleitung
Soziale Kapitalmaschine

Mein Vermögen sind meine Freunde.

Emily Dickinson

Cliquenwirtschaft ist eine herausfordernde Kunst. Sie kann Menschen glücklich, reich und mächtig machen. Zugleich ist sie eine vertrackte Angelegenheit, die Menschenkenntnis, manipulatorisches und strategisches Geschick sowie Übung verlangt. Cliquenwirtschaftlich beschlagene Männer formten die *katholische Kirche*, die Mafiaorganisation *Cosa Nostra*, die Investmentbank *Goldman Sachs Group Inc.* und den Technologiekonzern *Google Inc.* zu den Weltmachtzentren, die sie heute sind. Wie geschickt die Vertreter von vier der einflussreichsten Organisationen der Welt Cliquenwirtschaft für ihre politischen und wirtschaftlichen Ziele einsetzen, zeigt dieses Buch. Es erforscht ein allgegenwärtiges, aber bisher wenig gründlich durchleuchtetes Thema. *Cliquenwirtschaft* fragt nach den Ursachen, Gründen und Dynamiken für dieses Phänomen, das in der Tierwelt genauso vorkommt wie unter Menschen.

Das Buch will die Instrumente erfolgreicher Cliquenwirtschaft vorstellen, sie kritisch untersuchen und allen zur Erprobung nahelegen, die bisher nur zaghaft oder gar nicht cliquenwirtschaftlich tätig waren. Gerade bei denen, die Cliquenwirtschaft und mächtige Cliquenwirtschaftler ablehnen, soll Interesse geweckt werden. Nur wer die Motive und Absichten für Cliquenwirtschaft begreift, kann die

Raffinesse, mit der cliquenwirtschaftliche Methoden eingesetzt werden, ein- oder wertschätzen. Es wird dazu eingeladen, Cliquenwirtschaft zu verstehen und anzuwenden – womöglich sogar dazu, um destruktive Formen von Cliquenwirtschaft aufzubrechen.

Gewinn durch Geselligkeit

Um wirtschaftliche, politische, gesellschaftliche, humanistische, ökologische, berufliche, private oder ganz andere Ziele zu erreichen, bilden Menschen Gruppen. Öffentliche Institutionen wie beispielsweise Städteverwaltungen, Nichtregierungsorganisationen (NGOs), OECD oder *Weltbank* setzen auf Gemeinde- und Clusterbildung. Im Wissen darum, dass Individuen sich in Gemeinschaft wohlfühlen, werden Gruppenprozesse gezielt gefördert und darüber Eigeninitiative und Produktivität angeregt. Auch Wirtschaftsunternehmen machen sich positive Gruppenphänomene zunutze. Mitarbeiter werden zu *Teams* zusammengestellt, vom Altenglischen *team*, das »Familie« oder »Gespann« bedeutet, um die einzelnen Mitglieder dazu zu bringen, wirtschaftliche Ziele zu erreichen. Investitionen in menschliche und zwischenmenschliche Faktoren lohnen sich ökonomisch.

Man mag die Ausschlachtung von menschlichen Nähebedürfnissen zu Wirtschaftszwecken moralisch verurteilen. Auch kann man es kritisieren, dass Menschen über gezieltes Auslösen von beglückenden Gruppengefühlen manipulier- und ausnutzbar gemacht werden. Doch viele Betroffene freuen sich über Gemeinschaftserlebnisse am Arbeitsplatz und die eigenen Leistungen, die sie in motivierten Arbeitsteams mit hervorbringen. Wer auf direktes Feedback stößt, empfindet die eigene Tätigkeit als sinnvoll. Angestellte fühlen sich an dem Ort wohl, an dem sie den Großteil ihrer Lebenszeit verbringen, wenn sie hier mit Gleichgesinnten kooperieren können. Sie werden erwiesenermaßen weniger krank als anderswo und wechseln seltener die Arbeitsstelle.

Cliquenwirtschaft ist eine soziale Technik, die dabei hilft, über Freundschaften und Bekanntschaften Kapital aller Art zu generieren. Sie dient dazu, wirtschaftliches, politisches, soziales, symbolisches, erotisches oder emotionales Kapital zu erlangen. Enge soziale *Bonding-* und schwache soziale *Briding-*Beziehungen lassen sich für verschiedene Zwecke nutzen. Während enge *Freundescliquen (bonding)* Unterstützung, Vertrauen und Sicherheit bieten, halten lockere *Networking-*Bekanntschaften (*briding*) Kontakte in neue soziale Kreise sowie weiterführende, frische Informationen bereit. Der Leistungsdruck ist in einer globalisierten, digitalisierten und dynamischen Umwelt mit sich ständig wandelnden Konstellationen und Wechselwirkungen so hoch wie nie. Nur wer heute und in Zukunft schnell, effizient, kreativ, flexibel und über Netzwerke agiert, hat Chancen, sich durchzusetzen. Doch zur Stärkung und Verstärkung während dieses Wettlaufs braucht der Einzelne die Gruppe.

In diesem Buch wird die Clique als ideales Organisationsgefüge zum Überleben in einer unübersichtlichen Welt identifiziert. Eine Einzelperson kann, selbst wenn sie sich mit einer zweiten zu einem Paar verbindet, wenig ausrichten. Menschentrauben und riesige Netzwerke sind wiederum schwerfällig und langsam. Sie lassen sich schlecht überblicken, kontrollieren und steuern. In einer komplexen Welt besitzen mittelgroße Einheiten die größte Schlagkraft. In einer Familie, Gruppe, Clique, Gemeinde oder Firma gelingt es am ehesten, beweglich und doch langfristig gewinnbringend zu handeln. In der Gruppe kann man spielen, lernen, arbeiten und gemeinsame Absichten verfolgen – und dabei Spaß haben. Hier kennt und vertraut man einander. Man vermittelt einander Nestwärme, hält sich wechselseitig über kurze Wege und rasch auf dem Laufenden und hilft sich gegenseitig. In der Clique verbinden sich Aspekte von Freundschaft und Seilschaft auf das Angenehmste. Menschen, mit denen man schon länger eng verbunden ist, sind verlässlicher als flüchtige Netzwerkbekanntschaften. Doch in der Regel sind Cliquen von größeren Netzwerken umgeben und geübt im Ausnutzen derselben. Die Clique ist die Brücke zwischen Ich und Welt.

Königsdisziplin Cliquenwirtschaft

Nicht immer strategisch, vielmehr oft instinktiv, aus praktischen Gründen oder aus der Not heraus widmen Menschen ihre Freundschaften in Seilschaften um und beuten sie zu bestimmten Zwecken aus. Größere Organisationen wie Kirche, Mafia, Goldman Sachs oder Google nutzen die Möglichkeiten der Cliquenwirtschaft auf unterschiedliche Weise und mit unterschiedlichem Erfolg. Organisieren sie ihr Personal über Hierarchien, Projektgruppen oder Teams, bewahren sie die Clique als Nukleus. So profitieren sie von allen damit verbundenen Vorteilen, vor allem dem Vorteil der wechselseitigen Motivation der Mitglieder. Diese kann, wie bei Goldman Sachs, in einen internen Wettbewerb münden, bei dem Mitarbeiter einander zum Wohl der Bank überbieten. Geschickte Führungskräfte initiieren daher Cliquenwirtschaft unter ihren Angestellten. Obendrein betreiben sie selbst Cliquenwirtschaft mit außenstehenden Personen oder Personengruppen. Sie unterhalten Beziehungen zu Politikern, Gesetzgebern, Konkurrenten, Anwälten, Wirtschaftsprüfern, Medienpersonen, Lobbyisten, Verbandsvertretern, Berufsmultiplikatoren und Beratern für alles und nichts, um jederzeit auf deren Unterstützung, Expertise, Empfehlungen oder Seilschaften zurückgreifen zu können.

Die Führungspersönlichkeiten der katholischen Kirche, der sizilianischen Mafia, der Investmentbank Goldman Sachs Group Inc. und des Technologiekonzerns Google Inc. sind Meister im Ausschöpfen der Potenziale von Cliquen und Cliquenwirtschaft. Im Kern geht es in allen vier Organisationen um Macht und Besitz, wobei beides eng verknüpft ist. Durchleuchtet man das Wirken dieser Institutionen, so lässt sich zeigen, wie Macht aufgebaut, lebendig gehalten und vermehrt wird und wie Macht finanziellen Reichtum hervorbringt.

Die Führungskräfte der vier Organisationen animieren ihre Mitglieder zu voller Hingabe an ihre Organisation und begeistern auch externe Partner. Sie spannen weltweite Netzwerke und schaffen um sich herum eine Aura, die andere betört und bindet. Das Buch stellt dar, mit welcher Brillanz die Vertreter dieser Machtzentren auf internationalem Parkett agieren. Es zeigt, dass Kirche, Cosa Nostra, Goldman Sachs und Google trotz ihrer Traditionsverbundenheit nicht stagnieren, sondern ihre Strategien vielmehr permanent professionalisieren, um in neue Dimensionen, Länder, Zielgruppen, Märkte oder Branchen vorzustoßen. Nicht Regeltreue, das Denken in engen Schubladen und das Kopieren alter Handlungsmuster, sondern der Spaß daran, in und mit Cliquen Gleichgesinnter anders vorzugehen als die meisten, treibt sie an und führt sie zum Erfolg.

Diese globalen Schwergewichte setzen sich absurd hohe Ziele. Und sie besitzen die Courage, manche ihrer Anhänger auch genügend kriminelle Energie, die Ziele umzusetzen. Die Vertreter der vier Organisationen denken und handeln global, die der katholischen Kirche und des Unternehmens Google verfolgen sogar einen universellen Anspruch. Die Kirchenlehre bezieht sich auf das Himmelreich und auf das Jenseits, und die Produktideen von Google ragen ins All. In der Kirche und bei Google rechnet man außerdem nicht in Jahrzehnten, sondern in Jahrhunderten oder in Ewigkeiten. Wenn es gut läuft, entsprechen sie ihrem Ewigkeitsanspruch, ohne antiquiert zu wirken oder an Anziehungskraft einzubüßen. Steigen die hochfliegenden Visionen der vier Institutionen nur hoch genug, erhöht das ihre Verführungskraft.

Max Weber definierte Macht als »jede Chance, innerhalb einer sozialen Beziehung den eigenen Willen auch gegen Widerstreben durchzusetzen, gleichviel worauf diese Chance beruht«[1]. Im Sinne von Weber haben die katholische Kirche, die sizilianische Mafia, die Bank Goldman Sachs und der Suchmaschinenanbieter Google jeweils mehr Macht über ihre Mitglieder, Kunden oder Partner als andere Organisationen über ihre Anhänger und als mancher Staat über seine Bürger. Katholische Kirche, Cosa Nostra, Goldman Sachs und Google sind mit zahlreichen Filialen in aller Welt vertreten. Über diese weltweit verstreuten, lose verbundenen Einheiten können sie ihre Macht kleinteilig und lokal, aber gleichermaßen global ausspielen. Als transnational agierende Institutionen können sie weltpolitische oder weltwirtschaftliche Geschicke teilweise schneller und nachhaltiger als Einzelstaaten oder Staatenbündnisse bestimmen. Kulturelle und gesellschaftliche Trends beeinflussen sie stärker als die nationale Politik. Die Strategen von Kirche, Cosa Nostra, Goldman Sachs und Google beschreiten dabei ungewöhnliche Wege. Sie lassen Widersprüche zu. Sie taktieren flexibler, smarter, diskreter und vorausschauender als andere. Sie sind finanz-, macht- und gefühlsstrategisch beschlagen und deshalb exzellente Cliquenwirtschaftler. Jedes der vier Machtzentren wird hier mit seinen cliquenwirtschaftlichen Raffinessen vorgestellt. Es wird nachgezeichnet, wie es der jeweiligen Institution gelingt, Sozialkapital in Wirtschaftskapital zu verwandeln und daraus einen Machtgewinn zu ziehen.

Das Buch hat sechs Kapitel. Das erste Kapitel führt in die Cliquenwirtschaft ein und erläutert das Phänomen anhand verschiedener Beispiele aus Wirtschaft, Politik, Sport, Kunst und Kultur. Die anschließenden Kapitel widmen sich der katholischen Kirche, der sizilianischen Mafia sowie den US-Unternehmen Goldman Sachs und Google. Einzeln porträtiert werden die Entwicklung, das wichtigste Personal, die Regeln, Riten, Erfolgsfaktoren und Schwierigkeiten ihrer Cliquenwirtschaften. Dabei wird deutlich, warum diese vier Institutionen durch Cliquenwirtschaft nicht nur reich, sondern so einflussreich geworden sind, dass sie heute die Weltwirtschaft und Weltpolitik mitbestimmen können. Im Schlusskapitel werden als Quintessenz die 16 wichtigsten Faktoren erfolgreicher Cliquenwirtschaft präsentiert.

1
Cliquenwirtschaft überall

Finde die anderen.

Timothy Leary

Während der Kindheit und der Schulzeit können Freundschaften und Cliquen fürs Leben entstehen. Später, im Auslandsjahr, im freiwilligen sozialen Jahr, beim Militär, in der Ausbildung, an der Universität und im Berufsleben, werden sie fortgeführt und erneuert. Oder es werden neue Cliquen aufgebaut. Cliquenwanderer kleben nicht an einer Clique fest. Sie wechseln ihre Clique mit den Lebensumständen, können aber einigen davon gleichzeitig treu bleiben. Studentische Cliquen bilden sich um einen Sport herum, eine musikalische Vorliebe, ein Hobby, ein Studienfach, ein Projekt, eine politische Auffassung, eine Religion, eine Geschäftsidee oder das gemeinsame Vorhaben, Karriere zu machen.

Freundschaften als Seilschaften

Cliquenwirtschaft betreiben alle, die ihre sozialen Beziehungen spielen lassen, um sich und ihre Freunde zu bereichern. Um Wirtschaftscliquen zu bilden, bedarf es keines Studienabschlusses. Soziale Kompetenz, ein klares ökonomisches Ziel, etwas Verschlagenheit und äußerste Diskretion bilden die Voraussetzungen, um in dieser Disziplin zu punkten. Weniger aus fachlichen als vielmehr aus gesellschaftlichen Gründen kann ein Studium dabei jedoch nicht schaden. Der Besuch einer angesehenen Hochschule und der frühe Anschluss an einen Zirkel aus potenziellen Machtfiguren stellen häufig den ersten Schritt einer erfolgreichen Karriere dar. Studienfreunde lassen sich in Steigbügelhalter umfunktionieren und studentische Verbindungen, Online- oder Offline-Alumni- und -Karrierenetzwerke für ökonomische Zwecke ausschlachten.

Dabei muss der Spaß keineswegs zu kurz kommen. Der Wettbewerb unter Freunden, gegenseitiges Manipulieren und Übervorteilen kann wie ein Mannschaftssport betrieben werden – mit allen Höhen und Tiefen. Gemeinsame Erlebnisse schweißen Cliquenfreunde zusammen. Über Versprechungen, Verpflichtungen oder Abmachungen werden aus Loyalitäten Abhängigkeiten, die noch stärker aneinander binden. In Studentenverbindungen lässt man buchstäblich und im übertragenen Sinn die Hosen voreinander fallen, indem man intime Erfahrungen austauscht und Extremerlebnisse teilt. Wer sich einmal voreinander offenbart und bloßgestellt hat, fühlt sich mit den anderen auf ewig verschweißt. So werden Geheimnisse inszeniert, die kein *Alter Herr* oder *Old Boy* im späteren Leben breitgetreten sehen will. Weit mehr als persönliche Geständnisse, konzertiertes Ausarten im studentischen Alkoholrausch und andere Offenherzigkeiten stärken gemeinsame kriminelle Akte den Cliquenzusammenhalt. Mafiabosse zwingen ihre Mitglieder zu Loyalität, indem sie Verbrechen von Gruppen statt von Einzelpersonen durchführen lassen.

Im deutschen Sprachraum bietet sich insbesondere konservativen jungen Männern eine große Auswahl von *Studentenverbindungen*, *Burschenschaften* oder *Corps*. Jede dieser Verbindungen pflegt einen eigenen Brauch und eigene Riten. Es gibt nichtschlagende, pflichtschlagende und fakultativ schlagende Burschenschaften. Die einschneidendsten Erlebnisse verschaffen Studentenverbindungen, die ihren Zusammenhalt mit dem Ritual des Fechtens besiegeln. Bei schlagenden Verbindungen tragen zwei männliche Mitglieder eine *Mensur* aus, einen streng geregelten Fechtkampf mit scharfen Waffen. Dabei geht es nicht um Leben oder Tod, nicht einmal um die Ehre, sondern um die Persönlichkeitsbildung der Studenten. Herausgefordert werden ihre Angst und ihre Fähigkeit, diszipliniert zu kämpfen. Das Persönlichkeitswachstum innerhalb der Gemeinschaft und die engen Beziehungen aus Studentenjahren werden genutzt, um die Karrieren der Verbindungsmitglieder voranzutreiben. Studentenverbindungen arbeiten wie ein Lebensbund. Die später sogenannten Alten Herren unterstützen sich gegenseitig mit Rat und Tat. Verbindungsmitglieder, die ähnliche Werte teilen, bilden berufliche Seilschaften, um voneinander zu profitieren. Dabei kommen Karrieren nicht immer nur nach dem Prinzip der Meritokratie zustande, vom Lateinischen *meritum*, zu Deutsch »Verdienst«, bei dem die Leistung zählt. Den Zugang zu bestimmten Positionen oder Zirkeln verschafft oft allein die Verbindungsmitgliedschaft, also die Zugehörigkeit zu einer Elite oder zur Aristokratie. Frauen schließt die elitäre Cliquenwirtschaft automatisch aus und ebenso alle anderen, die nie in Burschenschaften oder Corps organisiert waren. *Old boy networks* heißen die Auswüchse der Studentenverbindungen in der englischsprachigen Welt, in Indien und in Hongkong. Finnische Old-boy-Netzwerke laufen unter dem Terminus *hyvä veli – verkosto (sic.)*, auf Deutsch »Lieber-Bruder-Netzwerk«. Old boy networks entstehen, nachdem Männer bestimmte Privatschulen besucht haben, zu denen nur Jungen zugelassen werden. Alumni-Netzwerke, Verbindungen von ehemaligen Hochschulstudierenden, können Karrieren ebenfalls befeuern. Zu ihnen haben auch Frauen Zugang.

Ivy League-Universitäten als Karrieresprungbretter

So wie die Alten Herren waren auch die Old Boys einmal jung. Old Boys hießen als Sprösslinge einer Studentenverbindung (*fraternity) frat boys*. Womöglich studierten sie an einer der ältesten und renommiertesten Hochschulen im Nordosten der Vereinigten Staaten, an der Brown University, Columbia University, Cornell University, am Dartmouth College, an der Harvard University, Princeton University, Yale University oder der University of Pennsylvania. Einheiten der Harvard University sind die Eliteschmieden Harvard Business School (HBS) und Harvard Law School (HLS). Zur Hochschule von Pennsylvania zählt die Wharton School, deren Wirtschafts-, Jura- und Medizinfakultät hoch angesehen sind. Die acht Elitehochschulen gehören zur *Ivy League*. Der Begriff bezog sich ursprünglich nur auf die Sportliga dieser Hochschulen, wobei *ivy*, Englisch für »Efeu«, auf die Efeubewachsung der Hochschulgebäude anspielt. Die privaten Ivy-League-Hochschulen sind bekannt für die strengen Auswahlprozesse von Studierenden, für akademische Qualität und illustre oder reiche Alumni, ehemalige Studierende, die ihre Lehr- und Cliquenbrutstätte finanziell unterstützen. Wer an einer Ivy-League-Hochschule studiert, zählt zur Elite. Das bläut man den Erstsemestern ab ihrem ersten Hochschultag und an jedem weiteren Tag ein.

Die acht Ivy-League-Hochschulen behalten es sich vor, ihre Auswahlkriterien geheim zu halten. Keiner weiß genau, warum eine eher mittelmäßige Schülerin aufgenommen, einem Einserabsolventen und Soldaten jedoch abgesagt wird. Es kommt vor, dass Kinder und Enkel mit einem klingenden Familiennamen oder Verwandte von spendierfreudigen Old Boys zugelassen werden. So kommen nicht immer die schulisch Besten, sondern die familiär Vernetzten in den Genuss, an einer Ivy-League-Universität zu studieren.

Illustre Absolventen

Zu den Absolvierenden der Harvard University, der ältesten, 1636 gegründeten und mit rund 33 Milliarden US-Dollar Spendenkapital im Jahr 2013 reichsten der acht Ivy-League-Hochschulen, zählen die US-Präsidenten John Adams, John Quincy Adams, Rutherford Hayes, Theodore Roosevelt, Franklin D. Roosevelt, John F. Kennedy, George W. Bush und Barack Obama, ebenso seine Frau Michelle Obama. Zu den erfolgreichsten Managern, die Harvard hervorgebracht hat, gehören der Gründer der Firma *Microsoft*, Bill Gates, und der CEO der Goldman Sachs Group, Lloyd Blankfein.

Ohne Abschluss verließ Mark Zuckerberg 2006 seine Alma Mater. Zuvor gründete er zusammen mit vier Kommilitonen und Mitbewohnern vom Harvard Campus aus die Firma Facebook. Die ehemalige Google-Mitarbeiterin und seit 2008 *Chief Operating Officer* (COO) von *Facebook*, Sheryl Sandberg, ist gleich zweifach mit Harvard verbunden. Sie schloss die Harvard University mit dem Bachelor of Arts (BA) ab und absolvierte zusätzlich an der Harvard Business School ihren Master of Business Administration (MBA). Anschließend arbeitete Sandberg bei *McKinsey & Company* als Beraterin. Sandbergs Mentor, der ehemalige Präsident von Havard Lawrence Summers, der ihre Abschlussarbeit betreut hatte, war mittlerweile Chefökonom der Weltbank. Als solcher stellte er Sandberg 1991 als Indien- und Gesundheitsexpertin ein. Von der Weltbank wechselte Sandberg in die Position der Marketingchefin bei Google. Von dort ging sie zur Firma des Harvard-Abbrechers Mark Zuckerberg.

Die renommierte Graduiertenschule Harvard Business School besuchten außer Sandberg auch der Gründer der Finanznachrichtenagentur *Bloomberg L.P.* und ehemalige Bürgermeister von New York City, Michael Bloomberg, der Mitgründer der *Carlyle Group*, Daniel D'Aniello, der ehemalige Präsidentschaftskandidat der Republikanischen Partei und Mitgründer von *Bain Capital*, Mitt Romney, der CEO von *General Electric*, Jeffrey Immelt, die CEO und Präsidentin von *Hewlett-Packard*, Meg Whitman, der CEO und Chairman der Bank *JPMorgan Chase*, Jamie Dimon, sowie die drei ehemaligen Goldman-Sachs-Bankiers und -Manager John Whitehead, Henry Paulson und David Viniar. Offensichtlich eignet sich die Harvard Business School als Sprungbrett in eine internationale Spitzenkarriere.

Sich einander bei den Karrieren zu helfen, zählt auch zu den Verpflichtungen der *Bonesmen*, der Mitglieder der Verbindung *Skull & Bones*, die 1832 an der Yale University gegründet wurde. Im

Zuge von teils kuriosen, teils brutalen Initiationsriten werden ausgewählte männliche und seit 1991 auch weibliche Studenten aufgenommen. Alle Mitglieder haben sich an die Ordensregeln zu halten, deren oberstes Prinzip die Geheimhaltung ist. Außerdem schwört man einander absolute Ehrlichkeit und Loyalität. Zur Loyalität gehört auch die selbstverständliche Unterstützung anderer Skull & Bones-Mitglieder im späteren Berufsleben. Die Familie Bush profitierte vom Skull & Bones-System. Der Vater von George H.W. Bush, Prescott Bush, George H.W. Bush und dessen Sohn George W. Bush setzten sich allesamt mit Rat und Geld für ihre Studentenverbindung ein und profitierten beruflich von ihren Langzeitseilschaften.

Aufgrund ihres Renommees, ihres Alumni-Systems und der hohen Spenden zählt die kalifornische Stanford University zu den sogenannten *Ivy-Plus*-Hochschulen. An der Stanford Universität im Silicon Valley studierten etwa der einflussreiche PayPal-Gründer und Partner des Risikokapitalunternehmens *Founders Fund,* Peter Thiel, die *Yahoo*-Gründer Jerry Yang und David Filo oder die Google-Gründer Larry Page und Sergey Brin. Erfolgreiche Frauen haben nicht selten an einer der *Seven Sisters,* einer Gruppe angesehener Frauen-Colleges mit Wurzeln im 19. Jahrhundert, studiert. Am Barnard College, Bryn Mawr College, Mount Holyoke College, Radcliffe College, Smith College, Vassar College oder Wellesley College studierten beispielsweise die Schauspielerin Katharine Hepburn oder die Politikerinnen Madeleine Albright und Hillary Rodham Clinton.

Die drei Kölner Brüder Marc, Oliver und Alexander Samwer, Gründer oder Finanziers von Internetfirmen wie *Alando, Yamba, Citydeal, Zalando* oder *Glossy Box*, kopieren nicht nur die Geschäftsideen US-amerikanischer Start-ups. Sie orientieren sich auch am Seilschaftsprinzip der US-Ivys. Der jüngste Samwer-Bruder Oliver erhielt seinen MBA an der Harvard Business School und sammelte dort internationale Kontakte. Alexander, der Mittlere, studierte an der deutschen Privathochschule WHU – Otto Beisheim School of Management in Vallendar bei Koblenz. Als WHU-Student, Stipendiat der Studienstiftung des deutschen Volkes und Trainee bei der seit 2010 zur Deutschen Bank gehörenden Kölner Bank *Sal. Oppenheim jr. & Cie* knüpfte er, so wie auch der älteste Bruder Marc, Juraabsolvent der Universität Köln, in Deutschland ein wertvolles Netzwerk. Ihre gemeinsamen Kontakte nutzen die Brüder Samwer für den Betrieb ihrer Risikokapitalgesellschaft *Rocket Internet GmbH*, die sich an Internetfirmen in der Gründungsphase finanziell und mit aktiver Managementhilfe beteiligt. Geht es um die Besetzung wichtiger Firmenposten, nehmen die Samwers gern Kandidaten der Vallendarer Managementhochschule WHU in die enge Auswahl. So führt eine WHU-Absolventin eine der von Rocket Internet finanzierten international operierenden Firmen als deren CEO. 2008 wurde das deutsche Online-Versandunternehmen Zalando AG von David Schneider und Robert Gentz mit den Investorengeldern der Samwer-Brüder nach dem Vorbild der US-Firma *Zappos.com* aufgebaut. Zwei Jahre später, 2010, holte man den ehemaligen WHUler Rubin Ritter als dritten Mann mit in die Zalando-Geschäftsführung.

Kartelle, Kooperationen und Absprachen

Zu erfolgreicher Wirtschaftscliquenbildung eignen sich auch Kartelle, Kooperationen oder Vertragsabsprachen zwischen Konkurrenzunternehmen. Ein Beispiel für Kartellstrukturen in der Wirtschaft liefern die japanischen *Keiretsu*. Diese Unternehmenskonglomerate, Keiretsu, auf Deutsch »Reihe« oder »Linie«, erlauben es den beteiligten Konzernen, Transaktionskosten zu sparen sowie vom Wissen und von den Aufträgen der anderen zu profitieren. Charakteristisch für Keiretsu sind regelmäßige Treffen der Konzernpräsidenten, Absprachen von Unternehmensstrategien, eine gemeinsame kreditgebende Hausbank, die Querverteilung von Aktien unter den Cliquenmitgliedern und die gegenseitige Ausleihe von Managern. Durch diese kartellartige Großcliquenwirtschaft sichern sich die Mitglieder eine hohe Effizienz und die Möglichkeit, Erfahrungen auszutauschen.

Horizontale Keiretsu setzen sich aus Unternehmen verschiedener Branchen zusammen. *Vertikale Keiretsu* binden Zulieferer oder

Endhersteller ein oder umfassen ganze Handelsketten. Das Konglomerat *Mitsubishi* etwa ist als horizontales Keiretsu organisiert. Beispiele für vertikale Keiretsu sind *Toyota, Nissan, Hitachi, Sony* oder *Panasonic*. Den japanischen Keiretsu nachgebildet wurden die britische *Virgin Group*, der indische Konzern *Tata Sons Ltd* oder die aus 28 Fluggesellschaften bestehende Luftfahrtallianz *Star Alliance*. Die südkoreanische Variante der Keiretsu heißt *Jaebeol*, von *jae* für »Reichtum« und *beol* für »Sippe«. Jaebeol bezeichnet einen Mischkonzern aus verschiedenen Sparten, der normalerweise als Familienimperium geführt wird. Beispiele dafür sind international erfolgreiche Konglomerate wie *Kia, LG Group* oder *Samsung*.

2011 veröffentlichten die drei Systemforscher Stefania Vitali, James Glattfelder und Stefano Battiston von der Eidgenössischen Technischen Hochschule Zürich (ETH Zürich) eine Studie über die Konzernverflechtungen in der Weltwirtschaft.[2] Sie fanden heraus, dass von über 43.000 multinationalen Unternehmen, die 2007 in der Wirtschaftsdatenbank *Orbis* erfasst waren, nur 147 Firmen rund 40 Prozent all ihrer Umsätze kontrollierten. Durch Beteiligungen aneinander und an anderen Konzernen kam diesem 147er-Zirkel sein ökonomisches Schwergewicht zu. Die meiste Macht unter den 147 Firmen vereinigte die britische *Barclays Bank* auf sich. Der französische Versicherer *AXA* rangierte auf Platz 4, die US-Bank JPMorgan Chase auf Platz 5, die schweizerische Bank *UBS* auf Platz 9, die *Deutsche Bank* auf Platz 12 und die deutsche *Allianz* auf Platz 28. Der Investmentbank Goldman Sachs Group kam die 18. Position im Machtgeflecht der Weltwirtschaft zu. Den Großteil der Wirtschaftsmacht vereinigt eine eng verzahnte, von den Autoren als »Super-Entität«[3] bezeichnete Gruppe von Finanzinstitutionen auf sich. Mit Interpretationen ihrer Ergebnisse halten sich Battiston und seine Kollegen zurück. Sie diagnostizieren einer Wirtschaftsstruktur mit nur einem Kern jedoch ein »systemisches Risiko«, da diese bei Schwierigkeiten »simultan in Not« gerate.

Großkonzerne und Konzerngruppen, die über flexible, weltweite Beziehungsnetze und verstreute Teilcliquen organisiert sind, können ihre wirtschaftliche und politische Macht kleinteilig und zugleich mit weitreichender Wirkung ausspielen. Die globalen Player verschiedener Branchen und Sektoren arbeiten alle mit ähnlichen Cliquen-plus-Netzwerkstrukturen. Brückenschläge zu externen Cliquen und zu größeren Netzwerken erweitern den Radius, ohne dabei die Intimität von Cliquen zu beschädigen. Der Aufbau, die Unterhaltung und der erfolgreiche Gebrauch von Freundschaften-Seilschaften erfordern Übung und die Bereitschaft zur ständigen Weiterentwicklung. Cliquenwirtschaft ist kein Kinderspiel. Dass man sich ihr dennoch branchen- und weltweit bedient, beweist ihre Zweckdienlichkeit. Cliquen-, Vettern- und Neffenwirtschaft (Nepotismus) kommen in Politik, Wirtschaft, Militär, Religion und Kunst, Kultur, Sport und Wissenschaft vor.

Wirtschaftscliquen

Cliquenwirtschaft gleitet hin und wieder ins Unmoralische oder Illegale ab. Nach üblem Image klingen folglich die meisten Ersatzwörter für Cliquenwirtschaft, darunter Günstlingswirtschaft, Parteiwirtschaft, Patronage, Protektion, Begünstigung oder Bevorzugung. Beim Sonderfall des Lobbyismus geht es um politisch-wirtschaftliche Cliquenwirtschaft. Im Auftrag von Wirtschaftsunternehmen, Nichtregierungs-, Verbraucherschutz- oder Umweltschutzorganisationen strengen sich Lobbyisten an, politische Amtsträger oder die Öffentlichkeit von der Haltung ihrer Klienten zu überzeugen.

Der Begriff Filz veranschaulicht das nicht selten gewollte Unentwirr- und Undurchschaubare eines cliquenwirtschaftlichen Beziehungsgeflechts. Kungelei und Seilschaft stehen für brauchbare cliquenwirtschaftliche Handwerkszeuge. Zudem gibt es regionale Versionen von Cliquenwirtschaft. Die Kölner sprechen von Klüngel, die Stuttgarter von Vetterleswirtschaft, die Schweizer von Vetterliwirtschaft und die Österreicher von Freunderlwirtschaft. Die Österreicher treffen am deutlichsten, worum es sich bei Cliquenwirtschaft handelt. Dieses weltbekannte Phänomen ist häufiger eine Wahlverwandtschaftswirtschaft als eine Angelegenheit echter Vettern oder Verwandter.

Ein Cliquenwirtschaftler ist nie allein tätig. Schacherer, Klüngler, Kungler, Freunderl oder Vetterles bedienen sich stets diverser Fachgehilfen, um ihre Geschäfte voranzutreiben. Je nach Bedarf werden Banker, Politiker, Juristen, Unternehmens-, Steuer- oder Medienberater in die Aktivitäten der Wirtschaftscliquen hineingezogen.

Die rheinische Vetterleswirtschaft heißt *Kölscher Klüngel*. Der Klüngel wird schon deshalb nicht aussterben, weil er jährlich beim Kölner Karneval wiederbelebt wird. In wechselseitiger Klüngelei organisieren die Kölner ihren Karneval mit Karnevalsvereinen, -sitzungen, -feiern und -umzügen. Diese Veranstaltungen bieten Kölner Bürgern die Gelegenheit, zu feiern und parallel Geschäfte zu machen. Als das »Ausräumen von Schwierigkeiten im Vorfeld von Entscheidungen«[4] soll der Oberbürgermeister von Köln von 1980 bis 1999, Norbert Burger, den Kölner Klüngel definiert haben. Beschränkt sich die Arbeit von Politikern jedoch primär auf Klüngeleien und stellen sie die Klüngelinteressen vor die Bürgerinteressen, so wird der Klüngel zum Problem. Das wohl spektakulärste Beispiel von Kölschem Klüngel liefern die Auswüchse der Kumpanei zwischen dem aus Troisdorf bei Köln stammenden Maurerpolier Josef Esch, der sich zum gewieften Immobilienentwickler gemausert hat, und dem adligen Bankier der privaten Kölner Traditionsbank Sal. Oppenheim. Im Zuge der Immobilien- und Kreditgeschäfte der Herren Josef Esch, Matthias Graf von Krockow, Christopher Freiherr von Oppenheim und Georg Baron von Ullmann wurden wohlhabende rheinische Familien und die Quelle-Erbin Madeleine Schickedanz um hohe Geldsummen erleichtert. Nebenbei ging der Handelskonzern *KarstadtQuelle*, den Vater Schickedanz aufgebaut hatte, zugrunde. Ihre Geschäftsbeziehung zur Bank Oppenheim degradierte die Milliardärin Madeleine Schickedanz zu einer Millionärin. Außer dem Gespann Esch/Oppenheim profitierte davon auch der letzte Karstadt-Manager, Thomas Middelhoff. Bevor er zu Karstadt kam, war er bereits Immobilienkunde des »Millionenjüppchens« Esch. Als »Big T« Middelhoff 2009 das verschuldete Unternehmen verließ, soll er eine Million an Gehalt und eine Abfindung von rund 2 Millionen Euro mitgenommen haben. Gegen Josef Esch und die persönlich haftenden Gesellschafter von Sal. Oppenheim wurde 2012 Anklage erhoben. Sie sollen Vermögen veruntreut haben. 2009 wurde die Familienbank mit einer 220-jährigen Geschichte von der Deutschen Bank übernommen.

Valley-Wirtschaft

Lokale Nähe kann Cliquenwirtschaft begünstigen. Das zeigt sich auch im kalifornischen *Silicon Valley*, südlich der San Francisco Bay Area. Im Herzen des Valley liegt die Stanford University. Um diese herum siedelten sich bereits Anfang des 20. Jahrhunderts Technologiefirmen an. 1939 entstand hier das Unternehmen Hewlett-Packard. Gegründet haben es die Stanford-Absolventen Bill Hewlett und Dave Packard. Wie viele andere aufstrebende Valley-Unternehmer begann auch ihre Zusammenarbeit in einer Garage. Heute residieren im Valley zahlreiche Hightech- und Internetfirmen von Weltrang, darunter *Apple, Cisco Systems, Dell, eBay, Electronic Arts,* Facebook, Google, *Netflix, Oracle* oder Yahoo. Die unmittelbare Nachbarschaft der Branchenteilnehmer, zu denen außer Unternehmern auch Wissenschaftler, Erfinder, Entwickler, Geldgeber oder Journalisten zählen, wirkt sich positiv auf deren Cliquenwirtschaft und auf deren Wirtschaftserfolge aus.

Man könnte von einer einzigartigen *Valley-Wirtschaft* sprechen. Sie wird oft in Gang gesetzt, wenn manche Studierende oder ehemalige Studierende der Stanford University mit Professoren oder mit Valley-Unternehmern gemeinsame Forschungsprojekte starten. Überzeugen ein Praxisprojekt und sein Forscherteam die Kapitalgeber der Gegend, so überführen sie es in ein grundfinanziertes Start-up-Unternehmen. Nicht nur die Start-up-Gründungswilligen konkurrieren um Kapital. Auch die Kapitalgeber stehen im Wettbewerb.

Sie rivalisieren um die besten Ideen und Köpfe. »Wir leben in einem strukturellen Oligopol, in dem wir konkurrieren, aber auch zusammenarbeiten. Für jeden bleiben immer ein paar gute Unternehmen übrig«,[5] erläuterte Matt Cohler von *Benchmark Capital* die besondere Wettbewerbssituation im Valley Anfang 2014 gegenüber dem *Handelsblatt*. Heraus klingen die Zuversicht und der Sportsgeist des 1977 geborenen Venture-Capital-Gebers, der 2008 von seinem Posten bei Facebook als jüngster Managingpartner zum Finanzier Benchmark Capital kam. Risikokapitalgeber aus dem Valley wie *Andreessen Horowitz*, Benchmark Capital, *Sequoia Capital* oder *Kleiner Perkins Caufiled & Byers* liefern Jungfirmen nicht nur Finanzkapital. Indem sie Kontakte zu relevanten Branchenteilnehmern herstellen, versorgen sie den Nachwuchs obendrein mit wertvollem Sozialkapital. Um sie zu wirtschaftlichem Erfolg zu führen, stehen die Kapitalgeber jungen Gründern auch als Berater und Business Angels zur Seite. Sie assistieren zudem bei der Gestaltung von Marketingkonzepten. Zur Rekrutierung von Personal greifen Start-up-Unternehmer teilweise auch wieder auf Stanford-Absolventen oder -Abbrecher zurück. Jungunternehmer, die ihre Firma nicht selbst weiterführen möchten, können sie verkaufen und sich anschließend selbst als Wagniskapitalgeber betätigen. Als solche können dann auch sie den frischen Valley-Nachwuchs fördern, den ihnen Stanford-Professoren, Freunde oder Bekannte empfehlen.

Von der lokalen Nähe im Silicon Valley profitieren auch internationale Firmen mit Dependancen im Valley, darunter die deutschen Konzerne *SAP, Bosch, Audi* oder *Mercedes-Benz*. Die Präsenz im Valley und die Cliquenbildung vor Ort ermöglicht es, das hier geballte Sozial-, Human-, Wissens- oder Finanzkapital ohne Umwege anzuzapfen. 2013 erzielten die rund sieben Millionen Einwohner des Silicon Valley ein Bruttoinlandsprodukt von ca. 400 Milliarden Euro. Das Pro-Kopf-Einkommen sei im Valley 1,75-mal so hoch wie in Deutschland, berechnete Anfang 2014 das deutsche *Handelsblatt*.[6] Die kurzen Wege erlauben regelmäßige, auch zufällige Begegnungen. Der persönliche Austausch befeuert die Kreativität und den

Unternehmensboom in der Region. Er ermöglicht auch ständige Jobrotation, was die Cliquenwirtschaft anheizt. Sheryl Sandberg ist nur ein Beispiel für eine typische Jobwechslerin, die lediglich eine Straße überqueren muss, um von ihrem alten Büro ins Büro ihrer neuen Firma zu laufen. 2008 verließ Sandberg ihren Posten bei Google als Verantwortliche für *Global Online Sales and Operations*, um bei Facebook die mächtigere Position des *Chief Operating Officer* (COO) anzutreten. Bei ihrem Wechsel nahm sie gleich mehrere Google-Angestellte mit. Und sie hielt Freundschaften aufrecht, etwa die zu ihrer einstigen Kollegin bei Google, Marissa Mayer, die sie bei der Bewerbung ihres Buches *Lean In: Women Work and the Will to Lead* von 2013 unterstützt hat.

Die PayPal-Clique

Einen Sonderfall von Valley-Cliquenwirtschaft verkörpern die früheren Mitarbeiter der Firma *PayPal.* Diese erfolgsverwöhnte Clique, deren Mitglieder von den Medien als »PayPal-Mafia« bezeichnet werden, entstand im Zuge der Gründung des Online-Bezahldienstes PayPal.[7] Der in Frankfurt geborene Peter Thiel betreute nach erfolgreicher Tätigkeit als Banker seinen eigenen Investmentfonds *Thiel Capital Management.* 1998 stieß er dann unweit seiner Alma Mater, der Stanford University, auf den in Kiew geborenen Informatiker Max Levchin. Der investierende Geschäftsmann Thiel und der Erfinder eines mobilen Bezahlservices Levchin wurden ein Team. Sie reicherten es um passende Persönlichkeiten an und schufen so den harten Kern von PayPal. Zusammen mit Luke Nosek von der Universität von Illinois, an der auch Levchin studiert hatte, gründeten Thiel und Levchin 1998 die Firma *Confinity Inc.* Von der Stanford University stieß Ken Howery dazu. Er ist heute Thiels Partner bei dessen *Founders Fund.* Im Jahr 2000 entstand als Zusammenschluss der Firmen Confinity und *X.com* in Palo Alto die ursprünglich auf Bezahldienste und Kryptografie spezialisierte Firma PayPal Inc. Über sein Projekt X.com stieß auch der aus Südafrika stammende

Wharton-Absolvent Elon Musk zu PayPal. Die Unternehmer verteidigten ihr Online-Bezahlsystem erfolgreich gegen Firmen wie *Mastercard, Visa* und eBay sowie gegen die US-Finanzregulierungsbehörden. Als PayPal 2002 an eBay verkauft wurde, verdiente Elon Musk, der mit 11,7 Prozent größte Anteilseigner, weit mehr als der »Don« von PayPal, Peter Thiel, der für seinen Firmenanteil von 4,7 Prozent aber immerhin nahezu 55 Millionen US-Dollar kassierte.[8] Im Unterschied zu vielen, die mit Technologiewerten spekuliert hatten, gingen die PayPal-Unternehmer gestärkt aus der Dotcom-Blase hervor. Keiner von ihnen legte auch nur eine mittelprächtige Karriere hin. Alle bauten weitere Erfolgsfirmen auf.

Elon Musk gründete 2002 *Space Exploration Technologies Corporation*, kurz *SpaceX*, und hob damit in die Raumfahrtindustrie ab. Seit 2003 lässt er über *Tesla Motors* zudem Elektrofahrzeuge für den Weltmarkt bauen. Auch später dazu gekommene PayPal-Männer legten Glanzkarrieren hin. Reid Hoffmann gründete die digitale Vernetzungsplattform *LinkedIn*. Keith Rabois investierte in Projekte wie LinkedIn, *YouTube* oder *Yelp*. Yishan Wong stieg zum CEO des Nachrichtenaggregators *Reddit Inc.* auf, der seit 2006 zum *Condé-Nast-Verlag* gehört.

Das Erfolgsrezept der Clique PayPal ist die Clique selbst. Jeder einzelne Teilnehmer ist handverlesen. Nur wer jung, formbar und männlich ist sowie einen der Altunternehmer schon länger kennt, hat die Chance, aufgenommen zu werden. Der PayPal-Cliquennachwuchs sollte nicht zwingend von einer Ivy-League-Hochschule kommen und eben kein mit sozialen Kontakten vorbelasteter *frat boy* sein. Gewünscht wird, dass Neulinge ihr soziales Kapital in und mit der PayPal-Clique ganz neu aufbauen und sich ansonsten völlig der Arbeit hingeben. Am besten bringt ein junges PayPal-Cliquenmitglied einen herausragenden Hochschulabschluss in einer Disziplin mit, die bislang selten im »Clan« vertreten ist. Auch spricht er im Idealfall eine Fremdsprache, die kein anderes Mitglied beherrscht. Die PayPal-Männer wissen, dass die Wahl des passenden Neumitglieds entscheidend zum Gelingen ihrer Cliquenwirtschaft beiträgt.

Bis heute arbeiten drei der früheren PayPal-Unternehmer eng zusammen. Peter Thiel, Luke Nosek und Ken Howery gehören zu den fünf Partnern der Risikokapitalfirma Founders Fund.

Gecliquet und gekungelt wird nicht nur in der westlichen Welt. Für seine Cliquenwirtschaft wurde der korrupte chinesische Ex-Eisenbahnminister Liu Zhijun im Juli 2013 zur Todesstrafe auf Bewährung verurteilt. Der »Vater der Hochgeschwindigkeitszüge«, Liu Zhijun, hatte sich seines Netzwerks aus Verwandten, Freunden, Partnern und Abhängigen sowie seines Mentors von der Partei bedient, um sich und die Seinen zu bereichern. Liu Zhijun soll kaiserlich gelebt haben, mit Konkubinen und im Besitz von Geld, Aktien, Autos, Schmuck und Immobilien. Mit erkungelten Staatsfinanzen gut gepolstert, ließ er Bahntrassen für moderne Züge und Hochgeschwindigkeitszüge bauen. Die Zeit für Sicherheitsprüfungen wurde dabei dem hohen Tempo beim Trassenbau geopfert. Als 2011 ein Zug verunglückte, starben 40 Personen. Die zerstörten Waggons wurden zugeschüttet und der Vorfall wurde vertuscht. Das harte Urteil gegen ihn geht auf den Kurs des neuen Staatspräsidenten der Republik China zurück. Seit 2013 war vorgesehen, Korruption bedingungslos zu ahnden. Auch in Bereichen jenseits von Wirtschaft und Politik wird geklüngelt, bis die Polizei kommt – oder nicht kommt.

Kunst-, Sport- und Geheimdienstcliquenwirtschaft

Im internationalen Kunstbetrieb gelingt kaum ein lukratives Geschäft ohne die Umwidmung von sozialem Kapital in ökonomisches Kapital. Wer sich kennt, dealt miteinander. Museumsleute, Betreiber und Angestellte von Auktionshäusern und Kunstmessen, Galeristen, Journalisten, Herausgeber von Kunstzeitschriften und Webportalen und nicht zuletzt die Künstler kungeln sich und ihre Cliquen kunstvoll mit Kunst reich und einflussreich. Eine wichtige Rolle im Kunstklüngel spielen Galeristen. Daher ist die Auswahl einer Galerie für Künstler eine Glaubensfrage. Mit deren Wahl verschreiben sie sich nicht nur einer Galerie, sondern auch der Kunstclique um diese herum. Die Clique einer Galerie besteht aus ihren Künstlern, befreundeten Galeristen im In- und Ausland, bestimmten Sammlern und den Sammlern der befreundeten Galerien. Künstler, die mit einer Galerie zusammenarbeiten, sind unweigerlich Partner der Partner dieser Galerie. Künstler einer Berliner Galeristin profitieren von deren Freundesgalerien in New York, London oder Tokio. Dort kann der Künstler dann deshalb ebenfalls ausstellen und erhält so Zugang zu einem internationalen Sammlerkreis.

Der deutsche Kunsthändler Michael Werner platzierte ab 1982 seine Künstler strategisch in den USA. Von seiner Kölner Galerie aus fädelte er Kooperationen mit prominenten New Yorker Galerien ein. Er arbeitete mit *Ileana Sonnabend, Pace Gallery, Xavier Fourcade, Marian Goodman* und mit der *Mary Boone Gallery* zusammen, deren Namensgeberin Werner 1984 heiratete. Die deutschen Künstler Georg Baselitz, Markus Lüpertz oder Sigmar Polke verdanken ihrem Talent und der Clique um die *Galerie Michael Werner* ihre Weltkarrieren und ihren Reichtum.

Galeristencliquen schließen die einen Galerien ein und die anderen aus. Sie sprechen sich untereinander in Bezug auf Künstler und Sammler ab. Sie unterhalten Freundschaften mit Kunstkritikern oder Kuratoren. Wie die Künstler kleben auch Sammler, Kritiker und Kulturleute an bestimmten Galerien, so wie diese umgekehrt an ihnen. Künstler, die nicht auch selbst bei der Cliquenwirtschaft des Kunstbetriebs mitmachen, erhalten kaum die Chance, aus ihrem Galerie-Dunstkreis herauszutreten und in neue Sphären einzutreten. Wer gar nicht oder in den falschen Kreisen cliquet, fliegt raus, gelangt gar nicht erst in den Kunstbetrieb hinein und verarmt, falls er sich nicht in die Cliquenwirtschaft einer anderen Branche einklinkt.

Auch Sportvereine kennen Cliquenwirtschaft. Der Überfußballverein, die *Fédération Internationale de Football Association* (FIFA), betreibt Cliquenwirtschaft auf Weltmeisterschaftsniveau. Der FIFA-Präsident seit 1998, Sepp Blatter, hat die Cliquenwirtschaft im Sportbereich in zuvor ungekannte Dimensionen überführt. Der 1936 geborene Schweizer Volkswirt und Alte Herr der schlagenden *Schweizerischen Studentenverbindung Helvetia* hatte dazu genügend Lehrjahre und die nötigen Freunde, mittlerweile alte Männer wie er. Vereint und verschworen lenkt die Blatter-Clique seit Jahren den Weltfußball und die damit verbundenen Finanzflüsse.

Geheim- und Nachrichtendienste betreiben ebenfalls Cliquenwirtschaft. Die US-amerikanische *National Security Agency* (NSA) mit ihren vermuteten 38.000 Mitarbeitern verbindet Abkommen mit vergleichbaren Behörden anderer Länder. Seit 1968 wird mit dem deutschen *Bundesnachrichtendienst* (BND) kooperiert. Man tauscht je nach Bedarf und Vertragslage Informationen aus. Dass die NSA zwei weitreichende Überwachungsprogramme, *Boundless Informant* und *PRISM* (Planning Tool for Resource Integration, Synchronization and Management), unterhält, wurde im Juni 2013 publik. Der freie Mitarbeiter der US-Technologieberatungsfirma *Booz Allen Hamilton*, Edward Snowden, gab der britischen Zeitung *The Guardian* ein Interview zu den NSA-Operationen. Er überreichte zudem zahlreiche heimlich kopierte Dokumente der NSA. Diese offenbarten, dass die NSA über PRISM die Datenflüsse von US-Onlinediensten wie Microsoft, Yahoo, Google, Facebook und Apple seit dem Jahr 2007 überwacht und auswertet. NSA-Mitarbeiter konnten so offenbar auf gespeicherte Informationen und den Echtzeit-Datenverkehr von US-Amerikanern und Bürgern anderer Staaten zugreifen. Ihre undurchsichtige, weltweite Spionage rechtfertigt die NSA damit, dass über PRISM internationale Terrorbedrohungen im Vorfeld aufgespürt werden könnten. Die Vertreter der Internetfirmen wollen nicht zugeben, der NSA aktiv Daten zugeliefert zu haben. Man sei gesetzlich dazu verpflichtet worden, heißt es einmal. Ein anderes Mal heißt es, Nutzerdaten seien ohne Kenntnis der Unternehmensverantwortlichen von Dritten abgesaugt worden. Die Ahnungslosigkeit der IT-Branchenvertreter lässt sich schwer nachvollziehen. Führende Datenspezialisten sind wahrscheinlich persönlich miteinander bekannt. Bei dem Mega-Cliquenwirtschafts-Event, dem geheimen Bilderberg-Treffen 2011 in St. Moritz, waren gleichzeitig der amtierende NSA-Chef General Keith Alexander, Eric Schmidt von Google, Craig Mundie von Microsoft und Mark Hughes von Facebook anwesend. *The Guardian* lieferte dazu Berichte und Beweisfotos.[9]

Die Rolle des Auftraggebers von Edward Snowden, Booz Allen Hamilton Inc., im Prismenspiel ist unklar. Booz Allen zählt zu den wichtigsten Technologieberatungsfirmen der US-Regierung. Sie beschäftigt zahlreiche ehemals leitende Mitarbeiter des US-Nachrichtendienstes *Central Intelligence Agency* (CIA) und anderer US-Geheimdienste. Die Hälfte der 2013 rund 25.000 Booz-Allen-Hamilton-Angestellten sind Geheimnisträger. Ein solcher war auch der IT-Techniker Snowden, der ab 2009 im Auftrag von Booz Allen Hamilton in einem Büro der NSA auf Hawaii arbeitete. 2008 war Booz Allen zweigeteilt worden. Die eine der neu entstandenen Firmen, *Booz & Company,* widmet sich der Wirtschaftsberatung internationaler Firmen, öffentlicher und privater Institutionen. Die zweite neue Firma, *Booz Allen Hamilton,* die 2010 an die Börse gebracht wurde, konzentriert sich vor allem auf ihre Hauptkundin, die US-Regierung. Mit einem Firmenanteil von 69 Prozent ist die Private-Equity-Gesellschaft *The Carlyle Group* seit 2008 Mehrheitseignerin von Booz Allen Hamilton. Gemeinsam mit Booz & Company verantwortet sie hier die Unternehmensstrategie und streicht den Löwenanteil an den Gewinnen der profitablen Technologieberatungsaufträge ein. Dank größtenteils topgeheimer Regierungsaufträge setzte Booz Allen Hamilton 2012 rund 5,8 Milliarden US-Dollar um. Daran verdiente The Carlyle Group rund 2 Milliarden US-Dollar, berichtete Nathan Vardi 2013 im Magazin *Forbes.*[10] The Carlyle Group besitzt auch Anteile am Unternehmen *United Defense Industries.* Dieses gehört heute zu einem der größten Rüstungskonzerne der Welt, zur britischen Gesellschaft *BAE Systems.* Die Investmentfirma Carlyle Group verdient also offenbar an Datentransfers, an kalten und an heißen Kriegen.

The Carlyle Group L. P. wurde 1987 von der Clique bestehend aus William Conway, Daniel D'Aniello, David Rubenstein, Stephen Norris und Greg Rosenbaum gegründet. Heute gehört sie zu den größten privaten Beteiligungsgesellschaften der Welt. Unter Führung der drei Gründungsmitglieder Conway, D'Aniello und Rubenstein betreibt die Carlyle Group strategische Cliquenwirtschaft, was zu den Hauptaufgaben in der Branche gehört. Um ihre Freunde in der US-Politik bei Laune zu halten, zahlen Carlyle-Mitarbeiter hohe Parteispenden sowohl an die Demokraten als auch an die Republikaner. Das Carlyle-Netzwerk besteht aus international einflussreichen Männern aus der Politik- und Wirtschaftsszene. Der CIA-Direktor der 1970er-Jahre und einstige US-Präsident George H. W. Bush arbeitete von 1998 bis 2003 als Seniorberater für Carlyle. Der ehemalige britische Premier John Major war drei Jahre lang, bis 2004, der Vorstandschef von *Carlyle Europe*. Jerome H. Powell, Anwalt, Investmentbanker und einstiger Mitarbeiter im US-Finanzministerium während der Regierung von George H. W. Bush, agierte von 1997 bis 2005 als Partner der Carlyle Group. Der Ex-Vorstand der Börsenaufsichtsbehörde *U.S. Securities and Exchange Commission* (SEC), Arthur Levitt, berät Carlyle seit 2001. Aus der Wirtschaft holte sich Carlyle den einstigen Bundesbankpräsidenten Karl Otto Pöhl ins Beraterteam. Olivier Sarkozy, der Halbbruder des französischen Ex-Präsidenten, verantwortet seit 2008 die internationale Finanzsparte von Carlyle als deren *Managing Director*.

Weitere amerikanische Privatfirmen, wie die *Boeing*-Tochter *Narus, CSC, Logicon* oder *Palantir*, versorgen die nationalen Nachrichtendienste mit Technologien. Wie Booz Allen Hamilton unterstützen auch diese Unternehmen die Regierung bei Spionageaktionen und verdienen gut daran. *Palantir Technologies Inc.* wurde 2004 von Peter Thiel und weiteren Investoren gegründet. Sie entwickelt Sicherheits- und Finanzsoftware und vertreibt sie an Behörden, zum Beispiel an Nachrichtendienste oder an Unternehmen aus dem Finanzsektor. *Palantir Technologies* hat seinen Hauptsitz in Palo Alto, wo auch der Bezahldienst PayPal gegründet wurde. Die Firmensparte *Palantir Government* erstellt Analyseprogramme für Behörden, die sich mit Terrorismusabwehr befassen. Sie entwickelt sogenannte *Link-Analysis*-Software, welche die NSA gut gebrauchen kann. Mithilfe dieser Technologie lassen sich nicht nur alle direkten Verbindungen einer im Netz aufgespürten Zielperson verzeichnen. Die Software erlaubt es außerdem, die Kreise dieser Verbindungen sowie wiederum deren Kreise aufzuzeichnen. Das Bild einzelner Gruppen innerhalb von Netzwerken kann kartografisch dargestellt und nach Gemeinsamkeiten ausgewertet werden, zum Beispiel zu dem Zweck, einen Verschwörungsring aufzudecken.

Auf einer Straße in Maryland mit dem treffenden Namen *National Business Parkway* haben sich in unmittelbarer Nähe zur Zentrale der NSA Technologie-, Ingenieur- und IT-Firmen angesiedelt, darunter Booz Allen Hamilton, BAE Systems und der Zivil- und Militärflugzeughersteller *The Boeing Company*. Zwischen den US-Geheimdiensten, dem US-Militär und der US-Privatwirtschaft bestehen nicht nur geografisch, sondern auch personell enge Verbindungen. Admiral John Michael McConnell war von 1992 bis 1996 Direktor der NSA. Während der Regierung von George W. Bush, dem Sohn des ehemaligen US-Präsidenten und Carlyle-Beraters George H. W. Bush, beaufsichtigte Admiral McConnell zwischen 2007 und 2009 als *Director of National Intelligence* (DNI) sämtliche US-amerikanischen Nachrichtendienste. Nach 2009 verantwortete der Admiral die Geschäftssektion *Nationale Sicherheit* beim Privatkonzern Booz Allen Hamilton. Die Personalwechsel zwischen öffentlichem Sicherheits- und Militärsektor einerseits und privatem IT-Sektor andererseits bringen eine interessante Machtkonzentration hervor.

General Keith Alexander, Chef des *Central Security Service* (CSS) und Kommandant der *United States Cyber Command*, der bis 2014 auch Direktor der National Security Agency (NSA) war, trat 2012 auf der *Def Con*, einer der größten Hackerveranstaltungen weltweit, auf. Im DefCon-T-Shirt, statt in Uniform, warb er um die Gunst der besten Programmierer. Der General appellierte an die versammelte Hackergemeinde: »Es geht hier um unsere Zukunft, wir können nicht am Rand sitzen oder uns von anderen, die das Cyberspace nicht begreifen, erklären lassen, was wir machen sollen. Deshalb kam ich her, um eure Hilfe zu erbitten.«[11]

Verspricht die Arbeit spannend zu werden und sollten die Gagen stimmen, laufen Programmierer von Privatfirmen schon mal zu Geheimdiensten über. Mit der Mitarbeiterfluktuation verschwimmen die Grenzen zwischen den Bereichen. Aus dem politischen Beratungsstab, erst unter Condoleezza Rice und anschließend unter Hillary Clinton, wechselte Jared Cohen, *Adjunct Senior Fellow* der mächtigen Organisation *Council on Foreign Relations* (*CFR*), 2010 zum Privatkonzern Google. 2013 verfasste er mit dem Google-Vorstand Eric Schmidt das Buch *The New Digital Age: Re-shaping the Future of People, Nations and Business*[12]. Über Cohen und sein Buch, das technologisch-politische Zusammenhänge beleuchtet, wird im Kapitel über Google mehr berichtet (vgl. Kapitel 5).

Selten lässt ein Techie die öffentlich-private Spitzelcliquenwirtschaft auffliegen, so wie Edward Snowden. Weniger idealistisch und mehr karrieristisch eingestellte Programmierer stabilisieren durch ihre beruflichen Seitenwechsel den militärisch-politisch-technologisch-wirtschaftlichen Komplex der Vereinigten Staaten. Dieser Machtapparat muss deshalb um eine weitere Dimension, um die der Informationsverarbeitung, ergänzt werden. Nicht nur die weltweite öffentliche und geheime Kommunikation wird digital abgewickelt. Auf der Basis von Daten werden außerdem Kriegsszenarien geplant und gelenkt. Wenn IT-Spezialisten und Militärs gemeinsam Cyberkriege gestalten, können sich die Kapitalgeber, Kriegsgeräteherstel-ler und Softwarekonzerne daran finanziell gesundstoßen.

In allen Branchen der Wirtschaft sowie in der Politik, im Kultur-, Sport- oder Militärsektor – überall regiert die Cliquenwirtschaft. Das Wohl der Allgemeinheit steht dabei oft nicht im Vordergrund.

Weltmachtcliquenwirtschaft

Die internationalen Schwergewichte der Cliquenwirtschaft finden zueinander und sprechen miteinander, ohne dass die Öffentlichkeit zuhört. Dazu haben sie sich Plattformen jenseits der offiziellen Pflichtveranstaltungen geschaffen. Unter Ausschluss der Normalbevölkerung und unbeobachtet von kritischen Journalisten und Bloggern versammeln sich die einflussreichsten Cliquenwirtschaftler der Welt bei privat organisierten Treffen. Einziges Teilnahmekriterium ist eine hohe Machtposition. Da die Zahl dieser Auserwählten begrenzt ist, wiederholen sich die Namen auf den publik gewordenen Teilnahmelisten der exklusiven Zusammenkünfte. Zu den wichtigsten Bündnissen und Konferenzen für die High Potentials der westlichen Welt zählen die *Atlantik-Brücke*, die *Bilderberg-Konferenz*, die *Münchener Sicherheitskonferenz*, das *Weltwirtschaftsforum in Davos*, die *Trilaterale Kommission*, die *Group of Thirty* und der *European Round Table of Industrialists*. Diese Veranstaltungen haben informellen Charakter, aber teils tiefgreifende Folgen für die Weltpolitik und Weltwirtschaft. Daher dienen cliquenwirtschaftliche Weltereignisse wie die alljährliche Bilderberg-Konferenz Verschwörungstheoretikern als Inspiration. Auch wenn die Themen und Anlässe der vorgestellten Weltveranstaltungen voneinander abweichen, so wiederholen sich doch bestimmte Namen auf den Gäste- und Mitgliederlisten. Unabhängig von ihrer Parteizugehörigkeit und ihrem Fachwissen debattieren die immer gleichen Machtfiguren in ähnlichen Konstellationen über die Geschicke der Welt. An den wiederkehrenden Besuchern derartiger Veranstaltungen ist ablesbar, wie klein die Weltmachtclique ist.

Das Forbes-Ranking der mächtigsten Menschen der Welt, *World's Most Powerful People*,[13] basiert auf vier Kriterien. Zu diesen zählen die Anzahl der Menschen, über die jemand Macht hat, das Finanzkapital, die Ausdehnung der Macht über mehrere Bereiche hinweg und die tatsächliche Machtausübung einer Person. Die Staatsleute Vladimir Putin, Barack Obama, Xi Jinping, Papst Franziskus und

Angela Merkel nahmen auf der Liste von 2014 die Ränge 1, 2, 3, 4 und 5 ein. An Stelle neun rangiert der EZB-Präsident und einstige Goldman-Sachs-Banker Mario Draghi.

Wer analytische und emotionale Intelligenz, eine gewisse finanzielle Grundausstattung sowie neben engen Freunden zudem ein Netzwerk von Mächtigen aufweist, kann Macht ausüben. Zu den international umtriebigsten Netzwerkern zählen Persönlichkeiten wie der US-Politiker und Außenpolitikfachmann Henry Kissinger, der Gründer und Präsident des Davoser Weltwirtschaftsforums, Klaus Schwab, der Präsident der Europäischen Zentralbank (EZB), die Journalistin und Mitgründerin der Onlinezeitung *The Huffington Post,* Arianna Huffington, und wiederum der Ex-Goldman-Sachs-Bankier, »Super« Mario Draghi. Wer Multiplikatoren dieser Weltklasse zum eigenen Netzwerk zählt, erhält höchstwahrscheinlich ebenfalls Zugang zu den allermächtigsten Kreisen. Gewandte Cliquenwirtschaftler verbünden sich mit solchen Hypervernetzten, weil sie schnell und effizient Brücken zu vielen Menschen aus unterschiedlichen Zirkeln bauen können. Wer sich mit ihnen vernetzt, weitet augenblicklich das eigene Netzwerk aus.

Manche dieser Zwischenhändler von Menschen haben aus ihrem Multiplikatorendasein ein Geschäftsmodell entwickelt. Sie stellen Kontakte her und lassen sich für ihre Vermittlungsleistungen bezahlen. Inzwischen gibt es *Networker* als eigene Berufsbezeichnung. Diese Tätigkeit lässt sich heute fast rein digital ausüben. Ein LinkedIn-, *Xing*-, Facebook- oder *Twitter*-Konto mit jeweils vielen Onlinekontakten oder -followern eröffnet jedem, selbst Misanthropen, die Chance, sich in Cliquenwirtschaften hineinzuklicken. Jongleure wichtiger Netzwerke treffen andere Menschen jedoch persönlich und häufig. Sie gehen typischen Berufen nach, sind Journalisten, Agenten, Makler, Galeristen, Politiker, Lobbyisten, Marketing- und PR-Fachkräfte, Berater, Investmentbanker oder Manager und beschränken sich keineswegs darauf, rein digital zu kommunizieren. Regelmäßig lassen sie sich auf Networking-Events, bei Vorträgen, Seminaren, Konferenzen, Messen, Sitzungen, Empfängen, Essen oder Partys blicken, wo Cliquenwirtschaftliches eingetütet wird. Mit ihrer Präsenz markieren sie, dass sie im Menschengeflecht eine nicht zu ignorierende Größe darstellen. Tatsächlich kommen beruflich oder gesellschaftlich Ehrgeizige kaum um solche Sozialprofis herum. Cliquenwirtschaftler können sich jedoch auch selbst zum Netzwerkmittelpunkt machen und dabei der Maxime folgen: Es geht nicht darum, wen du kennst, sondern wer dich kennen will.

Der Weg zur Machtausübung lässt sich analysieren und kopieren. Wer Machtstrukturen, Machtinstrumente, Machtstrategien und Machtcliquen studiert, kann davon lernen. Die wichtigsten Erfolgsvoraussetzungen bei der Jagd nach Besitz und Macht sind klare Ziele und eine verlässliche Clique, die ihre Beziehungsnetze in alle Richtungen auswerfen kann. Im Bestfall erzeugt eine Kernclique, etwa ein kleines Führungsteam, eine mitreißende Dynamik, bei der Ziele wie Macht, Ansehen oder Besitz zur persönlichen Lebensrichtschnur aller Cliquenmitglieder werden. Wer keinen Cliquensog auslöst, kann eine Clique nicht lange zusammenhalten. Zum Überleben im Haifischbecken konkurrierender Cliquen gehören unbedingte Loyalität nach innen und je nach Erfordernis Abschottung oder Kooperationsbereitschaft nach außen – sowie Talent zum Taktieren. Wie diese vielschichtige Kunst dauerhaft gelingen kann, zeigen die Organisationen katholische Kirche, Cosa Nostra, Goldman Sachs und Google.

2
Die katholische Kirche und das Allzumenschliche

Es gibt zwei Kirchenbilder: die verkündende Kirche, die aus sich selbst hinausgeht, die das »Wort Gottes ehrfürchtig vernimmt und getreu verkündet«; und die mondäne Kirche, die in sich, von sich und für sich lebt.

Jorge Mario Bergoglio, Kardinal und Erzbischof von Buenos Aires
in seiner Ansprache im Präkonklave, 2013

Die 1,2 Milliarden Mitglieder der größten christlichen Kirche verteilen sich auf etwa 2 900 Bistümer in aller Welt. In Südamerika, woher Papst Franziskus stammt, leben mit etwa 28 Prozent die meisten Gläubigen. Doch hier, so wie in den Vereinigten Staaten, stagnieren die Zahlen. Nur in Asien und in Afrika steigen derzeit die Mitgliederzahlen. In Europa, in dessen Herz der umstrittene vatikanische Machtapparat liegt, sinken die Mitgliederzahlen.

Das Geistliche und das Weltliche

2010 sank das Vertrauen in die katholische Kirche auf einen Tiefpunkt. Es war bekannt geworden, dass Geistliche in allen Teilen der Welt Minderjährige missbraucht hatten. Die Missbrauchsfälle, die Finanzskandale rund um die Vatikanbank und die Machtkämpfe der Kardinäle in Rom hatten das Ansehen der katholischen Kirche und des Papstes schwer beschädigt. Allein in Deutschland traten 2010 rund 180.000 Katholiken aus der Kirche aus. Das waren etwa 50.000 Personen mehr als im Vorjahr, so die Angaben des Forschungsinstituts *Forsa*.[14] Die römisch-katholische Kirche ist ein Koloss, aber kein Monolith. In den rund 2000 Jahren ihrer Geschichte hat sie viele Wandlungen durchlaufen. Sie weist Brüche, Widersprüche und viele Facetten auf. So wenig wie die weltweit gestreute Glaubensgemeinde ist der innere Machtzirkel der katholischen Kirche, die Kurie, aus einem Guss. Die Kurie, sämtliche Leitungs- und Verwaltungsorgane der Kirche, besteht aus unterschiedlichen, rivalisierenden Interessengruppen. Die Führungsmannschaft der katholischen Kirche eint zwar dieselbe Grundhaltung. Der Glaube, die Tradition und das Kirchenrecht verbinden die Kardinäle und hohen Würdenträger. Auch achten die Manager darauf, nach außen hin geeint aufzutreten und einer einheitlichen Führungslinie zu folgen. Zudem wirken die strikten Auflagen für Neuzugänge vereinheitlichend. Wer im System Kirche Karriere machen will, muss katholisch, männlich, heterosexuell, unverheiratet und geweiht sein und sich der strengen Kirchenhierarchie unterwerfen. Vereinigend wirkt obendrein der kirchliche Schweigekodex – normalerweise halten Kirchenmänner Interna geheim. Kaum etwas dringt nach außen, selbst wenn die Informationen heikel und sogar von polizeilichem oder gerichtlichem Interesse sind. Die Geistlichen im Vatikan schützen einander vor dem Zugriff durch Medienvertreter und staatliche Autoritäten.

Aber trotz des gemeinsamen Glaubens, ihrer Regeln, Riten und Prinzipien bekriegen sich am Heiligen Stuhl in Rom mächtige Kirchenmanager. Sie bilden Seilschaften untereinander oder mit Externen, um eigene Interessen durchzusetzen, die nicht zwingend im Einklang mit denen ihrer Kirche stehen.

Um ihre immensen Aufgaben in der Welt erfüllen zu können, muss die katholische Kirche sich organisieren und Geld beschaffen. Daher regiert und agiert sie über Hierarchien wie eine Staatsregierung und betreibt Geschäfte wie ein Wirtschaftskonzern. Es ist also nicht verwunderlich, dass die Kirche, so wie profane Großinstitutionen, immer wieder mit dem Fehlverhalten ihres Personals konfrontiert wird. Wie die meisten Menschen bevorzugen auch geweihte Männer manchmal Macht, Komfort und Luxus gegenüber Ohnmacht, Mühsal und Armut. Auch katholische Geistliche streben nach Einfluss und Besitz. Dass sie in weltlichen Strukturen, mit weltlichen Instrumentarien und zusammen mit anderen Menschen arbeiten müssen, macht sie anfällig für das Weltliche und seine Versuchungen.

Es gab Fehltritte, die in ihrem ganzen Ausmaß im Krisenjahr 2010 ans Licht kamen. Während der letzten Jahrzehnte ist die Kirchenspitze wenig adäquat und konsequent mit den Fehltritten ihrer geweihten Kollegen umgegangen. Verantwortliche sahen weg. Sie schwiegen oder betrieben fallweise Krisenmanagement. Das Fehlverhalten Einzelner wurde unzureichend oder gar nicht sanktioniert. Nicht einmal Kinderschänder wurden belangt. Fehler wurden aus dem System Kirche nicht ausgemerzt, sondern uminterpretiert und vertuscht. So konnten sich Filz, Machtkämpfe, Vorteilsnahme, Misswirtschaft, Korruption und Erpressung zu dauerhaft belastenden Phänomenen im inneren Führungszirkel der Kirche auswachsen. Die Strukturen verkrusteten. Überholte Regeln, eingeschliffene Abläufe und Kuriencliquenwirtschaft machen es schwer, hier reformierend einzugreifen. Doch der 2013 gewählte argentinische Papst Franziskus hat sich Reformen verschrieben. Mit den Umstrukturierungen im Kircheninneren will er es der Kirche ermöglichen, ihrem seelsorgerischen Auftrag gerecht zu werden und ihr verlorenes Ansehen zurückzugewinnen.

Während der »Reisepapst« Johannes Paul II. die kirchliche Innenpolitik zugunsten seiner aktiven Außenpolitik vernachlässigt hat, erkannte und benannte sein Nachfolger Papst Benedikt XVI. die schwerwiegenden innerkirchlichen Probleme. »Für viele ist die Kirche heute zum Haupthindernis des Glaubens geworden. Sie vermögen nur noch das menschliche Machtstreben, das kleinliche Theater derer in ihr zu sehen, die mit ihrer Behauptung, das amtliche Christentum zu verwalten, dem wahren Geist des Christentums am meisten im Wege zu stehen scheinen«,[15] schrieb er 1968, als er noch Joseph Ratzinger hieß, in seinem Buch *Einführung in das Christentum.* Als Papst fand Ratzinger 2005 keine wesentlich erfreulicheren Bedingungen vor. Also nahm er sich der Probleme an, wenn auch zunächst zaghaft. Er musste weitgehend isoliert handeln. Das lag einmal daran, dass Papst Benedikt sich häufig zum Studium und zum Schreiben zurückzog, und zum anderen daran, dass seine engsten Mitarbeiter ihn von der Außenwelt abschirmten und aus dem alten Mann einen traditionstreuen *Professore* mit roten Schuhen und roter Kopfbedeckung mit Hermelinrand machten. Vatikanbeobachter gehen davon aus, dass der Papst diese Kleidungsstücke nicht selbst ausgesucht hat.

Obwohl Joseph Kardinal Ratzinger mehr Professor als Politiker gewesen ist, nahm er sich gleich nach seiner Wahl des Problems sexueller Übergriffe durch Geistliche an. 2006 leitete Benedikt XVI. Maßnahmen gegen den Gründer der *Legionäre Christi*, Marcial Maciel, einen Kinderschänder, ein.[16] Der Papst entschuldigte sich bei den Missbrauchsopfern in aller Welt und sorgte ab 2010 für ein am Heiligen Stuhl bislang unbekanntes, rigides Vorgehen gegenüber pädophilen Priestern. Weiterhin nahm der deutsche Papst Änderungen am vatikanischen Bankenwesen vor. So besetzte er das Präsidentenamt der Vatikanbank *Istituto per le Opere di Religione (IOR)* zweimal nacheinander mit seinem Wunschkandidaten. 2009 ernannte Benedikt Ettore Gotti Tedeschi zum Präsidenten des IOR. Nach dessen Rücktritt im Jahr 2013 setzte er Ernst von Freyberg ein. Beide Männer waren professionelle Bankmanager und sahen sich einer Bankenethik verpflichtet.

Papst Franziskus setzt bei den Veränderungsbemühungen seines Vorgängers Benedikt an. Offenbar schwebt ihm vor, kirchliche Innen- und Außenpolitik konstruktiv miteinander zu verbinden. »Die Führer der Kirche waren oft narzisstisch, von Höflingen umschmeichelt und zum Üblen angestachelt. Der Hof ist die Lepra des Papsttums«, diagnostizierte Papst Franziskus 2013 kurz nach Amtsbeginn in einem Interview für die italienische Tageszeitung *La Repubblica*.[17] Mit seiner mutigen Äußerung signalisierte der Papst den Würdenträgern in Rom und der Welt, dass Änderungen bevorstehen. Aber nicht alle teilen den Wunsch des Papstes nach Neuerungen. Innerhalb der römisch-katholischen Kurie in Rom haben sich starke Cliquen mit eigenen Ideologien, mit Macht- und Besitzansprüchen herausgebildet. Sie haben ihre eigenen Vorstellungen von der Funktionsweise der Kurie und davon, wie die Kirche zu leiten ist.

Dennoch ernannte der argentinische Papst eine achtköpfige Kardinalskommission, die seit Herbst 2013 an Entwürfen für eine Kurienreform arbeitet. Gelingt eine sinnvolle Umformulierung der Kurienverfassung von 1988, könnte das vatikanische Machtzentrum eine grundlegende Neuausrichtung erfahren. Papst Franziskus hat eine Mammutaufgabe vor sich, wenn er im katholischen Verwaltungsapparat aufräumen will. Die größte Herausforderung besteht für ihn darin, die mächtigen Kardinäle und andere Kirchenspitzenmanager für sein Vorhaben zu gewinnen. Franziskus muss dazu einerseits hart durchgreifen. Andererseits muss er die hochgestellten Kurienpersönlichkeiten mit psychologischem Feinstgefühl umwerben, da er auf deren Rat und Unterstützung angewiesen ist.

Koloss mit kolossalem Auftrag

Als sei die Verwaltung der Kirche nicht allein schon eine monströse Aufgabe (ganz zu schweigen von der ureigensten Aufgabe der Kirche, der Seelsorge), betreiben der Papst und seine enge Gefolgschaft auch noch Weltpolitik. Regelmäßig werden Stellungnahmen zu aktuellen politischen und wirtschaftlichen Themen abgegeben. Sie werden von den Kanzeln gepredigt, über die Presse verbreitet und auf der Website *vatican.va* gepostet. So ruft sich die katholische Kirche immer wieder als Weltmachtfaktor in Erinnerung. Ihrem Geltungsanspruch gemäß nennt sich die Kirche katholisch, vom Griechischen *καθολικός* (*katholikos*) für »allgemeingültig«, »universal«

oder »das Ganze betreffend«. Ihre Regenten haben dafür zu sorgen, alle Gläubigen, Glaubensströmungen und Glaubensgruppen unter einem Dach zu vereinigen. Doch nicht einmal innerhalb der Kurie gelingt es, Harmonie herzustellen und eine gemeinsame Richtung einzuschlagen.

Die Aufgabe des Papstes ist die Stärkung der Einheit der Kirche. Sie ist gemäß der Kirchenlehre gottgewollt. Als Nachfolger des Apostels Petrus und Stellvertreter Christi auf der Erde hat der Papst höchste Rechts- und höchste Lehrgewalt (*Primat*). Er darf unter folgenden Titeln auftreten: Diener der Diener Gottes, Hirte der Gesamtkirche, Bischof von Rom, Metropolit der römischen Kirchenprovinz, Primas von Italien, Patriarch des Abendlandes und Souverän des Kirchenstaates. Gemäß der Liste der *Most Powerful People* von 2014 des US-Wirtschaftsmagazins *Forbes* ist Papst Franziskus die viertwichtigste Person der Welt.[18] Der Pontifex ist dabei, auch im Internet zur einflussreichsten Größe zu werden. Dem päpstlichen Twitterprofil *@pontifex* in neun Sprachen, darunter Latein, folgten 2014 mehr als 14 Millionen Nutzer.

»Was diesen Papst so bedeutend macht, ist die Geschwindigkeit, mit der er die Vorstellungskraft von Millionen erobert hat, die es aufgegeben hatten, auf die Kirche zu hoffen«,lobte das *Time*-Magazin Papst Franziskus und kürte ihn zur wichtigsten Persönlichkeit des Jahres 2013.[19] »Der Papst ist mächtiger als der Präsident der Vereinigten Staaten. Er ist der absolute Herr – in der Exekutive, in der Legislative und in der Judikative. Er hat keinen Kongress neben und keinen Supreme Court über sich«, so der Theologe und Kirchenkritiker Hans Küng.[20] Der Heilige Vater herrscht über die gesamte katholische Kirche, über ihre global verteilten Mitglieder und als einer der größten Arbeitgeber der Welt über unzählige Mitarbeiter. Er ist zugleich Staatsoberhaupt des Vatikanstaates. Der oberste Hirte wacht über das katholische Kirchenvermögen und zählt zu den reichsten Männern der Welt. Trotz seiner Machtposition nennt sich der 2013 gewählte Papst Franziskus als Zeichen von Demut Bischof von Rom. Im Juli 2013 betonte er, er begreife sich nicht als Herrscher, sondern als *Primus inter Pares*. Der Papst rät auch der übrigen Geistlichkeit, sich in Bescheidenheit zu üben. »Seid Hirten mit dem Geruch der Schafe, dass man ihn riecht – Hirten inmitten ihrer Herde«, empfahl er den Priestern bei seiner Chrisammesse im März 2013 im Petersdom.

Von der Spitze des vertikal arrangierten Kirchenaufbaus aus leitet der Papst die Kardinäle, deren Sonderstatus darin besteht, den Papst wählen zu dürfen. Auf der nächsten Hierarchiestufe stehen die Erzbischöfe und Bischöfe. Als Bischof von Rom fungiert der Papst als Oberhaupt des Bischofskollegiums. Er kann über das Bischofssystem die Ereignisse in den lokalen Gemeinden weltweit überwachen und steuern. Die Wahl eines Bischofs erfordert die Zustimmung des Heiligen Vaters in Rom. Ein Bischof muss männlich sein. Erst nachdem er zum Diakon und dann zum Priester geweiht worden ist, kann er zum Bischof geweiht werden. Als den Oberhäuptern der Kirchenprovinzen obliegt den Bischöfen die Leitung von Gemeinden. Ihnen sind die Priester und Diakone untergeordnet. Laut dem *Annuario Pontificio*, dem *Päpstlichen Jahrbuch*, von 2012 gab es weltweit rund 5.100 Bischöfe, 412.000 Priester, 40.000 ständige Diakone, 722.000 Ordensschwestern und 119.000 Priesteramtskandidaten.[21]

Für seine Außenpolitik kann der Papst auf einen der ältesten und mit am besten vernetzten diplomatischen Dienste der Welt zurückgreifen. Der *Heilige Stuhl* oder *Stuhl Petri*, nach internationalem Recht anerkanntes souveränes Völkerrechtssubjekt, unterhält diplomatische Beziehungen zu 188 Staaten und elf internationalen Organisationen. Über seine *Nuntiaturen* und *Delegate* vertritt der Papst seine politischen Interessen vor Ort.

Zur Lenkung seines riesigen Reiches unterstützt den Papst sein eigener Hofstaat, die *Römische Kurie*. Rund 1900 Mitarbeiterinnen und Mitarbeiter des Kirchenstaates und 2800 global verteilte Kurienmitarbeiter arbeiten, vom Papst bevollmächtigt, für die Belange der 1,2 Milliarden Katholiken, etwa 17 Prozent der Weltbevölkerung. Die Kurie setzt sich aus Einzelämtern, den *Dikasterien*, zusammen. Dazu zählt das *Staatssekretariat* mit dem Kardinalstaatssekretär als

Oberhaupt und zwei flankierenden Erzbischöfen. Der Staatssekretär ist der zweite Mann im Vatikan und der wichtigste Mitarbeiter des Papstes. Er repräsentiert die Politik des Heiligen Stuhls. Das Staatssekretariat mit seinen nur 250 Angestellten ist für die Pflege politischer und diplomatischer Beziehungen zuständig. Daher besteht es aus einer Sektion für die innerkirchlichen Aufgaben und einer Sektion für die Beziehungen zu anderen Staaten. Letztgenannte Sektion ist nur mit 75 Personen besetzt, verantwortet aber sämtliche außenministerialen Tätigkeiten des Vatikans.

Die Kurie gilt seit Langem als verfilzt, intrigant und korrupt. Als Profiteure der eingefahrenen kurialen Personalwahlverfahren und Hierarchien gelangten machtgierige Kardinäle in Schlüsselpositionen. Von hier aus betrieben sie Politik zu ihren Gunsten und zugunsten ihrer Seilschaften. In der Kurie bündeln sich »verschiedene Machtgruppen und Interessen, die sich teilweise bekämpfen, aber auch überlagern. Man sollte meinen, solche Machtspiele hätten in der Kirche nichts verloren. Aber das Gegenteil ist der Fall. Es gibt enormen Ehrgeiz, Karrieristen, Verschwörungen, krumme Geschäfte und Korruption«,[22] beteuerte der italienische Journalist Gianluigi Nuzzi 2013 dem deutschen Journalisten Julius Müller-Meiningen gegenüber. Der Autor der Bücher *Vatikan AG* und *Seine Heiligkeit* muss es wissen. 2009 und erneut ab 2011 waren Nuzzi Geheimdokumente aus dem Vatikan zugespielt worden, die er zum Ärger der Kurie in Form zweier Buchbestseller für die Öffentlichkeit aufgearbeitet hat.[23] Nuzzis Beweismaterialien zeugen von der Fragmentierung des vatikanischen Verwaltungsapparates und davon, dass diese dessen Handlungsfähigkeit untergräbt. Die Zersplitterung der Weltkirche in konkurrierende Vereinigungen, Strömungen und Bewegungen, wie den Traditionalismus oder den Konservatismus, vor allem aber die Lagerbildung innerhalb der Kurie sind Dilemmata, denen sich ein reformwilliger Papst zu stellen hat.

Kardinalscliquenwirtschaft

Die katholische Kirche ist eine verästelte Weltorganisation. Dennoch fallen alle wesentlichen Entscheidungen in der Zentrale, auf einem 0,44 Quadratkilometer kleinen Territorium in Rom. Der Vatikan ist Hauptschauplatz der Kuriencliquenwirtschaft. Innerhalb der Kurie ringen vor allem die Kardinäle um Macht. Der Begriff *Kardinal* leitet sich vom lateinischen Wort *cardinalis* für »bedeutsam« oder »vorzüglich« ab. Der Wortstamm *cardo* bedeutet dabei Dreh-, Wende- oder Angelpunkt.

Der Kardinalstitel wird vom Papst verliehen. *Kurienkardinäle* sind die wichtigsten Mitarbeiter der kirchlichen Zentralregierung. Ihre Stellung gleicht der von Regierungsministern. Die Kardinäle bilden das *Konklave*, die Versammlung, die den Papst wählt, wobei jeder Kardinal die Möglichkeit hat, Papst zu werden. Ehrgeizige Geistliche, wie der einstige Kardinalstaatssekretär Tarcisio Bertone, der um 2005 als *papabile* galt und Papst werden wollte, prägen am Heiligen Stuhl die Politik. Je schwächer ein Papst ist, desto größer ist der Einfluss der Kardinäle. In der jüngeren Vergangenheit scharten gegnerische Kardinäle eigene Cliquen um sich. Mit deren Hilfe versuchten sie, ihre Kandidaten oder sich selbst als Machthaber der Kirche zu installieren. Kardinäle nutzten ihre Positionen und Seilschaften auch dazu aus, um Einfluss auf Dikasterien, die Vatikanbank sowie andere Kurieninstitutionen auszuüben.

Als besonders anfällig für klerikale Ränkespiele erwiesen sich die italienischen Kardinäle. Ihre Muttersprache ist die Amtssprache katholischer Führungskräfte. Und anders als ihre weltweit verstreuten Kollegen begegnen sie einander in Rom oder in Italien jenseits eines Konklaves häufiger persönlich als die Nichtitaliener. Während des Pontifikats von Papst Benedikt XVI. führten italienische Kardinäle unterschiedlicher Lager unheilige Kriege gegeneinander, die Benedikt nicht unterbinden konnte.

Für sein Buch *Seine Heiligkeit* hat der Journalist Gianluigi Nuzzi vier starke Kardinalscliquen identifiziert. »Einer der stärksten Pole war Kardinalstaatssekretär Tarcisio Bertone. Für ihn ist Macht ein Selbstzweck, sie ist sein einziges Ziel. Bertone hat viele Kuriale um sich geschart, die seinen Einfluss festigten«,[24] erläuterte Nuzzi dem Journalisten Julius Müller-Meiningen kurz vor der Papstwahl im Jahr 2013. Nuzzi erklärte weiter: »Bertone hat von allen Seiten Kritik auf sich gezogen. Er ist der Gegenspieler von verschiedenen Kardinälen, etwa von Kardinaldekan Angelo Sodano oder dem Vorsitzenden der italienischen Bischofskonferenz Angelo Bagnasco. Da gab es Eifersüchteleien und inhaltliche Differenzen.«[25] Laut Nuzzi soll neben der Bertone-Seilschaft, der Diplomatenriege um Sodano und dem Kreis um den Episkopatspräsidenten Bagnasco ein vierter Machtzirkel um den Genueser Mauro Kardinal Piacenza bestanden haben. Piacenza habe den zweitwichtigsten Mann am Heiligen Stuhl nach dem Papst, Kardinalstaatssekretär Tarcisio Bertone, beerben wollen. Kurz vor dem Konklave 2013 machten die Autorin des Magazins *Spiegel*, Annette Langer, und andere Vatikanspezialisten, *Vaticanisti* genannt, einen fünften Bertone-Kontrahenten in Angelo Kardinal Scola aus. Die Vatikankenner unter den Journalisten schrieben damals, dass neben Bertone auch der Erzbischof von Mailand, Kardinal Scola, als *papabile* gegolten und den Papstthron begehrt habe.[26]

Ab 2011 hatte der Kammerdiener von Papst Benedikt, Paolo Gabriele, dem Journalisten Gianluigi Nuzzi vertrauliche Informationen zugespielt. So bekam Nuzzi Einblicke in das Machtgeschacher am Heiligen Stuhl während der Regentschaft Benedikts. Bei den Recherchen zum Buch Seine Heiligkeit will Nuzzi erkannt haben, dass Staatssekretär Tarcisio Bertone der ehrgeizigste Protagonist der vatikanischen Cliquenwirtschaft gewesen ist. Dazu hatte Bertone als Italiener und als Nummer zwei im Vatikan tatsächlich die beste Ausgangsposition. Der studierte Theologe und Mitglied der *Ordensgemeinschaft der Salesianer Don Boscos* fungierte von 1995 bis 2002 als Sekretär der *Glaubenskongregation* unter dem Präfekten Joseph Kardinal Ratzinger. Als Ratzingers Vertrauter und nicht als Profidiplomat qualifizierte sich Bertone 2006 für das Amt des Kardinalstaatssekretärs. 2007 erhob Benedikt ihn obendrein ins hohe Amt des *Camerlengo* oder *Kardinalkämmerers.*

Als Staatssekretär agierte Bertone oft eigenmächtig und mit zahlreichen Pannen. Auf ihn geht womöglich der größte Fauxpas während des Pontifikats von Benedikt XVI. zurück. 2009 gab Papst Benedikt die Aufhebung der Exkommunikation von vier Vertretern der *Priesterbruderschaft St. Pius X.* (Piusbruderschaft) bekannt. Er wusste nicht, dass kurz zuvor ein Piusbruder, der Holocaust-Leugner Richard Williamson, vor die Kamera getreten war und erneut die Existenz von Gaskammern abgestritten hatte. Die Vaticanisti, internationale Journalisten, die Päpste auf Reisen begleiten und über das Geschehen am Heiligen Stuhl berichten, unterstellten Bertone, den Papst nicht informiert und nicht von der Rehabilitierung Williamsons abgeraten zu haben. Bertones Antagonisten, darunter sein Amtsvorgänger als Kardinalsekretär, der mächtige Angelo Kardinal Sodano, kritisierten Bertone scharf. Obwohl Papst Benedikt mehrfach vor seinem Kardinalstaatssekretär gewarnt worden war, hielt er stets zu ihm. »Der Mann bleibt, wo er ist, und damit basta,« soll der Papst Bertone-Gegnern in knarzendem Bayerisch entgegengeschleudert haben. Offenbar netzwerkte und taktierte Kardinalstaatssekretär Bertone gezielt, um seinen Einfluss unter den zur Papstwahl berechtigten Kardinälen zu erweitern. Glaubt man Gianluigi Nuzzi, so bemühte sich Bertone darum, den Kardinälen seines Vertrauens nicht irgendwelche Positionen, sondern wirtschaftliche Schlüsselstellen im Vatikan zu verschaffen. Die Aktivitäten des Kardinals Bertone fallen insbesondere in die zweite Amtsperiode von Papst Benedikt XVI., der damals bereits über 80 Jahre alt war. Den Kurienkardinal Domenico Calcagno schleuste Staatssekretär Bertone Mitte 2011 in die Güterverwaltung des Heiligen Stuhls (ASPA) ein. Den Bertone-Gefährten Giuseppe Kardinal Bertello gleich mit zwei Posten zu betrauen wird Bertone seinem Vorgesetzten, dem Papst, ebenfalls eingeflüstert haben. Bertello trat im Oktober 2011 seinen Doppeldienst an. Er wurde Präsident der *Päpstlichen Kommission,* welche die Haushalts- und Finanzpolitik für den Staat Vatikanstadt verantwortet, und Präsident des *Governatorats der Vatikanstadt*, der Regierung des Kirchenstaats. Um die gleiche Zeit, Ende 2011, ernannte der Papst Giuseppe Kardinal Versaldi zum Präsidenten der vatikanischen *Wirtschaftspräfektur*. Diese koordiniert alle ökonomischen und finanziellen Angelegenheiten des Heiligen Stuhls. Über seine Ämterpatronage wollte Bertone sich vermutlich drei italienische Stimmenlieferanten für ein mögliches Konklave sichern. Obwohl das Bertone-Trio, die Kardinäle Calcagno, Bertello und Versaldi, am Konklave 2013 teilnahmen, reichten die Gesamtstimmen nicht zur Wahl Bertones aus. Den rauen Wind, der dem machtgierigen Bertone im Kardinalskollegium entgegenwehte, hatte er selbst ausgelöst.

Eine gewichtige Anti-Bertone-Fraktion bildete eine Gruppe aus Absolventen der *Päpstlichen Diplomatenakademie* in Rom. Der Zugang zur Diplomatenschule ist Geistlichen vorbehalten, die einen akademischen Grad und einen Studienabschluss in Kanonischem Kirchenrecht vorweisen können. Zusätzlich muss ein Diplomatenaspirant cliquenwirtschaftlich mit einem einflussreichen Bischof oder einem Prälaten verbunden sein. Ohne persönliche Empfehlung für die Zulassung zur *Pontificia Ecclesiastica Academia* braucht man nicht auf einen Studienplatz zu hoffen. Die Akademie ist nicht nur ein Ausbildungsort für die diplomatischen Vertreter des Heiligen Stuhls in aller Welt. Sie gilt auch als Kaderschmiede für Nachwuchsführungskräfte in der Kirchenzentrale. Die Diplomatenschule untersteht unmittelbar dem Staatssekretariat. Das erlaubt es dem Kardinalstaatssekretär und seinen Dikasteriumsmitarbeitern, hier Führungstalente aufzuspüren. Die Diplomatenschule schlossen im 20. und bis Anfang des 21. Jahrhunderts hauptsächlich italienische Kleriker ab, die deshalb auch stark im Führungsstab des Vatikans vertreten waren.

Bertones Vorgänger im Amt des Kardinalstaatssekretärs von 1991 bis 2006, der Kardinaldekan Angelo Sodano, war der Anführer der gegen Bertone eingestellten Diplomatenclique. Nach seinem Theologiestudium an der Päpstlichen Universität Gregoriana hatte Sodano die Diplomatenakademie besucht. Er gehörte zum engen Kreis um Papst Johannes Paul II. Als dessen Nachfolger Benedikt XVI. das Staatssekretariat und damit auch die Vatikandiplomatie dem Corps-Fremden Tarcisio Bertone überantwortete, zogen der Papst und sein neuer Staatssekretär offenbar den Unmut Sodanos und der Profidiplomaten auf sich. Wahrscheinlich fühlten sich die Diplomaten, die traditionell den Staatssekretärsposten beanspruchten, übergangen und auch deshalb als zurückgesetzt, weil der Papst die Zahl der Audienzen für die Nuntien stark verringert hatte.

Über den Groll der Diplomaten schrieb im September 2013 der erzkonservative Freund Joseph Ratzingers, Giuseppe Nardi, für das von ihm mitbetriebene Onlineportal *katholisches.info*, das auch Holocaust-Leugner zu Wort kommen lässt.[27] Sollte Papst Benedikt den Diplomaten tatsächlich wenig Aufmerksamkeit geschenkt haben, so war das von ihm gewiss nicht als strategische Demütigung gedacht. Vermutlich kümmerte sich der deutsche Papst lieber um theologische als um diplomatische Fragen – oder er wollte seine Kräfte schonen. Die Diplomaten werden aber aufgeatmet haben, als der Besitzer »ihres« Kardinalstaatssekretäramts, Tarcisio Bertone, nicht zu Benedikts Nachfolger gewählt wurde.

Mit den Vertretern der italienischen Bischofskonferenz mit Sitz in Rom brachte Tarcisio Kardinal Bertone eine weitere mächtige Gruppe gegen sich auf. Der Präsident der Episkopats, Angelo Kardinal Bagnasco, und sein Amtsvorgänger, der Opus-Dei-Mann Camillo Kardinal Ruini, der sich nach dem Tod von Johannes Paul II. Hoffnung auf den Papstthron gemacht hatte, waren beide erklärte Bertone-Gegner. Der Journalist Sandro Magister mit dem Spezialgebiet Vatikan schrieb 2012 in der Wochenzeitschrift *L'Espresso* über den »heiligen Krieg im Vatikan« zwischen dem vatikanischen Machtzentrum und der Bischofskonferenz.[28] Die Vertreter der Bischofskonferenz beanspruchten die Aufgabe der Beziehungspflege mit der italienischen Politik für sich. Bei ihrer politischen Arbeit sahen sie sich jedoch empfindlich von den Kungeleien des allgegenwärtigen Bertone gestört. Während Bagnascos Clique sich aktiv für eine Politik gegen Silvio Berlusconi einsetzte, unterstützte das Bertone-Lager die Regierungslinie Berlusconis. 2009 forderte der Chef der italienischen Bischofskonferenz Bagnasco den Ministerpräsidenten Silvio Berlusconi öffentlich zum Rücktritt auf.

In seiner Predigt in der Kathedralkirche des Erzbistums Genua sprach Kardinal Bagnasco im August 2009 von »Männern, die in einem Delirium ihrer eigenen Großartigkeit ertrunken sind, welche die Illusion der Allmacht hinterlassen und moralische Werte verdrehen«.[29] Zum Berlusconi-Stab soll Kardinal Bertone unter anderem über seinen Zögling Marco Simeon enge Kontakte unterhalten haben. Marco Simeon war kein Geistlicher, sondern ein eloquenter, damals junger Tankwartssohn. Gemäß Gianluigi Nuzzi hatte Simeon zunächst alte Kardinäle wie Sodano und Bagnasco für sich eingenommen, bevor auch Kardinal Bertone das Talent Simeons zu schätzen lernte und ihn als politischen Drahtzieher adoptierte.

Als Berlusconi 2011 zurücktrat, sah Bagnasco seine Chance gekommen. In das neue Regierungskabinett unter dem Finanzprofi und dem Goldman-Sachs-Berater zwischen 2005 bis 2011, Mario Monti, konnte der Berlusconi-Angreifer Bagnasco mit Renato Balduzzi, Lorenzo Ornaghi und Andrea Riccardi drei katholische und demokratisch ausgerichtete Kabinettsmitglieder einschleusen, so Gianluigi Nuzzi in seinem Buch *Seine Heiligkeit*.[30] Bagnascos Treiben hielt Bertone nicht davon ab, selbst Beziehungen zum Monti-Kabinett aufzubauen. Laut den Erkenntnissen Nuzzis soll sich Bertone mit der Person von Montis stellvertretendem Generalsekretär Federico Toniato eine direkte Brücke ins neue Kabinett gebaut haben. Die politisch aktiven Kardinäle und führenden Köpfe der italienischen Bischofskonferenz, Angelo Bagnasco und Camillo Ruini, sowie der Mailänder Erzbischof Angelo Scola und der Wiener Erzbischof Christoph Schönborn waren bereits 2009 an Papst Benedikt herangetreten, um die Ablösung von Kardinalstaatssekretär Bertone zu erbitten. Damals wiegelte der Papst die Anfrage und Hinweise auf die Fehler und das Missmanagement Bertones mit seinem bayerischen Basta-Satz ab. Damit hatte der Papst sich wahrscheinlich keinen Gefallen getan. Jedenfalls riss die Kritik an Bertone nicht ab.[31] Einen Beweis für das politische Taktieren Bertones lieferte ein Brief von 2011, den der damalige Vatikanbankpräsident Ettore Gotti Tedeschi an Tarcisio Bertone geschrieben hatte.[32] Darin berichtete der Bankenchef dem Staatssekretär von den Tipps des Finanzministers der Regierung Berlusconi, Giulio Tremonti, persönlich, wie der Vatikan die von der EU geforderten Immobiliensteuern einsparen könnte.

Zwei weitere Projekte zeugen von Bertones wirtschaftspolitischem Engagement, wobei er in beiden Fällen scheiterte. Zuerst wollte der Kardinalstaatssekretär über die Vatikanbank das bankrotte Klinik-Imperium in Mailand *San Raffaele* und dann die römische Klinik *Agostino Gemelli* aufkaufen. Mit seinen Kaufverhandlungen in Bezug auf die Mailänder Klinik brachte Bertone den dortigen Erzbischof Angelo Kardinal Scola gegen sich auf. Auch Georg Gänswein, Benedikts Privatsekretär, zweifelte an der Finanzierbarkeit der Klinikprojekte. Er war von Bankpräsident Ettore Gotti Tedeschi alarmiert worden. Aufgrund der zu hohen finanziellen Belastung für die Vatikanbank weigerte sich Gotti Tedeschi, das nahezu insolvente Krankenhaus San Raffaele des Silvio Berlusconi nahestehenden Klinikgründers und Priesters Don Luigi Maria Verzé zu retten. Der IOR-Chef Gotti Tedeschi hatte nicht nur seine Vorbehalte gegenüber dem Klinikkauf allzu deutlich kundgetan. Er begann dann auch noch, die Vatikanbank auf Geldwäscheaktionen zu überprüfen. Damit wurde offenbar die Lage für Bertone brenzlig und die Figur Ettore Gotti Tedeschi untragbar für ihn. Tarcisio Kardinal Bertone war nicht nur Staatssekretär und Camerlengo. Er hatte bis Anfang 2014 zudem den Präsidentenposten der Kardinalskommission des IOR inne, die den fünfköpfigen Aufsichtsrat der Bank ernennen darf. Es ergibt sich der Eindruck, Bertone habe darauf hingearbeitet, dass Gotti Tedeschi seinen Posten als Präsident der Vatikanbank 2012 räumen musste.

Eine weitere gegnerische Gruppe stand Bertone gegenüber. Sie scharte sich um den gebürtigen Genueser Mauro Kardinal Piacenza.

Dieser vertrat einen ähnlich konservativen Katholizismus wie Papst Benedikt XVI. Daher verwundert es nicht, dass der Papst den Erzbischof Piacenza 2007 zum Leiter der *Kongregation für den Klerus* ernannte, welche die Förderung der Spiritualität betreibt. Piacenza erwies sich nicht allein als Mann des Geistes. Er wurde eine Zeit lang als zukünftiger Kardinalstaatssekretär gehandelt, weil er außerdem ein Mann der Tat und der Effizienz war. Als solcher warf der Kardinal, der in Genua zahlreiche Posten übernommen hatte, Tarcisio Bertone ineffizientes Arbeiten vor. Zum Kreis der Bertone-Gegner um Piacenza zählte auch der Genueser Diplomat und Bischof Ettore Balestrero. Ihn hatte Papst Benedikt 2009 zum Untersekretär der Vatikanbank gemacht, jedoch 2013, kurz vor seiner Abdankung, weggelobt, indem er ihn als Nuntius nach Kolumbien berief. Man könnte annehmen, jemand in Benedikts Umfeld wollte Balestreros Macht als Aufseher der Bank kappen und ihn fern von Rom wissen. Die Machtspiele der italienischen Kardinäle fanden unter einem Papst statt, der wie unbeteiligt zuzusehen schien. Möglicherweise schirmten Benedikts Privatsekretär Georg Gänswein und sein Kardinalstaatssekretär Tarcisio Bertone den Papst von Außeneinflüssen ab, um ihn zu schonen. So tat sich für sie und andere die Gelegenheit auf, ihren Einflussbereich auszudehnen. Bertone und die italienischen Kardinäle haben diese Gelegenheit offenbar für sich genutzt.

Die einen agitierten mehr aus persönlichen Machterwägungen, die anderen mehr aus Verantwortungsbewusstsein gegenüber der Kurie gegen ihre Kollegen. Sie rangen um politische und wirtschaftliche Macht. Während Bagnascos cliquenwirtschaftlicher Coup glückte, katholische Regierungsmitarbeiter in die italienische Politik einzuschleusen, ging Bertones Geschacher nicht ganz auf. Indem er seinen Getreuen hohe Positionen im vatikanischen Wirtschaftssektor verschaffte, gewann der Kardinalstaatssekretär zwar mittelbar mehr Kontrolle über die Finanzinstitutionen, zumal er selbst Präsident der Kardinalskommission der Vatikanbank war. Doch Bertones Ämterprotektion reichte nicht dazu aus, um ihn ins Papstamt zu befördern. Die nicht italienischen Kardinäle wollten ein

Ende der Cliquenwirtschaft in Rom und entschieden sich im Konklave gegen einen Klüngelpapst aus Italien.

Zur Beschaffung und Verwaltung ihrer Finanzen bedient sich die Kirche eigener Wirtschafts- und Finanzinstitutionen. Diese Einrichtungen sind ebenso Teil des vatikanischen Verwaltungsapparats wie die Dikasterien – und ebenso anfällig für klerikale Ränkespiele. In der Vatikanbank IOR und in der Güterverwaltung APSA spielten sich folgenschwere Finanzskandale ab. Die Affären um die Bischöfe Franz-Peter Tebartz-van Elst und Walter Mixa belegen, dass auch die weltweiten Satelliten der Kirche nicht von Finanzkungeleien verschont werden – wohl aber von Sanktionen durch die Kurie.

Zocker vor dem Herrn

»Die Kirche hat das angeborene Recht, von den Gläubigen zu fordern, was für die ihr eigenen Zwecke notwendig ist.« Das verfügt unter der Überschrift »Vermögenserwerb« Can. 1260 im Buch V des katholischen Kirchenkodexes *Codex Iuris Canonici*.[33] Dementsprechend ermuntert der Heilige Vater in Rom seine weltweit verstreuten Prediger, die Gläubigen regelmäßig zum Spenden aufzurufen. Vor allem an Sonn- und Feiertagen sowie an den jährlichen Peterspfennig-Zahltagen, um den 29. Juni herum, kommen hohe Geldsummen zusammen, die allein für den Vatikan bestimmt sind. 2010 brachte die Peterspfennig-Sammlung 67 Millionen US-Dollar ein. So wie die zu Petersmillionen angewachsenen Peterspfennige fließen auch die Einnahmen aus dem Verkauf von vatikanischen Münzen, Briefmarken und Segnungs- oder Scheidungsurkunden sowie die Eintrittsgelder für vatikanische Museen, die Kirchensteuern (in Deutschland 2012: 5,2 Milliarden Euro), die Spenden und die – dank eines Vertragslapsus der römischen Verwaltung – 40 Millionen Euro Abwassergebühren direkt in die Kassen des Vatikans. Ein Teil davon geht an die Organisationen und Gemeinden an der Basis zur Finanzierung von Hilfsprojekten, von Pflege-, Kranken-, Bildungs- und

Seelsorgeinstitutionen oder zur Entschädigung der Opfer des sexuellen Missbrauchs durch Geistliche.

Der Rest wird vom Heiligen Stuhl einbehalten. Er finanziert den Verwaltungsapparat oder wird über die Güterverwaltung des *Apostolischen Stuhls* APSA oder die Vatikanbank IOR in Immobilien oder Wertpapieren angelegt. Die Kirche profitiert von den lukrativen Geschäften ihrer Finanzeinrichtungen. Deren undurchsichtige Struktur, vor allem die IOR-Geheimkonten, erlaubten es manchen Kirchenvertretern und Externen, sich unkontrolliert zu bereichern. Kleriker sollen Kirchenfremde dabei unterstützt haben, geheime Vatikanbankkonten zu eröffnen. Einige solcher Konten sollen dazu genutzt worden sein, um Vergehen wie Geldwäsche zu ermöglichen. Den Höhepunkt der Cliquenwirtschaft rund um das IOR bildeten die kriminellen Machenschaften in den 1970er- und 1980er-Jahren, die im Tod einiger Geschäftsmänner kulminierten. Im 21. Jahrhundert wurden die vatikanischen Wirtschaftsinstitutionen, APSA und IOR, erneut Schauplätze von Finanzaffären.

Obwohl der Präsident der römischen *Banco Ambrosiano* Roberto Calvi Mafiagelder gewaschen hatte, bediente sich die Kirche Calvis als »Bankier Gottes«. Nach der Wahl von Karol Józef Wojtyła zum ersten slawischen Papst Johannes Paul II. soll Calvi über seine *Banco Ambrosiano* Gelder des Vatikans und des US-Nachrichtendienstes Central Intelligence Agency (CIA) nach Polen befördert haben. Damit habe man unter der Hand die polnische Gewerkschaft *Solidarność* stärken und den Kommunismus im Land schwächen wollen. Roberto Calvi pflegte Kontakte zur italienischen Mafia. Er nahm auch wiederholt an den Treffen der 1982 zwangsweise aufgelösten italienischen Geheimloge *Propaganda Due* (P2) teil, die Mafiakontakte unterhielt und Calvis Bank ebenfalls zu Geldwäschezwecken nutzte. Die Loge P2 war eine Männerseilschaft mit antikommunistischem Programm. Während der 1970er-Jahre gehörten ihr Führungskräfte aus Wirtschaft, Politik, Polizeiwesen, Militär, Medien, der Mafia und dem italienischen Geheimdienst an. Auch der spätere Ministerpräsident Silvio Berlusconi war Logenmitglied.

Die P2-Mitglieder sollen sich in Italien und in Südamerika kriminell und terroristisch betätigt haben. Zur Abwehr der *Kommunistischen Partei Italiens* sollen P2-Leute Kriminelle zu Terrorakten angestiftet haben. Die Verbrechen, darunter Bombenattentate, dienten im Kontext der *Strategie der Spannung* dazu, das Volk gegen die Linke aufzubringen. Die linksextremen *Roten Brigaden* sollten etwa für die blutigen Attentate in Italien von Ende der 1960er- bis Anfang der 1980er-Jahre verantwortlich gemacht werden. Nachdem ein rechtsextremistischer Italiener seine Verantwortung für ein Bombenattentat von 1972 gestanden und die Umstände detailliert erläutert hatte, konnte man davon ausgehen, dass die Geheimloge P2 an der *Operation Gladio* beteiligt war. Im Kalten Krieg agierte Gladio als paramilitärische Geheimorganisation von NATO, CIA und dem britischen Auslandsgeheimdienst MI6. Licio Gelli, Mitglied des katholischen *Malteserordens* und des *Ritterordens vom Heiligen Grab zu Jerusalem*, hatte die Loge nach ihrem Verbot während des Faschismus 1944 neu gegründet. Ihm wurden Kontakte zum US-Auslandnachrichtendienst CIA nachgesagt. Gottes Banker Calvi soll Gellis hohe Vermögenswerte verwaltet haben. Auch andere Logenmitglieder sollen von Calvis Bankdiensten profitiert haben. Einer von ihnen war der katholische Erzbischof Paul Casimir Marcinkus.

Der in Cicero im US-Staat Illinois geborene Erzbischof hatte seine Karriere als Bodyguard für Paul VI. begonnen. Man nannte ihn daher auch »the Gorilla«. Paul VI. erkannte das Potenzial, das in seinem Gorilla steckte. Er beauftragte ihn, zusammen mit dem sizilianischstämmigen Banker Michele Sindona Geld aus Italien ins vor dem italienischen Fiskus sichere Ausland zu befördern. Seit 1968 verlangte Italien Steuern vom Vatikan, die der Kirche unter Mussolini erlassen worden waren. Außerdem waren die Spenden an die Kirche zurückgegangen. Unter Paul VI. wurde Marcinkus 1968 zum Erzbischof ernannt und 1971 außerdem zum Präsidenten der Vatikanbank, nachdem Marcinkus den Papst beim Besuch in Manila 1970 vor einem Messerattentat gerettet hatte. Der 33-Tage-Papst, Johannes Paul I., der 1978 den Bankenchef Marcinkus entthronen wollte, kam nicht dazu. Der Papst starb nur einen Tag nach diesem Beschluss wahrscheinlich an Herzversagen.[34] Bis zum Jahr 1989 blieb Marcinkus Leiter der Vatikanbank. Für den polnischen Papst Johannes Paul II. koordinierte Marcinkus zudem die Auslandsreisen.

Bis Calvis Banco Ambrosiano zusammenbrach, arbeitete Marcinkus eng mit Roberto Calvi und dessen Mentor, dem P2-Logenmitglied Michele Sindona, zusammen. Sindona war sogar ein Vertrauter von Erzbischof Marcinkus, obwohl Sindona im Ruf stand, Geldwäscher und Mafia-Bankier zu sein. Dem britischen Observer gegenüber soll Marcinkus 1986 seinen Wahlspruch verraten haben: »Allein mit Ave-Maria kann man die Kirche nicht führen.«[35] Die Aussage sei missverstanden worden, behauptete der Bischof später. Das Trio Marcinkus, Sindona und Calvi soll Gelder verschoben und veruntreut haben. Mit Kumpanen soll Calvi 200 virtuelle Banken gegründet haben, um über dieses Netzwerk illegale Transaktionen zu vertuschen.

Die *Cisalpina Overseas Nassau Bank*, ein Finanzinstitut mit Sitz auf den Bahamas, verwaltete Calvi gemeinsam mit dem erzbischöflichen Bankier Marcinkus. Das einzige Gremium, das auf die Machenschaften der Cisalpina ein Auge hatte, war der Aufsichtsrat, in dem die P2ler Michele Sindona und Licio Gelli saßen. In den 1970er-Jahren tätigte die Cisalpina Geschäfte mit der Mailänder *Banca Rasini*, für die damals Silvio Berlusconis Vater Luigi arbeitete. Nachgewiesen ist, dass die Bank Cisalpina unter Marcinkus und Calvi dazu gedient hat, Kokaingelder aus Lateinamerika zu waschen. Dass daran auch die Banca Rasini beteiligt war, behaupteten verhaftete Mafiosi; es konnte jedoch nicht sicher belegt werden. Offenbar sind zudem gewaschene Gelder auf Schweizer Bankkonten, Konten lateinamerikanischer Antikommunisten und Konten der polnischen Solidarność übertragen worden. Als die Banco Ambrosiano einen Fehlbetrag von über 1 Milliarde US-Dollar aufwies und sie 1982 ihren Bankrott erklären musste, begann die Justiz mit der Ursachenforschung. Calvi, Sindona und Marcinkus wurden wegen Geldwäsche, Wirtschaftskriminalität und politischer Verbrechen angeklagt.

Von den dreien entging nur Marcinkus einer Haftstrafe. Seine klerikalen Kollegen deckten ihn und verschanzten ihn hinter vatikanischen Mauern. Um den Erzbischof reinzuwaschen, entschädigte die Vatikanbank 1987 120 Gläubiger der insolventen Cisalpina mit insgesamt rund 240 Millionen US-Dollar, die teilweise von *Opus Dei* bereitgestellt wurden. Der Kirchengorilla durfte im Amt bleiben. Er trat die Bankenpräsidentschaft erst 1989 an Angelo Caloia ab. Danach lebte er noch sieben Jahre im Vatikan und zog dann in sein Heimatland, die Vereinigten Staaten, wo ihn der Heilige Stuhl unangreifbar wusste. Bis zu seinem Tod im Jahr 2006 lebte Paul Marcinkus im Rentnerparadies Sun City in Arizona am Rand eines Golfplatzes und arbeitete als Vikar einer Pfarrei.

Einen Kontrast zum Happy End des Kirchenmannes bildet das Ende seiner weltlichen Kollegen. Im Juni 1982 baumelte der Banco-Ambrosiano-Präsident Roberto Calvi tot an der Londoner *Blackfriars Bridge*, benannt nach dem Dominikanerkloster *Blackfriars*. Calvis Tod in London und der seiner Sekretärin Graziella Corrocher in Mailand werden mit der Mafia und mit dem Vatikan in Verbindung gebracht. Im dritten Teil von Francis Ford Coppolas Filmtrilogie *The Godfather* hängt Helmut Berger als Calvis Alter Ego von der Brücke herunter. Coppolas Film deutet keinen Selbstmord, sondern einen gewaltsamen Tod an. Auch das P2-Mitglied und der Mafia-Freund Michele Sindona starb 1986 auf eine Weise, die Zweifel an einem Suizid vermuten lässt. In einem Hochsicherheitsgefängnis kam er durch eine Zyanidvergiftung um. Sindona war zwei Jahre zuvor zu 25 Jahren Haftstrafe verurteilt worden. Er soll den Mord an dem Anwalt Giorgio Ambrosoli im Jahr 1979 bei der Cosa Nostra in Auftrag gegeben haben. Der fromme Freimaurer Licio Gelli, im Coppola-Film »Don Licio Lucchesi« genannt, kam ungeschoren davon. Im Alter widmete sich der P2-Drahtzieher dem Schreiben. Der Presse und Fernsehjournalisten gab er hin und wieder Interviews, in denen er nichts Substanzielles sagte, aber seine brutale Intriganz durchscheinen ließ. Die Filmrechte an seiner Biografie verkaufte Gelli an einen US-Produzenten, der ein Spielfilmdrehbuch mit dem Titel

Conspirator: The Story of Licio Gelli zu schreiben begann. Die Geschichte um die Bank Cisalpina wurde 2001 unter dem Titel *I banchieri di Dio*, »Die Bankiers Gottes«, mit Rutger Hauer als Erzbischof Marcinkus verfilmt.

Zwei weitere Todesfälle stehen mit den Finanztransaktionen der päpstlichen Bank in Zusammenhang. Die italienische Staatsanwaltschaft deckte weitere Verstrickungen der Vatikanbank in kriminelle Machenschaften auf. Über ihre breit angelegte Untersuchungsaktion *Mani pulite*, »Saubere Hände«, brachte die italienische Justiz Anfang der 1990er-Jahre den Skandal um das Joint Venture *Enimont* ans Licht. Im Zuge der Verhandlungen um die Zergliederung von Enimont, einem Zusammenschluss aus dem privaten Mischkonzern *Montedison S.p.A.* und dem staatlichen Energieunternehmen *Eni S.p.A.*, sollen Schmiergelder im Umfang von rund 89 Milliarden Lire geflossen sein. Hohe Beträge seien durch ein Netzwerk aus Banken, vor allem aber über die steuerbefreiten Konten der unantastbaren, unregulierten Vatikanbank geleitet worden. An den Schmiergeldtransfers sollen Politiker, Mafiosi und der damalige Ministerpräsident Giulio Andreotti beteiligt gewesen seien. Der nach dem Abtritt von Paul Marcinkus zwischen 1989 bis 2009 amtierende Vatikanbank-Präsident Angelo Caloia soll den Behörden kaum bei der Aufklärung behilflich gewesen sein.

Dass Vatikanmitarbeiter die Aufklärung der Geldtransfers im Zuge des Enimont-Zusammenschlusses behindert haben, belegen die Aufzeichnungen von Renato Dardozzi. Der Prälat war mit der Aufklärung des Falls beauftragt. Auf der Basis seiner Berichte verfasste Gianluigi Nuzzi 2009 sein Buch *Vaticano S.p.A.* (auf Deutsch *Vatikan AG*).[36] Demnach soll sich IOR-Chef Caloia geweigert haben, die IOR-Geheimkonten offenzulegen. Flankiert von Papst Johannes Paul II. habe Caloia außerdem Donato De Bonis gedeckt. Der ehemalige persönliche Sekretär von Paul Marcinkus, De Bonis, war inzwischen zum Prälaten und somit zweiten Mann in der Vatikanbank aufgestiegen. Er soll diverse Geheimkonten für Giulio Andreotti angelegt haben, eines davon unter dem Namen der wohltätigen *Stif-*

tung Spellmann. Laut Nuzzis *Vatikan AG* war auf dem Gründungsdokument notiert: »Zeichnungsberechtigt: Donato De Bonis und Giulio Andreotti«.[37] Der umfassende Korruptionsskandal forderte den Tod zweier Menschen. 1993 starben der inhaftierte Ex-Enimont-Vorsitzende Gabriele Cagliari und der Ex-Enimont-Großaktionär Raul Gardini jeweils unter nie völlig geklärten Umständen.[38]

Nach dem Zusammenbruch der Banco Ambrosiano stellte die römische Kurie den Kanzler der *Päpstlichen Akademie der Wissenschaften* Renato Dardozzi dazu ab, die Skandale rund um Calvis Bank und die Vatikanbank zu untersuchen. Im Verlauf seiner Untersuchungen kopierte Prälat Dardozzi heimlich rund 4000 Bankendokumente. Er hortete sie in zwei Koffern in der Schweiz und verfügte testamentarisch, dass die Koffer mit den Geheimdokumenten nach seinem Tod veröffentlicht werden sollten. 2008, fünf Jahre nach Dardozzis Tod, erhielt der Journalist Gianluigi Nuzzi die Koffer. Man hatte zur Publikation einen Journalisten gesucht, der nicht gegen die Kirche eingestellt war. Nach intensiver Prüfung der geheimen Unterlagen veröffentlichte Nuzzi 2009 seinen spektakulären, im katholischen Italien jedoch vom Fernsehen und von einigen Zeitungen ignorierten Bestseller *Vatikan AG*. Darin berichtet er über die zwielichtigen Geschäfte des IOR und der korrespondierenden Offshore-Banken. Mithilfe von Dardozzis Unterlagen konnte Nuzzi rekonstruieren, dass das IOR nicht nur in den Banco-Ambrosiano-Cisalpina-Skandal, sondern auch in den Enimont-Schmiergeld-Skandal involviert war. Nuzzi enthüllte außerdem die Beteiligung einiger Institutionen an Geldwäscheaktionen, an Betrugsvorfällen und an verdeckter Parteienfinanzierung während der 1990er-Jahre.

2010 sagte Gianluigi Nuzzi in einem Interview für die *Nürnberger Nachrichten* über Renato Dardozzi: »Er war entsetzt über die undurchsichtigen Finanztransaktionen, mit deren Hilfe viele Monsignori nach dem Zusammenbruch der Democrazia Cristiana in den 90er-Jahren die Entstehung einer neuen ›Großen Partei der Mitte‹ betrieben und dabei sogar Mafiagelder wuschen.«[39] In seinem Buch berichtet Nuzzi von zahlreichen, anonymen Nummernkonten bei der Vatikanbank, über die Hunderte von Milliarden Lire zirkuliert seien. Auch das Gründungspapier der Stiftung Spellmann mit den Namen der Zeichnungsberechtigten (Andreotti und de Bonis) habe im Dardozzi-Archiv gelegen.[40] Nuzzi fand heraus, dass rund 60 Millionen Euro über Andreottis geheime IOR-Konten transferiert worden seien. In der Phase der Informationsaufbereitung habe Nuzzi den Ministerpräsidenten persönlich zum Thema Nummernkonten angesprochen. Andreotti habe entgegnet: »Ich kann mich nicht erinnern, jemals ein Konto beim IOR besessen zu haben.«[41]

Die unmittelbare Reaktion des Vatikans auf die Dardozzi-Nuzzi-Enthüllungen war Schweigen. Hinter den Kulissen brodelte es jedoch heftig. Schließlich reagierte Papst Benedikt auf das Bekanntwerden des Finanzskandals damit, dass er Angelo Kardinal Caloia frühzeitig des Amtes als IOR-Präsident enthob und Ettore Gotti Tedeschi als dessen Nachfolger einsetzte. Gemäß den Dardozzi-Papieren hatte IOR-Präsident Caloia staatsanwaltliche Ermittlungen behindert. Papst Benedikt begriff, dass die Vatikanbank künftig nach fairen und international geltenden Regeln spielen und mehr Transparenz aufweisen sollte. Er nahm Umbesetzungen vor, ernannte erst Tedeschi und anschließend den deutschen Bankier Ernst von Freyberg zum IOR-Präsidenten. Er implementierte Kontrollen und leitete Reformen ein.

Dennoch kam es zu neuen illegalen Geldtransfers, diesmal bei der vatikanischen Vermögensverwaltung APSA. Im Juni 2013 wurde der Rechnungsprüfer der APSA, Nunzio Scarano, verhaftet. Dem Prälaten wurden Betrug, Verleumdung und Korruption vorgeworfen. Keine Profi-Finanzaufseher, sondern ein einfacher italienischer Polizeibeamter hatte Verdacht geschöpft. Bei seinem Besuch in Scaranos Wohnung waren ihm die für einen Bankangestelltenhaushalt ungewöhnlich wertvollen Einrichtungsgegenstände aufgefallen. So kam ans Tageslicht, dass der Prälat kein bescheidener Priester war, den es ins Bankiersamt verschlagen hatte. Scarano hatte für die später von der Deutschen Bank übernommene *Banca d'America e d'Italia* gearbeitet und sich möglicherweise aus Karrieregründen noch 35-jährig zum Priester weihen lassen. 2013 wurde bekannt, dass der Prälat Eurosummen in Millionenhöhe über anonyme Konten beim IOR und bei den Banken *Unicredit S.p.A.*, *Banca Monte dei Paschi di Siena S.p.A.* (MPS) sowie *UBS* hin und her transferiert hatte.

Scarano soll ein Faible für Luxusimmobilien gehabt und zwischen 2009 und 2010 mehr als eine Million Euro dafür aufgewendet haben. Dieses Kapital hatte er zuvor beschaffen müssen. 2009 soll der APSA-Kontrolleur 56 von verschiedenen Personen unterzeichnete Einzelschecks über je 10.000 Euro von einem Konto nach Italien geschleust haben – offenbar, um dort eine Hypothek abzulösen. Mithilfe eines ehemaligen Agenten der italienischen *Agenzia Informazioni e Sicurezza Interna* (AISA) soll Scarano 2013 versucht haben, 20 Millionen Euro in bar in einem Flugzeug von der Schweiz nach Rom überführen zu lassen. Möglicherweise handelte es sich um unversteuerte Gelder, die am Zoll vorbei zurück nach Italien geschmuggelt werden sollten. Die staatlichen Ermittler vermuteten, dass diese Scheine Paolo, Cesare und Maurizio D'Amico gehörten. Die drei Brüder betreiben von Rom aus eine Öltankerflotte. Bei den illegalen Transfers bediente der katholische Prälat offenbar die Geldwäschemaschine, um für seine Privatschatulle mitzuverdienen. Zusammen mit dem Ex-Geheimdienstler der AISA und einem Finanzfachmann wurde Scarano Mitte 2013 festgenommen. Eine Woche danach erklärten der IOR-Generaldirektor Paolo Cipriani und dessen Stellvertreter Massimo Tulli ihren Rücktritt. Scarano wurde schon im Herbst 2013 wieder entlassen und in seinem Privathaus unter Arrest gestellt. Der Geldwäsche-Fall Scarano veranlasste den Staatsanwalt des Heiligen Stuhls dazu, die Republik Italien zum ersten Mal überhaupt um Rechtshilfe zu ersuchen. Einen solchen Vorgang hat es anlässlich früherer Affären um das vatikanische Finanzgeschäftsgebaren oder auch in schwerwiegenden Fällen wie dem Kindesmissbrauch durch Geistliche nie gegeben. Damit gewährte man Externen auf einmal einige Einblicke ins geheime Kircheninnere.

Geheimhaltung hatte bei der Vatikanbank und im vatikanischen Finanzsektor lange oberste Priorität. Sie war das Markenzeichen des

IOR, das deshalb viele Kriminelle anlockte. Nur weil einige Verbrechen aufflogen, erhielt man überhaupt Einblicke in die verbrecherischen Aktivitäten im Vatikan. An diesen lassen sich viele Grundzüge des Cliquenwirtschaftens ablesen. Cliquenwirtschaft funktioniert über geschlossene Gruppen, klare Zuständigkeiten oder Hierarchien, wie das Trio Marcinkus, Sindona und Calvi zeigt, eine innere Verschworenheit, geteilte Geheimnisse und die Pflicht zu schweigen – bis zum Ende.

Die Kirche setzte außer auf beharrliches Schweigen auch auf weitere wichtige cliquenwirtschaftliche Prinzipien, darunter das Kultivieren verbindlicher und verbindender Werte oder das Schaffen von Abhängigkeiten. Stärker als die Werte der katholischen Kirche können Werte kaum sein. Indem geweihte Personen sich zu diesen verpflichten müssen, bindet man sie an die Institution und verbindet alle Teilnehmenden. Innerhalb der Institution beobachtet man sich zudem gegenseitig. Man hält einander in Schach und gliedert Abweichler in der Regel wieder ein, ohne dass es dazu eines öffentlichen Aufsehens oder der Hilfe von außen bedürfte. Da die Kirche ihre Probleme bislang rein intern geregelt hat, war das Rechtshilfeersuchen im Falle Scarano 2013 ein eindrucksvolles Novum.

Etwas anders als in der römischen Schaltzentrale sieht Kirchenkungelei auf Nationenebene aus. Hier besteht sie aus Lobbying und aus den Kämpfen von Bischöfen um Ansehen, Einfluss und Besitz. Die Mauscheleien um den deutschen Geistlichen Franz-Peter Tebartz-van Elst deuten darauf hin, dass der Vatikan sein in der Welt verstreutes Führungspersonal schlecht unter Kontrolle hat.

Klingelgelder und Geklüngel deutscher Bischöfe

Während man an deutschen Bischofssitzen je nach Gusto leben kann, eher in Saus und Braus wie einst der Limburger Bischof Franz-Peter Tebartz-van Elst oder eher bescheiden wie dessen Amtsvorgänger in Limburg, Franz Kamphaus, sind viele Pfarreien unterfinanziert und die Pfarrer mit der Betreuung mehrerer Kirchengemeinden überfordert. Einige katholische Kirchen mussten geschlossen werden, anderen droht die Schließung. Das geistliche Personal wird vom Staat direkt bezahlt, entsprechend den Besoldungsgruppen für deutsche Staatsbeamte. Gemäß den Recherchen des deutschen Kirchenkritikers Carsten Frerk von 2003 verfügt das Erzbistum Köln über einen offiziellen Haushalt von 863 Millionen Euro.[42] Das Bistumsvermögen taxierte der Politologe auf mehrere Milliarden. Dennoch kommt auch das Erzbistum Köln, das reichste Bistum der Welt, in den Genuss deutscher Staatsgelder. Allein dem Kölner Erzbischof steht gemäß der Beamtenbesoldungsgruppe B10 ein Brutto-Grundgehalt plus Zulagen von monatlich um die 12.000 Euro zu.

Doch einem deutschen Bischof genügte der gegebene Luxus nicht. Franz-Peter Tebartz-van Elst, Zögling des ehemaligen Erzbischofs der reichsten Diözese weltweit, Joachim Meisner, war zum Limburger Bling-Bling-Bischof mutiert. Tebartz-van Elst hatte in Münster eine Blitzkarriere hingelegt. Dank der Vorschusslorbeeren seiner Vorgesetzten, insbesondere dank Empfehlungen des damaligen Kurienerzbischofs Gerhard Ludwig Müller und von Papst Benedikt XVI. persönlich, wurde Tebartz-van Elst 2008 zum Bischof von Limburg ernannt. Innerhalb des deutschen Episkopats vertritt der Bischof konservative katholische Werte und befürwortet traditionelle Formen der Liturgie, so wie Papst Benedikt. 2013 wurde im Bistum bekannt, dass unter Tebartz-van Elst die Baukosten für dessen neuen Limburger Amtssitz verschleiert wurden. Waren ursprünglich nur 5,5 Millionen Euro Baukosten veranschlagt worden, so sprach man auf einmal von 31 Millionen Euro Gesamtkosten. Der Anstieg wurde auf die Bausonderwünsche des Bischofs, auf Umplanungen und Umbauten zurückgeführt. Die bischöfliche Wohnung soll 2,9 Millionen Euro verschlungen haben. Diese Summe kam durch so exklusive Wünsche wie eine frei stehende Badewanne für mutmaßlich 15.000 Euro oder Schreinerarbeiten für 350.000 Euro zustande. Nicht billig dürfte auch das Vorhaben gewesen sein, eine neue untere Wohnebene in den Fels des Limburger Dombergs einzuziehen. Tebartz-van Elst soll für seine Bischofskapelle neue Kapellenfenster begehrt und eine hängende einer stehenden Vorrichtung für den alljährlichen Adventskranz präferiert haben, zu Kosten von insgesamt um 150.000 Euro.[43] Die Protz-Bauten in Limburg sind nicht das Werk eines Einzelnen. Sie gehen auf intensive Cliquenwirtschaft zurück.

Eine der treibenden Kräfte hinter den Bauten soll Franz Josef Kaspar gewesen sein, ein Liebhaber des Prunks und ein Sammler von Gemälden und Plastiken. Dem langjährigen Direktor der Behindertenanstalt *Sankt Vincenzstift Aulhausen* Kaspar wurde 2010 vorgeworfen, er habe die Aufklärung von Fällen sexueller Gewalt im Stift nicht mit dem gebotenen Nachdruck betrieben. Doch gleich in seinem ersten Amtsjahr 2008 hatte Bischof Tebartz-van Elst seinen Spezi Kaspar zu seinem Generalvikar ernannt und ihn ins Domkapitel eingeschleust, das eigentlich für die Finanzkontrolle des Bischofsstuhls zuständig gewesen wäre, nun aber wie gelähmt war. Die steigenden Baukosten am Bischofssitz in Limburg konnten verheimlicht werden, weil Kaspar die Stückelung der Gesamtkosten in zehn Einzelprojekte im Wert von je unter 5 Millionen angeordnet hatte. Nur Baubeträge, die über diesem Betrag liegen, müssen dem Vatikan gemeldet werden. Also erfuhren nur die externe Wirtschaftsprüfungsfirma *KPMG*, der Architekt und der Dombaumeister von der Kostenexplosion. Alle Informationen flossen am Ordinariat vorbei. Auch der Nuntius Jean-Claude Périsset soll Bescheid gewusst haben. In seiner Amtszeit als Apostolischer Nuntius in Deutschland, die von 2007 bis 2013 andauerte, hat er die Bauprojekte in Limburg genehmigt. Der Erzbischof Périsset fungierte eigentlich als Informant für den Vatikan. Doch es ist nicht bekannt, ob er Kurienvertreter über die Tebartz'schen Eskapaden informiert hat und sie daher von den hohen Geldausgaben des Limburger Bischofs wussten.[44]

Zwecks Kostenvertuschung wurde der ehemalige Leiter der hessischen Staatskanzlei, Jochen Riebel, eingebunden. Ihn kannte Kaspar, weil er über zwei Jahrzehnte hinweg die hessischen Bistümer bei der Landesregierung vertrat. Hier konnte er Kontakte zu Personen knüpfen, die für die Ordnung und die Kontrolle der Kircheneigentümer zuständig waren. Seinen Bekannten Riebel bugsierte Kaspar ins Amt des Sprechers des Vermögensverwaltungsrats, dessen drei Mitglieder dann aber doch Anfang Oktober 2013 die Kostenexplosion offenlegten. Das gesamte Bauprojekt muss in einer Stimmung von Angst und Heimlichtuerei geplant und entstanden sein. Jeder, der offen reden wollte, sei eingeschüchtert worden. Das berichtete der Vorgänger von Tebartz-van Elst, der emeritierte Bischof Frank Kamphaus, der in Limburg sehr bescheiden residiert hatte.

Fragen nach der Mittelherkunft wurden laut. Bei der Deutschen Bank sei ein Kredit aufgenommen worden. 2,5 Millionen Euro aus dem Bistumshaushalt sollen in den Bau geflossen sein. Auch das Schattenvermögen des Bischöflichen Stuhls, dessen Herkunft, Höhe und Verwendung allein der Bischof und seine Vertrauten kennen, muss angezapft worden sein. 2011 habe der Bischöfliche Stuhl darüber hinaus Frankfurter Wohnungen unter Wert, für nur 6,8 Millionen Euro, an das Bistum verkauft. Die den Fall untersuchende kirchliche Kommission gab im Februar 2014 bekannt, Tebartz-van Elst habe 3 Millionen Euro des heute nicht mehr existierenden *St. Georgswerks* für den Bau seiner Bischofsresidenz verwendet. An das Georgswerk spendeten seit 1949 alle Katholiken des Bistums einen Teil ihres Lohns. Die Einnahmen der Stiftung dienten eigentlich zum Unterhalt armer Familien mit vielen Kindern.

Im Oktober 2013 befragten Redakteure des Magazins *Der Spiegel* alle amtierenden 24 Bischöfe, ob der Limburger Bischof zurücktreten solle.[45] Keiner gab eine klare Antwort, viele äußerten sich gar nicht. Schließlich leben viele der angesprochenen Bischöfe selbst nicht gerade bescheiden, während Papst Franziskus in zwei Zimmern wohnt und sich mit einem R4 oder Fiat begnügt. Man kennt sich, man deckt sich oder geht in Deckung. Nur die Bürger handelten entschlossen. Sie protestierten öffentlich gegen den Bischof. Im Oktober 2013 wurden im Limburger Amtsgericht statt der gewöhnlichen ein bis drei durchschnittlich 20 Kirchenaustritte pro Tag gemessen.[46]

Anfang 2012 flogen der Bischof und sein Generalvikar gemeinsam erster Klasse nach Bangalore in Indien, um soziale Projekte zu besuchen. Aufgrund zweimaliger falscher Versicherungen an Eides statt in Bezug auf seine Erste-Klasse-Flüge beantragte die Staatsanwaltschaft den Erlass eines Strafbefehls gegen den Bischof. Das Strafverfahren wurde vom zuständigen Gericht jedoch gegen Zahlung einer Geldauflage in Höhe von 20.000 Euro durch Tebartz-van Elst eingestellt. Seinen Bischofssitz gab Tebartz-van Elst nicht freiwillig auf. Im Oktober 2012 nahm eine Prüfungskommission im Auftrag der Deutschen Bischofskonferenz ihre Arbeit auf. Während der Wartezeit zog sich der Bling-Bling-Bischof in das Kloster Metten in der Diözese Regensburg zurück. In einem Gespräch für das *Vatican Magazin* Mitte November 2013 gab Tebartz-van Elst seiner Clique eine Teilschuld für seine finanziellen Überhebungen in Limburg. Er erklärte, fast alle Bauentscheidungen seien kollegial getroffen worden, am Ende habe jedoch nur er seine Unterschrift darunter setzen müssen.[47]

Die deutschen Kardinäle Müller und Meisner nahmen das Mitglied ihrer konservativen Clique, Franz-Peter Tebartz-van Elst, gegenüber der Presse in Schutz. Gerhard Ludwig Müller, ein Freund Joseph Ratzingers und der Präfekt der Glaubenskongregation, den Papst Franziskus 2014 zum Kurienkardinal ernannt hatte, verteidigte seinen Protegé Tebartz-van Elst. Bei einer Messe in Rom im Oktober 2013 soll Müller die gegen den Limburger Bischof erhobenen Vorwürfe als »Erfindung von Journalisten« und »Medienkampagne« gegen die Kirche bezeichnet haben, berichtete damals die *Frankfurter Allgemeine Sonntagszeitung*.[48] Nicht Bischof Tebartz-van Elst, sondern seine Mitarbeiter hätten die überzogenen Baukosten für das bischöfliche Haus in Limburg zu verantworten. Auch der damalige Erzbischof von Köln, Joachim Meisner, sprang seinem Mitbruder Tebartz-van Elst bei. In einem Interview für das Medium *domradio.de* erklärte Kardinal Meisner: »Man muss dem Bischof helfen, wo man nur kann. Ich höre das auch von vielen jungen Priestern, die völlig hinter dem Bischof stehen. Darum ist es mir unbegreiflich, dass sich da so eine Wolke über ihn gelegt hat. Und wie die Medien sich geradezu gegen ihn verschworen haben!«[49] Vor Journalisten sagte Meisner bei einer Unterredung im Kölner Priesterseminar und Erzbischöflichen Haus über den Erste-Klasse-Flieger Tebartz: »... er ist der ärmste Hund unter den Bischöfen.«[50] Ab 2014 reiste Tebartz-van Elst wieder regelmäßig nach Limburg, um in seinem für ihn maßgeschneiderten, prunkvollen Anwesen zu nächtigen. Gehindert hat ihn daran niemand. Im März 2014 akzeptierte Papst Franziskus schließlich das Angebot von Bischof Tebartz-van Elst vom Oktober 2013, auf sein Amt zu verzichten.[51]

Kurz vor der Euro-Währungsumstellung im Jahr 2001 versuchte der einstige Bischof von Eichstätt und von Augsburg sowie Militärbischof in Deutschland Walter Mixa, eine Summe von 400.000 DM im Handgepäck über die mazedonische Grenze zu tragen, ohne das Geld zu verzollen. Damit wollte er anscheinend dem Bischof von Skopje einen Gefallen erweisen. Großes Aufsehen wegen solcher Kleingeldlichkeiten lieben die verantwortlichen Kirchenmänner in Rom nicht. Außerdem wäre auch noch der Bischof von Skopje mit verwickelt worden. Dieser Fall, genannt »Mixa Bargeld« in Anspielung auf den deutschen Musiker Blixa Bargeld, wurde im Vatikan ausgesessen und vor der Öffentlichkeit heruntergespielt. Man schwieg auch, obwohl Mixa Gelder der Katholischen Waisenhausstiftung zweckentfremdet haben soll, um Einrichtungsgegenstände, Wein sowie Präsente für Nachwuchspriester zu beschaffen. Die Gerüchte über Mixas Alkoholsucht und Vorwürfe gegen ihn wegen körperlichen Missbrauchs aus seiner Zeit als Pfarrer in den 1990er-Jahren wurden nie bewiesen. Der Heilige Stuhl ließ sie unkommentiert. Erst als sich in Augsburg die Kirchenaustritte häuften, bekam Mixa ungewöhnlich heftigen Druck aus den eigenen Reihen. Der Sprecher des Erzbistums München und Freising, Bernhard Kellner, wandte sich im Auftrag von Münchens Erzbischof Reinhard Marx sogar von selbst an die Süddeutsche Zeitung und fuhr schwerstes Geschütz auf: »Nicht zuletzt zum Schutz von Bischof Emeritus Mixa sehen wir davon ab, Einzelheiten öffentlich auszubreiten. […] Wir wünschen ihm gute Besserung. Sein Aufenthalt in der psychiatrischen Klinik war ein wichtiger erster Schritt.«[52] Der Heilige Stuhl musste endlich in Sachen Mixa reagieren. 2010 nahm Papst Benedikt XVI. Mixas zwischendurch wieder zurückgenommenes Rücktrittsangebot an. Zwei Jahre später berief er den 70-jährigen emeritierten Bischof in den *Päpstlichen Rat für die Pastoral im Krankendienst,* der für die Seelsorge im Krankendienst und 120.000 katholische Krankenhäuser und Hilfseinrichtungen weltweit zuständig ist.

Als kein geringerer Liebhaber des Luxus als die beiden deutschen Bischöfe entpuppte sich 2014 Tarcisio Kardinal Bertone. Inmitten des Vatikanstaats, unweit des Gästehauses Sanctae Marthae, in dem Papst Franziskus bescheidene zwei Zimmer bewohnt, richtete sich der Kardinalstaatssekretär a.D. im Palazzo San Carlo auf 700 Quadratmetern seinen Altersruhesitz ein.[53] Das von Journalisten als »goldenes Penthouse« oder »Superapartment« bezeichnete neue Domizil Bertones war im April 2014 Thema der italienischen Klatschpresse.[54]

Die Fallskizzen aus dem Vatikan und aus Deutschland zeigen, dass katholische Geistliche durch Macht und Geld verführbar sind. Einige von ihnen haben sich verführen lassen. Sie missbrauchten ihren Status aus Eigeninteresse oder um Gefährten zu begünstigen. Damit schadeten sie der Kirche. Deren Führungsfiguren haben das Fehlverhalten aber nicht unterbunden, sondern gedeckt. Wie kann es sein, dass Kleriker Wirtschaftsstraftaten und sogar sexuelle Verbrechen gegen Minderjährige über Jahre hinweg ungestraft begehen konnten? Warum ließ man sie nicht nur gewähren, sondern schützte sie aktiv vor Strafen und vor dem Zugriff staatlicher Autoritäten? Im nächsten Abschnitt soll Ursachenforschung betrieben werden. Dabei stehen weniger die Gründe für das Fehlverhalten einzelner Kleriker im Fokus, als vielmehr das Wirken von gewissen Regeln, eingespielten Gepflogenheiten und cliquenwirtschaftlichen Banden.

Gnade gegen Geld

Anfang des 21. Jahrhunderts bekriegten sich einander feindlich gesinnte Kardinalscliquen. In den letzten Dekaden des 20. Jahrhunderts und bis ins neue Jahrhundert hinein betrieben Kleriker außerdem Wirtschaftskriminalität auf Kosten und zum Schaden der Kirche. Einigen höhergestellten Geistlichen ging es mehr um den eigenen Macht- und Besitzzuwachs als um das Wohl der Kirche. Sie bedienten sich strategischer Seilschaften, um ihre politischen und wirtschaftlichen Ziele zu verfolgen. Ruhm und Reichtum sind starke Antriebe für ehrgeizige Menschen – auch für Kleriker. Deren Macht- und Geldgier fügte der Kirche manchmal, aber keineswegs immer, Schaden zu. Glanz und Vermögen der katholischen Kirche beruhen sogar zum Teil auf den narzisstischen und eigennützigen Motiven einzelner Kirchenvertreter. So wie eine Partei oder ein Wirtschaftsunternehmen profitiert auch die Kirche von motivierten Mitarbeitern. Die katholische Kirche braucht Status und Besitz, um handlungsfähig zu sein. Beides verdankt sie auch denjenigen, die aufgrund von individuellem Ehrgeiz und im kirchlichen Auftrag danach gestrebt haben.

Die Kirche hat viele Gesichter, aber sie zeigt nicht alle. Sie präsentiert sich als Ort der Zusammenkunft, als Kathedrale des Geistlichen und als Seelsorgeeinrichtung. Diese drei Lieblingsgesichter der Kirche sind für die Öffentlichkeit bestimmt. Das machtpolitische Gesicht, das Gesicht des multinationalen Konzerns und das private Gesicht einer Versammlung von Männern verbirgt sie. Die von der Moralseite abgewandten Antlitze werden überschminkt und obendrein verschleiert. Zusätzlich zieht die Kirche eine Grenzlinie zwischen ihrer Innen- und Außenwelt. Offenbar toleriert man am Heiligen Stuhl und unter den weltweit verteilten Führungsfiguren liberalere Moralvorstellungen, Reden und Aktivitäten, als man gegenüber Dritten zugibt. Wird im Innern mit harten Bandagen um Macht und Reichtum gekämpft, predigt man nach außen Gerechtigkeit, Frieden, Nächstenliebe, Besitzverzicht, Keuschheit und Wahrheit.

Diese Paradoxie wirkt nur für Außenstehende befremdlich. Für die Kirchenfürsten stellt sie kein Problem dar. Sie ist vielmehr Element der kirchlichen Macht- und Geldbeschaffungsstrategie, wobei die Strategien sich wechselseitig bedingen. Politische Macht braucht die Kirche, um mit Staatsführern verhandeln zu können. Ihre spirituelle Macht sichert den Status der Kirche als verlässliche Autorität für die Gläubigen in aller Welt. Auf Basis ihrer politischen und spirituellen Macht gelangt die Kirche an staatliche Vergünstigungen, Steuergelder oder Geldspenden. Ihr Kapital dient der Kirche umgekehrt dazu, ihre Machtposition aufrechtzuerhalten, ihrem seelsorgerischen Auftrag nachkommen und aktiv Hilfe leisten zu können.

Die katholische Kirche bietet seelisch und emotional Bedürftigen ein offenes Haus. Der Glaube und das gemeinsame Gebet spenden Menschen in aller Welt Lebenssinn und Trost. Die Kirche gibt den Gläubigen Halt. Außerdem helfen Kirchenvertreter in Krisenfällen, bei Behinderung, bei der Trauerbegleitung, auf der Flucht oder bei Leid infolge von Unglücksfällen oder Umweltkatastrophen. Oft dürftig bezahlt, setzt sich das Kirchenpersonal an der Basis unter großem persönlichen Einsatz in Worten und in Taten für andere Menschen, auch für Nichtkatholiken, ein. Um ihre seelsorgerischen und praktischen Aufgaben rund um den Globus, darunter in Krisen- und Armutsgebieten, erfüllen zu können, benötigt die Kirche Geld. Sie muss permanent Kapital beschaffen. Die Kirchenmanager in Rom und in den weltweiten Bistümern, die lokalen Seelsorger, die kirchlichen Gemeindevertreter und die Projekthelfer in aller Welt, darunter viele Frauen und Laien, müssen finanziert werden. Die Kapitalversorgung gelingt allerdings nur, wenn die Kirche einen guten Ruf besitzt. Um handlungsfähig zu bleiben, muss die Kirche ihren Status als moralische Instanz bewahren. Deshalb predigen ihre Vertreter Moral, stellen sich als moralisch untadelig dar und verbergen ihre Fehltritte, wenn nötig. Nur unbescholten wirkende Kirchenvertreter können ihren global verteilten Jüngern das geben, was diese von der Kirche und vom Katholizismus erwarten. Nur wer moralisch unangreifbar ist, kann glaubhaft Hoffnung und Trost spenden und die Bedürfnisse von Menschen nach Spiritualität befriedigen. Insbesondere Menschen, die der Vernunft und des Pragmatismus überdrüssig sind und ihrem Leben einen höheren, spirituellen Sinn verleihen wollen, werden von der katholischen Kirche und gerade von einer traditionell ausgerichteten katholischen Kirche gut bedient. Ihr Vermögen, Menschen in einer von Rationalität und Profanität geprägten Zeit zu emotionalisieren, macht die Kirche auch für eine jüngere Generation attraktiv und damit zukunftstauglich.

Die Wirtschaftsstrategen der katholischen Kirche wissen um die Anziehungskraft einer spirituellen Kirche. Sie erlauben sich selbst aber keine Gefühlsduseleien. Seit den Anfängen der Kirche setzen ihre Führungskräfte bewusst auf das Prinzip Gnade gegen Geld. Geistliche verkünden ihre moralischen Botschaften und leisten aktiv Hilfe. Im Gegenzug erhalten sie von den Gläubigen Ehrfurcht und Geldmittel. Bischöfe, Priester, Mönche oder Nonnen, die ihr emotionales und spirituelles Kapital überzeugend ausspielen, ziehen treue Kirchenanhänger und deren Finanzkapital an. Die Wurzeln für diesen Quasiautomatismus liegen im Mittelalter. Damals begannen christliche Kleriker damit, Ansehen und Reichtum im Auftrag der Kirche zu erwerben, als agierten sie in einem moralfreien Vakuum. Eine Synode von 1079 verfügte die Exkommunizierung von Geistlichen, die sich bei ihren Geschäften für die Kirche finanziell auch selbst bedienten. Dieses Verbot bezog sich aber nicht auf Geschäfte, die der Kirche zugutekamen. Kleriker durften dem Heiligen Stuhl und ihren Gemeinden weiterhin Geld und Reichtümer zuführen. Dabei wurde der Weg zum Kapital aber gar nicht oder nur lückenhaft reglementiert. Geschäftstüchtigen Kirchenleuten wurde es selbst überlassen, welche Mittel sie zur Bereicherung einsetzten. Wie wohl die meisten Wirtschaftstätigkeiten wiesen auch die Geschäfte der Kirche helle und dunkle Seiten auf.

»Dass es in der alten Kirche eine Armenfürsorge, dass es Wohltätigkeit gab, ist nie geleugnet worden. Ungezählte Theologen haben dies abgehandelt – während es bis heute keinem einzigen einfiel, eine Wirtschaftsgeschichte der alten Kirche zu schreiben, einer Institution, die doch immerhin ein Jahrtausend die wirtschaftliche Entwicklung beaufsichtigt hat«,[55] schreibt Karlheinz Deschner im zweiten Band seines 10-bändigen Werks *Kriminalgeschichte des Christentums.* Leider kann hier nicht die Wirtschaftsgeschichte der katholischen Kirche aufgezeichnet werden. Doch die Geschäftsideen der Kirchenvertreter vom Ablasshandel über Zehntzahlungen, Reliquienverkäufe, den Freikauf von Wallfahrten, Pfandnahmen gegen Versicherungen, Ämterhandel (*Simonie*) bis zur Besteuerung von Prostitution beleuchten, wie profan sich die kirchliche Wirtschaftsgeschichte bis in die Neuzeit hinein gestaltet. Säkulare und christliche Geschäftsmodelle gingen ineinander über. Kooperationen und forcierte Übereinkünfte zwischen geistlichen und weltlichen Herrschern prägten den wirtschaftshistorischen Verlauf. Gemeinsam regierten Kirche und Regierung über das gläubige und ungläubige Volk hinweg. Indem Kirchenvertreter nicht nur Normalbürgern, sondern auch weltlichen Regenten die Beichte im Gegenzug für Buße, Vergebung oder Spenden abnahmen, wurden sie zu mächtigen Geheimnisträgern. Über das Beichtgeheimnis brachten Geistliche die weltlichen Herrscher unter ihre Kontrolle.

Ein Blick in die kirchliche Wirtschaftschronik illustriert die Entschlossenheit von Geistlichen, irdische Reichtümer einzusammeln und zu mehren. Er illustriert auch die Kreativität von Mönchen, Nonnen, Priestern und Bischöfen beim Finden und Erfinden von Erlösmodellen. Die Klerikalen nutzten die Bereitschaft der Menschen, an die katholische Lehre zu glauben. Sie drangen in deren sämtliche Lebensbereiche, von der Geburt bis zum Tod, ein und appellierten an deren Glauben, um sie zu Abgaben für die Kirche zu bewegen. Gegen Gnade und andere immaterielle Genugtuungen aus der Schatzkiste des Glaubens verschafften sich die Geistlichen des Mittelalters Zugang zu den Vermögenswerten der Bevölkerung. Mithilfe von moralischem Druck und Spontanerlässen sowie mit dem Segen von Kaisern, Königen und Landesfürsten bereicherte sich die Kirche mit dem Geld, dem Gold, den Gütern, den Ländereien und den Immobilien ihrer gutgläubigen Anhänger. Indem kirchliche Autoritäten auf eine Mischung aus freiwilliger Frömmigkeit und auf Gesetzeszwang setzten, trieben sie Spenden ein oder ließen sich die Schätze von lebenden und verstorbenen Katholiken überschreiben. »Bereits um die Wende zum 4. Jahrhundert konnte man kaum noch Christ werden, ohne zu zahlen«,[56] urteilte der kritische Kirchenchronist Karlheinz Deschner. Über Ad-hoc-Verordnungen beanspruchte die Kirche die Reichtümer der Verwandten und Nachbarn von gläubigen Personen gleich mit. Um sich vor Zahlungsausfällen zu schützen, sprachen Geistliche metaphysische oder handfeste Drohungen aus. Sie nahmen Geld von Reichen und von Armen, von Tugendhaften und von Sündern, von Lebenden und von Toten entgegen. Die Kirche dehnte ihre Ansprüche von Gläubigen auf Ungläubige und von den Bewohnern alter auf die Bewohner neuer Kontinente aus.

Mehr Gläubige garantieren der Kirche mehr soziales und mehr finanzielles Kapital. Höhere Mitgliederzahlen bedeuten höhere Spendeneinnahmen für die Kirche. Sie bedeuten auch einen größeren Einfluss auf die Gesellschaft. Eine kirchenfreundliche Gesetzgebung verleiht der Kirche mehr politische Macht. Damit erhält sie eine starke Verhandlungsposition gegenüber nationalen Regierungen, zum Beispiel um Vergünstigungen oder Steuerabgaben zu erstreiten. Dieser Hebelmechanismus funktioniert für die Kirche bis heute. Ist sie mächtig und mitgliederreich, können Papst und Kurie mit Spenden, Kollekten, Peterspfennigen, Kirchensteuern, allgemeinen Steuern und sonstigen Gaben aus aller Welt rechnen. Den einen Teil ihrer Finanzspritzen bringen spendable und Steuern zahlende Kirchenmitglieder auf. Für den anderen Teil sorgen Regierungen mit ihren Zuwendungen.

Seit der Aufklärung und spätestens seit dem 20. Jahrhundert treten katholische Gläubige ihrer Kirche kritischer gegenüber als zuvor und zeigen sich weniger freigiebig. Daher dachten die Kirchenfürsten sich neue, verlässliche Monetarisierungsstrategien aus. Statt auf die Anziehungskraft ihrer Institution und ihrer Lehre setzte die Kirche nun auf Verhandlungen mit Staatsführern. Nationale Kirchenvertreter begannen mit systematischer Lobbyarbeit, um sich regelmäßige Geldflüsse wie Steuern oder fixe Abgaben zu sichern. Zudem bemühten sie sich um geldwerte Vorteile, staatliche Finanzspritzen, Steuererleichterungen oder sonstige Privilegien. Besondere politische und wirtschaftliche Erfolge zeigten die Verhandlungen in Deutschland. Hier hat die katholische Kirche ein hohes gesellschaftliches Ansehen und steht auf einem soliden finanziellen Fundament.

Aus der Notwendigkeit der Geldbeschaffung und des Finanzmanagements erwachsen für zuständige Kirchenmitarbeiter Möglichkeiten, Gelder zu veruntreuen und die Bankenstruktur zu missbrauchen. Seit die Institution Kirche existiert, gab es immer wieder Kirchenvertreter, die ihre Machtposition auch dazu ausnutzten, um sich persönlich zu bereichern. Kirchliche Finanzmanager, die ihren monetären Versuchungen erlegen waren, provozierten Geldwäsche-, Korruptions- und Veruntreuungsskandale im 20. und 21. Jahrhundert. Wie gelang es ihnen, abgekoppelt von Moral und Recht sowie den Bedürfnissen der Gläubigen und Kirchenhelfer an der Basis, zu ihren eigenen Gunsten so lange ungestraft im Dunkeln zu operieren?

Die Vatikanbank IOR ist nach dem Kirchenrecht eine eigene Rechtspersönlichkeit (*Personalità giuridica canonica*). Als privatrechtliches Finanzinstitut des Heiligen Stuhls untersteht sie keiner Bankenaufsicht und muss ihre Bilanzen nicht publizieren. So konnten an der Vatikanbank reihenweise anonyme Nummernkonten eröffnet werden. Das IOR wurde zur beliebten Abwicklungsstation zweifelhafter Finanztransaktionen. Die katholische Kirche musste bislang nicht vollständig offenlegen, bei wem, wie und in welcher Höhe sie Finanzmittel beschaffte und wie sie diese einsetzte. Dadurch weiß die Außenwelt nicht, welcher Anteil an den kirchlichen Einnahmen nach Rom, an einzelne Geistliche, in die Gemeindeseelsorge oder in karitative Projekte fließt. Womöglich herrscht nicht einmal am Heiligen Stuhl Klarheit über den Umfang des Kirchenvermögens sowie über die Beschaffungs- und Umverteilungsstrategien der Kirchengelder. Im Finanzsektor der Kirche herrscht Intransparenz, als folge man hier dem Motto des 1976 verstorbenen Ölmilliardärs Jean Paul Getty: »Über Geld spricht man nicht, man hat es.«

Die Intransparenz der kirchlichen Finanzverwaltung könnte gewollt sein oder auf Unkenntnis beziehungsweise Desinteresse zurückzuführen sein. Wie dem auch sei – gewiefte Kleriker im Vatikan, in den Bistümern und Pfarreien konnten die Vorteile dieses opaken Systems über lange Zeit für sich und ihre Komplizen nutzen. Darf man von katholischen Geistlichen erwarten, anders als gewöhnliche, Geschäftspartner übervorteilende oder austricksende Unternehmer vorzugehen, nur weil sie Geistliche und geweiht sind? Kleriker sind fehlbar. Sollte man ihr Verhalten trotzdem mit strengeren Maßstäben messen als das von Nicht-Geistlichen? Zumindest sollten sich die Geistlichen an ihrem eigenen Moralkodex messen lassen. Wie aber sieht dieser aus, wenn unmoralisches Handeln in der Kirche nicht nur möglich ist, sondern straflos bleibt und deshalb ungebremst weiter betrieben werden kann und betrieben wird?

Wieso hinderte sie niemand daran, Unrechtmäßigkeiten zu begehen? Hat die Kirche weder in ihrer Innenwelt noch in der Außenwelt ein Korrektiv, das kircheninterne Wirtschaftsvergehen sanktioniert und stoppt? Oder umgekehrt: Was ermöglicht Klerikern, oftmals ungestraft gegen Moral und Recht zu verstoßen? Existieren in der Kirche stabilisierende Elemente, die das Fehlverhalten ihrer Würdenträger zu dulden, statt zu bestrafen, einlädt? Welcher Mechanismus begünstigt das moral- und gesetzeswidrige Wirtschaftshandeln von Geistlichen? Werden straffällige Kleriker vor dem Zugriff gesetzlicher Ermittler beschützt? Gibt es einen Fehler im katholischen System?

Ja, dieser Systemfehler existiert. Er liegt in der Abspaltung des moralischen Handelns der Kirche von ihrem wirtschaftlichen Handeln. Weil die Kirche Ethik von Wirtschaft trennt, entstand eine moralisch aufbauende und praktisch helfende Kirche neben einer von Wirtschaftsinteressen geprägten Kirche. Letztere verfolgt einen von der Karitas abgespaltenen, verselbstständigten ökonomischen Ehrgeiz. Eine nicht an karitative Zwecke gebundene, spekulative Reichtumsvermehrung der katholischen Kirche mag fragwürdig erscheinen. Doch für die Akteure stellt die Verbindung von Glaubenslehre und Geldgewinn keinen Widerspruch dar, da ihre Kirche das eine sauber vom anderen trennt. Im 3. der fünf *Bücher Mose*, im *Levitikus* 25, 36–37, steht geschrieben: »Du sollst nicht Zins und Wucher von ihm nehmen, und sollst dich fürchten vor deinem Gott, damit dein Bruder bei dir lebe. Dein Geld sollst du ihm nicht um Zins geben.« Trotz dieses Gebots und eines offiziellen Verbots verliehen Priester oder Mönche Geld bereits im Mittelalter und betrieben lukrative Kreditgeschäfte. Als Papst Pius VIII. 1830, ganz dezent in einem Brief, das Zinsverbot aufhob, änderte sich für die geistlichen Finanzjongleure wenig. Mit dem päpstlichen Schreiben wurde der Zinsnahme bloß der Druck zur Verheimlichung eines Geschäfts genommen, das seit dem 15. Jahrhundert gängige Praxis war.

Die Zinsnahme und andere kirchliche Geld- und Wirtschaftstransaktionen wurden nicht von Geistlichen und schon gar nicht von weltlichen Instanzen geahndet. Seit dem Mittelalter dürfen Kleriker nur von anderen, höhergestellten Klerikern gerichtet werden. Regenten, Staatsanwälte oder Politiker haben hier bis dato nicht hineinzureden. Die Westkirche richtet sich nach ihrem eigenen Kirchenrecht. Dieses kennt keine prinzipielle Pflicht zur Zusammenarbeit mit weltlichen Strafverfolgungsbehörden.

Eigengesetzlichkeit

Der katholische *Codex Iuris Canonici* (CIC), der *Kodex des kanonischen Rechtes,* existiert als eigenes Regelwerk neben den nationalstaatlichen Rechtssystemen. Ihr eigener Sitten- und Rechtekanon macht die Kirche unabhängig von verschiedenen nationalen Rechtsprechungen und von ideologischen Trends. Dadurch kann die Kirche ihr eigenes Recht übernational anwenden. Der Codex Iuris Canonici trat 1917 in Kraft und wurde 1983 erneuert. Mit der Schaffung eines einheitlichen Kirchenrechts verfolgte die Kirche nach den Erfahrungen im Ersten Weltkrieg den Hauptzweck, die Zentralmacht Rom und die Zuständigkeiten des Papstes zu stärken. Die sieben Bücher des Kodex regeln neben kirchenorganisatorischen Angelegenheiten auch den Umgang mit den Geld- und Sachwerten der Kirche sowie den Umgang mit der Gehorsamsverweigerung und den Straftaten von Geistlichen. Bei Bedarf werden die Rechtsregeln geändert oder um Zusatzbestimmungen ergänzt. Mit der Verabschiedung des Kodex im Jahr 1917 setzte Papst Benedikt XV. auch die liberalen Spielregeln für das kirchliche Wirtschaftsgebaren in Kraft. Damit machte er den Weg für die kirchlichen Finanzoperationen im 20. und 21. Jahrhundert frei. Im Buch 5 des Kodexes finden sich interessante Passagen zum Vermögenserwerb und zur Vermögensverwaltung:

- Can. 1254 – § 1. Die katholische Kirche hat das angeborene Recht, unabhängig von der weltlichen Gewalt, Vermögen zur Verwirklichung der ihr eigenen Zwecke zu erwerben, zu besitzen, zu verwalten und zu veräußern. [...]
- Can. 1255 – Die Gesamtkirche und der Apostolische Stuhl, die Teilkirchen und jedwede andere juristische Person, sei sie öffentlich oder privat, besitzen die Fähigkeit, nach Maßgabe des Rechts Vermögen zu erwerben, zu besitzen, zu verwalten und zu veräußern.
- Can. 1256 – Das Eigentum am Vermögen steht unter der obersten Autorität des Papstes jener juristischen Person zu, die das Vermögen rechtmäßig erworben hat.
- Can. 1257 – § 1. Jedes Vermögen, das der Gesamtkirche, dem Apostolischen Stuhl oder anderen öffentlichen juristischen Personen in der Kirche gehört, ist Kirchenvermögen, für das die folgenden Canones sowie die eigenen Statuten gelten. [...]
- Can. 1259 – Die Kirche kann Vermögen auf jede gerechte Weise des natürlichen oder positiven Rechts erwerben, in der es anderen gestattet ist.[57]

Der Kodex von 1917 verordnete die strikte Trennung ökonomischer von religiösen Angelegenheiten. Die Wirtschafts- und Finanzgeschäfte des Vatikans und seiner Satelliten durften und mussten sogar losgelöst von aller Kirchenmoral ablaufen. Legalisiert wurden dieselben Finanzgeschäfte, wie sie von internationalen Investmentbanken betrieben werden. Dazu gehört die Zinsnahme ebenso wie Spekulationen auf Produkte und Leistungen aller Art. Dank des Kodexes konnten die römisch-katholischen Geschäfte stärker als zuvor schon und gewissermaßen abgesegnet florieren. Der letztgenannte Passus 1259 stellt die kirchlichen mit den weltlichen Finanz- und Vermögensinstitutionen noch heute und also in einer Ära gleich, in der sogar privatwirtschaftliche Banken zaghaft damit beginnen, Ethikkodizes zu implementieren.

Zum Einklang der kirchlichen Vermögenspolitik mit der katholischen Glaubenslehre ist im Kodex des kanonischen Rechts nichts zu finden. Es fehlt zum Beispiel eine Brücke zum Abschnitt im *Levitikus*: »Dein Geld sollst du ihm nicht gegen Zins geben.« Es fehlt auch der Bezug zum Evangelium, demgemäß die Kirche der Armut verpflichtet ist und für Arme da zu sein hat. Um für Arme da zu sein, muss die Kirche allerdings liquide Mittel aufbringen. Bis heute heiligt der Zweck die Mittel, wenn es um das Geld, die Güter und den Grundbesitz der katholischen Kirche geht. Das Rechtssystem beschirmt das Wirtschaftssystem der Kirche. Nach außen nutzt die Kirche nicht selten ihre Heiligkeit, um sich weltweit beliebt zu machen und um als gesellschaftlich relevanter Faktor Spenden und Steuergelder zu beanspruchen. Nach innen schwört die Kirche in wirtschaftlichen Angelegenheiten oft spitzfindiger Moralität ab. Bis zu den Reinigungsaktionen durch den 2012 neu berufenen IOR-Chef Ernst von Freyberg bot die Vatikanbank ihren Kunden Geheimkonten an, die teils zur Verwahrung von Schmiergeldern oder zu Geldwäschetransfers genutzt wurden.

Das unabhängige Kirchenrecht erlaubt es, dass das kirchliche Wirtschaftshandeln weitgehend von den Regeln der christlichen Moral abgekoppelt stattfinden kann. Wie aber geht die Kirche mit

Straftätern aus ihren Reihen um? Dazu hält der Kodex des kanonischen Rechtes ebenfalls Regeln bereit. Das Buch 6 des CIC ist den Strafbestimmungen der Kirche gewidmet. Die erste Passage in dessen 1. Teil lautet: »Can. 1311 – Es ist das angeborene und eigene Recht der Kirche, straffällig gewordene Gläubige durch Strafmittel zurechtzuweisen.« Der unfehlbare Papst ist jedoch nicht belangbar: »Can. 1404 – Der Papst kann von niemandem vor Gericht gezogen werden.« Externe Rechtsautoritäten akzeptiert der Heilige Stuhl bei bestimmten Ereignissen grundsätzlich nicht. Die Kirche regelt die Übertritte von Klerikern selbst. Dabei werden die Vergehen von Geistlichen und der Umgang der Kirche mit diesen – so gut es geht – gegenüber der Außenwelt verheimlicht. Mit Bestrafungen hält sich die Kirche generell zurück – ob Geistliche gegen das Kirchenrecht, Moral- oder externe Rechtsgesetze verstoßen haben.

Die von Johannes Paul II. 1983 verkündete neue Version des CIC weichte die Regeln in Bezug auf Strafhandlungen durch Geistliche auf. Anders als noch im Kodex von 1917, der ein einheitliches Kirchenstrafrecht vorgab, verlegte das reformierte Kirchenrecht die Entscheidungen über das Strafmaß für alle Straftaten in den Verantwortungsbereich des Ortsordinarius, eines katholischen Geistlichen mit Leitungsfunktion. Das führte in der Praxis zu einer unterschiedlichen Behandlung von Straftaten. Außerdem wurde mit dem Kodex von 1983 die Zahl kirchenrechtlich anerkannter Straftaten extrem reduziert. Diese Änderungen wirkten sich insbesondere auf den Umgang mit dem weltweit aufgedeckten sexuellen Missbrauch durch Geistliche aus. Im CIC von 1917 definierten die Canones 904 und 2368 den sexuellen Missbrauch durch Priester während der Beichte als ein Verbrechen. Dieses führte zur Exkommunikation, genauso wie die Nichtanzeige eines wissenden Kollegen zur Exkommunikation führte. Canon 2359 des CIC legte fest, dass ein »Kleriker [der sich] mit Minderjährigen unter 16 Jahren schwer versündigt« hat, »... suspendiert, als infam erklärt, jeden Amtes, jedes Benefiziums, jeder Dignität und überhaupt jeder Anstellung enthoben und in schwereren Fällen mit Deposition [dauerhafter Amtsenthebung] bestraft werden« sollte. Ein Geistlicher, der sich »in anderer Weise gegen das sechste Gebot vergangen« hat, sollte »der Schwere der Schuld entsprechend bestraft werden«. Diese klare Regel fehlte ab 1983. Dadurch herrschte auf einmal Unsicherheit im Umgang mit den sexuellen Vergehen katholischer Kleriker.[58]

Mit der 1988 erlassenen *Apostolischen Konstitution Pastor Bonus* legte Johannes Paul II. fest, dass »schwerwiegende Delikte gegen die Moral«[59] allein von der Glaubenskongregation untersucht und von ihr mit Kirchenstrafen sanktioniert werden dürften. *Pastor Bonus* lieferte aber keinen eindeutigen Hinweis darauf, ob die Formel »schwerwiegende Delikte« sich auch auf sexuellen Missbrauch bezog. Damit oblag es dem Präfekten der Glaubenskongregation, die angezeigten Kindesmissbrauchsfälle zu bestrafen oder nicht. Der Präfekt der Kongregation war von 1981 bis zu seiner Papstwahl im Jahr 2005 Joseph Kardinal Ratzinger. Ratzinger war von Papst Johannes Paul II. gezielt ausgesucht worden und ihm während der gesamten Amtszeit untergeordnet und verpflichtet. Alle Daten und Informationen über sexuelle Vergehen von katholischen Priestern in aller Welt gingen über Ratzingers Schreibtisch. Er soll sich regelmäßig mit dem Papst über das Vorgehen in Bezug auf die Missbrauchsfälle abgesprochen haben.

Das ergaben die Recherchen des Filmregisseurs Alex Gibney für seinen Dokumentarfilm von 2012 *Mea Culpa Maxima*. Obwohl der sexuelle Missbrauch durch katholische Geistliche seit den 1990er-Jahren weltweit für Aufsehen sorgte, handelte der Vatikan erst unter dem starken Druck der Öffentlichkeit. Auf einmal wurden straffällige Priester versetzt oder entlassen. Über 40 Jahre lang konnte sich der irische Priester Brendan Smyth in irischen und US-amerikanischen Pfarreien an Kindern vergehen, ohne dass jemand eingriff. Erst 1991 wurde er verhaftet. Der Priester floh. So wie der Wirtschaftsstraftäter Marcinkus sich hinter den Mauern des Vatikans verstecken konnte, verbarg sich der pädophile Kriminelle Smyth hinter den Mauern des Klosters Kilnacrott. Anders als Marcinkus konnte Smyth 1994 jedoch erneut gefasst und inhaftiert werden. Der derzeitige Vorsitzende der irischen Bischofskonferenz, Sean Kardinal Brady, hatte den Missbrauch durch Priester Smyth gedeckt. Dennoch wurde der Kardinal von Papst Benedikt XVI. 2008 ins Kardinalskollegium aufgenommen. Als 2010 Bradys Rücktritt gefordert wurde, verteidigte dieser sich. Er erklärte, er sei beauftragt worden, innerkirchlich gegen Smyth zu ermitteln, der Polizei gegenüber aber Stillschweigen zu wahren.

Auch Bernard Francis Law hatte während seiner langjährigen, 1984 beginnenden Amtszeit als Erzbischof von Boston die sexuellen Vergehen an Kindern durch Priester in seiner Diözese weder effektiv verfolgt noch angezeigt. Seinen Posten musste er trotzdem erst 2002 niederlegen. 2004 beauftragte der Präfekt der Glaubenskongregation, Joseph Ratzinger, den Bischof und das Opus-Dei-Mitglied Klaus Küng, nicht zu verwechseln mit dem Kirchenkritiker Hans Küng, mit Untersuchungen in der österreichischen Diözese St. Pölten. Im dortigen Priesterseminar sollen 2003 kinderpornografische Fotos heruntergeladen und homosexuelle Beziehungen unterhalten worden sein. Die Küng'schen Nachforschungen führten zu einer Bewährungsstrafe eines Priesteramtsanwärters und zur Absetzung des damaligen St. Pöltener Bischofs Kurt Krenn. Johannes Paul II. ernannte daraufhin den Opus-Dei-Mann Klaus Küng zu Krenns Nachfolger.[60]

Als Präfekt der Glaubenskongregation müssen der spätere Papst Benedikt XVI. und seine damaligen Sekretäre in der Kongregation, Georg Gänswein, sein späterer Privatsekretär, und Tarcisio Bertone, sein späterer Kardinalstaatssekretär, sich mit den weltweiten Missbrauchsfällen gut ausgekannt haben. Auch Papst Johannes Paul II. wird dank der Gespräche mit seinem Präfekten über die Lage in den Pfarreien im Bilde gewesen sein. Entschieden eingegriffen wurde trotzdem nicht. Die Eigengesetzlichkeit der Kirche verlieh dem Papst und der Kurie großen Handlungsspielraum.

Der mexikanische Gründer des Ordens Legionäre Christi, Marcial Maciel Degollado, war ein Vertrauter von Papst Johannes Paul II. und von Angelo Kardinal Sodano, Bertones Vorgänger als Kardinalstaatssekretär. Maciel hatte sich um die Kirche verdient gemacht, indem er mit seinen Legionären hohe Spendensummen eingesammelt hatte. Zugleich wurde Maciel verdächtigt, Morphinist zu sein und Seminaristen seines 1941 gegründeten Ordens missbraucht zu haben.[61] Man unterstellte dem Pater außerdem, Geliebte und Kinder von mehreren Frauen zu haben. Papst Johannes Paul II. soll von allem gewusst haben.[62] Marcial Maciels Privatsekretär Rafaele Moreno berichtete dem Papst sogar persönlich, dass er 18 Jahre lang von seinem Vorgesetzten Maciel missbraucht worden war. Moreno erinnerte sich an das Gespräch und erzählte dem Sekretär von Papst Benedikt XVI., Georg Gänswein, davon: »Dieser [Johannes Paul II.] hat nicht zugehört; nicht geglaubt – wollte Card. Sodano informieren, dieser hat keine Audienz gewährt, Card. De Paolis hat zu wenig Zeit gehabt«, offenbart Gänsweins Mitschrift seiner Unterhaltung mit Moreno vom 19.10.11.[63] Dieses Dokument wurde 2012 über *Vatileaks* an den Autor Giovanni Nuzzi geschmuggelt, der daraus zitiert. Trotz eindeutiger Hinweise auf die Vergehen von Marcial Maciel förderte Johannes Paul II. den geschäftstüchtigen Pater und rühmte seine Taten und Schriften in der Öffentlichkeit.

Unmittelbar nach dem Tod von Johannes Paul II., im April 2005, sandte Joseph Ratzinger Ermittler nach New York und nach Mexico. Sie sollten Beweise gegen den Gründer der Legionäre Christi sammeln. Unter dem deutschen Papst Benedikt XVI. wurde Maciel 2006 von der Glaubenskongregation dazu aufgefordert, sich aus der Öffentlichkeit zum Gebet und zur Buße zurückzuziehen. Bis zu seinem Tod wurde Marcial Maciel aber weder ein gesetzliches noch ein kirchenrechtliches Strafverfahren zugemutet. Nach Bekanntwerden des Skandals um Maciel versuchten Abgesandte der Kirche, mit diplomatischem Geschick und Entschädigungszahlungen den Austritten bei den Legionären Christi entgegenzuwirken. Für die Geheimhaltung der Vorgänge in Mexiko war vor allem der kommissarische Leiter der Legionäre, Velasio Kardinal De Paolis, zuständig. Er war derjenige, der laut Gänsweins Protokoll kein offenes Ohr für die Sorgen von Maciels ehemaligen Privatsekretär Moreno hatte.

Die katholische Kirche verfügt nicht mehr über das *privilegium fori*, das mittelalterliche Privileg ihrer eigenen Gerichtsbarkeit. Das römisch-katholische Kirchenrecht und kirchliche Sondererlasse erlauben es der Kirche dennoch bis heute, sogenannte kircheninterne Angelegenheiten nur an den eigenen Moralmaßstäben zu messen. Da aber das Kirchenrecht uneindeutig ist und die Auslegung einzelnen Klerikern überlässt, bietet es keine solide Grundlage, um über Geistliche zu richten. Trotzdem verlässt sich der Heilige Stuhl selbst bei Verbrechen nur auf eigene Ermittler, eigene Strafmechanismen und auf das vatikaneigene, nicht vorhandene Gefängnis. Indem Kirchenobere sich weigern, mit öffentlichen Behörden und Ermittlern zu kooperieren, bewahren sie ihre Mitbrüder vor einer ordentlichen gerichtlichen Bestrafung. So wurden die straffällig gewordenen Kirchenmänner Paul Marcinkus und Paolo Gabriele hinter vatikanischen Mauern verschanzt, um sie vor den Strafen weltlicher Richter zu bewahren. In der nach außen abgedichteten Innenwelt der Kirche konnten Geistliche Verbrechen wider die Menschenrechte begehen und dabei der Außenwelt zugleich Moral predigen, ohne dafür zur Verantwortung gezogen zu werden. Statt jahrelanges systematisches Fehlverhalten von Geistlichen im Keim zu ersticken, wurde ihnen dies weiterhin ermöglicht. Zum Schutz ihrer Männer und ihrer Geheimnisse hält die Kirche nicht nur staatliche Autoritäten fern. Um das Versagen einzelner Kleriker und der Institution Kirche auch vor der Presse und vor der breiten Öffentlichkeit zu verbergen, bedient sich die Kirchenclique einer Vielzahl unterschiedlicher Geheimhaltungsstrategien.

Die heilige Omertà als Aktionsbasis

Als Leiter der Glaubenskongregation hatte Joseph Kardinal Ratzinger 2001 die lateinische Geheimschrift *De delictis gravioribus*, »Über schwerste Verbrechen«, verfasst.[64] Darin wird klargestellt, dass die Strafkompetenz bei sexuellen Vergehen von Priestern allein beim

Vatikan liegt. Außerdem ermahnt das Papier alle Bischöfe, Pädophiliefälle nur dem Vatikan und sonst niemandem zu melden. Bei Verstoß drohe die Exkommunizierung und damit die härteste kirchenrechtliche Strafe. Dieser Möglichkeit der Bestrafung durch den Ausschluss aus der Kirche bedienten sich die Kirchenrichter nicht im Falle von Wirtschaftsverbrechen und nicht einmal bei Missbrauchsfällen. Kinderschänder wurden in der Regel stillschweigend an andere Einsatzorte versetzt, wo einige ihre Verbrechen wiederholten. Strafhandlungen von Klerikern werden nicht nur lax gerichtet, sondern unter den Tisch gekehrt. Ziel dabei ist, sowohl klerikales Fehlverhalten als auch den internen Umgang damit vor der Außenwelt zu verheimlichen, sodass diese nicht eingreifen kann. Wie funktioniert die römisch-katholische *omertà*, das kirchliche Pendant zum Schweigegelöbnis der Mafia?

Die katholische Kirche gleicht einer Geheimzentrale. Kircheninterna dringen selten an die Öffentlichkeit. Aus dem Wenigen, das herausdringt, haben die Presseverantwortlichen der Kirche alle Verdacht erregenden Essenzen herausgefiltert. Sickern dennoch Informationen aus dem Hause Gottes, stürzen sich die Medien und die Öffentlichkeit darauf. Das zeigte der Doppelwirbel um die Publikation des Dardozzi-Archivs im Jahr 2009 und um die Vatileaks-Papiere im Jahr 2012.[65] Gegen solche ungewollte Publizität versucht die Kirche, sich mit allen Mitteln zu immunisieren. In einem Interview für die Onlineausgabe der österreichischen Wochenzeitschrift *Format* im Jahr 2009 antwortete Gianluigi Nuzzi auf die Frage, wie der Vatikan auf sein Enthüllungsbuch *Vatikan AG* reagiert habe: »Öffentlich nur mit großem Schweigen. Sie konnten auch nur so auf ein Buch antworten, das auf ihren eigenen Originaldokumenten beruht und bisher kein einziges Mal geklagt wurde. Hinter den Kulissen scheint das Buch aber einigen Staub aufgewirbelt zu haben: Man sagt, dass es der Grund dafür ist, dass der Präsident der Vatikanbank, Angelo Caloia, nun vorzeitig abgelöst wird und mehr Transparenz hergestellt wird.«[66]

Die zwischen 2011 bis 2012 von Paolo Gabriele aus dem Vatikan geschmuggelten und zum Teil von Nuzzi publizierten vertraulichen Papiere offenbaren Korruptionsvorfälle, Ämterpatronage und Führungsmängel im Vatikan und in der Vatikanbank. Sie verweisen außerdem auf eine Lobby homosexueller Geistlicher in der Kurie, die sich zu intimen Begegnungen auf vatikanischem Boden und am Rand von Rom treffen würden. Doch weder vor noch nach den Enthüllungen durch Gabrieles Vatileaks-Aktion äußerten Kirchenvertreter sich substanziell zu den bekannt gewordenen Fakten. Benedikts Kammerdiener Gabriele hatte sich in große Gefahr begeben. Laut eigener Aussagen hatte er den für ihn persönlich riskanten Weg an die Öffentlichkeit gewählt, weil er als frommer Katholik einen Wandel der innerkirchlichen Zustände herbeiführen wollte, und nicht, um der Kirche zu schaden.[67] Als Gabriele 2012 vor Gericht gestand, die Dokumente herausgegeben zu haben, wurde er wegen schweren Diebstahls zu 18 Monaten Haft verurteilt.

Der italienische Auslandskorrespondent der *taz,* Michael Braun, schilderte 2012 seine Beobachtungen: »… nach dem Prozess drängt sich ein anderer Eindruck auf: dass Papst Ratzinger und die Kurie die ganze Geschichte runterkochen und schnell zu den Akten legen wollen. Warum sonst wurde der Angeklagte jedes Mal unterbrochen, wenn er über sein Kontaktnetz reden wollte? Nicht um Aufklärung ging es in diesem Verfahren, sondern einzig darum, den Skandal möglichst schmerzfrei und mit der gewohnten Diskretion zu beerdigen. Paolo Gabriele hat eine schnelle Begnadigung wirklich verdient: Willig spielte er bei dieser Prozessposse mit.«[68]

Gabrieles Schmuggelaktion stellte einen schwerwiegenden Verstoß gegen das vatikanische Schweigegebot Omertà dar. Trotzdem und obgleich er nur ein Laienmitarbeiter war, hielt der Papst seine schützende Hand über seinen ehemaligen Kammerdiener. Gabriele trat seine Haftstrafe nicht im italienischen Gefängnis, sondern im Vatikan an, wo es kein Gefängnis gibt. Kurz nach der Urteilsverkündung hob Benedikt XVI. die Reststrafe von Paolo Gabriele auf. Er ließ den Familienvater nur einen Tag nach seiner Freisprechung nach Hause gehen.

Die Abhängigkeiten und Verpflichtungen zwischen hohen Klerikern sowie deren Fähigkeit, wegzuschauen und zu schweigen, ermöglichten den Aufstieg von Tebartz-van Elst zum verschwenderischen Bischof von Limburg. Das Schweigen der Geistlichkeit bewährte sich lange auch im Falle des deutschen Bischofs Walter Mixa. Erst als dessen Machenschaften öffentlich kritisiert wurden und die Kirchenaustrittszahlen in die Höhe schnellten, war die Figur Mixa auch für die Kirche nicht länger tragbar. Dennoch bestrafte man den Nestbeschmutzer nicht allzu scharf. Man versetzte ihn und verstummte.

Wer zum inneren Zirkel der Kirche gehört, den schützt ein heiliges Schweigen. Doch Schweigen bedeutet für die Kirchenstrategen nicht einfach Schweigen. Die kirchliche Omertà kommt nicht allein als passives Verschweigen, sondern in weiteren Schattierungen vor, als aktive Pressearbeit, als Umdeutung von Begriffen und Tatsachen, als Behinderung von Aufklärungsversuchen und gezielte Vertuschung oder in Form von Geldzahlungen mit dem Zweck, Betroffene zum Schweigen zu bringen.

Aktive Omertà steckt hinter der vatikanischen Pressearbeit. 2006 ernannte Papst Benedikt XVI. den italienischen Jesuiten Pater Federico Lombardi zum Pressesprecher des Heiligen Stuhls. Er spricht mehrere Fremdsprachen, sagt aber kein Wort zu viel, wenn es um die Geheimnisse der Kirche geht. Sein grundsätzlicher Auftrag ist der eines jeden Sprechers einer Organisation, nämlich das Gesicht seines Auftraggebers zu wahren. Lombardi und die vatikanischen Medien publizieren nur, was die Kurie für veröffentlichungswürdig befindet. Dabei kann es vorkommen, dass am Heiligen Stuhl Fakten umgedeutet und in eine offizielle Kirchendefinition gegossen werden. Ausgerechnet als die Missbrauchsskandale 2010 weltweit diskutiert wurden, bezeichnete der damalige Kardinalstaatssekretär Tarcisio Bertone bei einem Aufenthalt in Chile Homosexualität als Krankheit und brachte Homosexualität und Pädophilie in einen Zusammenhang. Daraufhin stellte der Vatikansprecher Lombardi öffentlich klar, dass Bertone keine generelle, etwa psychologische oder medizinische Aussage habe treffen wollen.

In Bezug auf das interne Dossier von 2012 zur Vatileaks-Affäre, das über Machtspiele, Bestechung und Sex unter Geistlichen informierte, äußerte der Sprecher des Vatikans, Lombardi, man werde nicht »hinter all diesen Rückschlüssen, Fantasien und Meinungen herlaufen, die es zu dieser Sache gibt«,[69] und diese auch nicht weiter kommentieren. Obwohl die Dossierautoren, darunter das Opus-Dei-Mitglied Julián Herranz, vom Heiligen Stuhl sorgfältig ausgesucht worden waren, unterstellte Lombardi ihnen auf einmal mangelnde Kenntnis. Der Sprecher sagte wörtlich, »dass derjenige, der diese Sachen geschrieben hat, bei vatikanischen Themen keinen Sachverstand hat«.[70] Er begründete die Kritik mit Verweisen auf kleine Fehler im Text.

Weder zum Schutz der Opfer noch zum Schutz der Täter, sondern vor allem zum Schutz des Machtapparates und der Reinhaltung der 2000 Jahre alten Traditionsmarke katholische Kirche wurden Fehltritte von Kirchenmännern verharmlost oder verheimlicht. Eine Methode der Abschwächung von Straftaten ist, sie zu »Sünden« umzuinterpretieren, wie es häufig bei Aussagen über die Sexualstrafdaten geschah. Dass es kircheneigene Definitionen von Sachverhalten gibt, wird augenscheinlich, sobald Änderungen daran vorgenommen werden. Besonders deutlich wurde das, als auf einmal Papst Benedikt XVI. dem sexuellen Missbrauch in der Kirche Aufmerksamkeit schenkte und sich dezidiert bei den Opfern entschuldigte. Diese Haltungsänderung gegenüber dem sexuellen Missbrauch durch katholische Priester schlug sich in der offiziellen Sprache des Vatikans nieder. Noch im April 2010 berichtete die *Süddeutsche Zeitung*: »Während der Skandal um sexuellen Missbrauch in der Kirche die Osterpredigten in Deutschland bestimmte, hat Papst Benedikt XVI. zu dem Thema geschwiegen. Der Dekan des Kardinalskollegiums, Angelo Sodano, wich dagegen vom Protokoll ab, um sich hinter den Papst zu stellen, der wegen des Skandals mehrfach persönlich angegriffen worden war.«[71] In wörtlicher Übersetzung erklärte Sodano damals auf dem Petersplatz: »Heiliger Vater, das Volk Gottes ist mit Dir und wird sich nicht von dem unbedeutenden Geschwätz dieser Tage beeinflussen lassen.«[72] Der ehemalige Kardinalstaatssekretär und amtierende Dekan des Kardinalkollegiums, Sodano, sagte wenige Tage nach seinem Auftritt auf dem Petersplatz gegenüber der vatikanischen Zeitung *Osservatore Romano*, die Anschuldigungen gegen katholische Priester würden »als Waffe gegen die Kirche benutzt«.[73] Beide Aussagen Sodanos zu den Fällen der jahrelangen, weltweiten sexuellen Vergehen durch Geistliche weisen darauf hin, dass die Kirche die Fälle als »Geschwätz«, also als Lappalien, abtun wollte. Außerdem sollten die schweren Vorwürfe als Angriffe auf die Kirche umgedeutet werden.

Eine Änderung der Sodano-Version ergab sich dann aber, als Papst Benedikt Verantwortung für die Fälle übernahm. Als Präfekt der Glaubenskongregation war Papst Benedikt schon länger und besser in das Thema Missbrauch eingeweiht als alle seine Kollegen. Anders als Kardinal Sodano verurteilte Benedikt im Februar 2010 die tausendfachen Pädophiliefälle in irischen Kinderbetreuungsstätten. Er bezeichnete sie als »Sünde gegen Gott« und noch eindeutiger als »abscheuliches Verbrechen«.[74] Ein halbes Jahr später unterstrich Benedikt in seinem schriftlichen Grußwort für den *Ökumenischen Kirchentag* in München, dass er die Missbrauchsvorwürfe ernst nahm: »Ihr wollt inmitten einer schwierigen Zeit ein Signal der Hoffnung in die Kirche und in die Gesellschaft senden. Dafür danke ich euch sehr. Denn unsere Welt braucht Hoffnung. […] Es gibt das Unkraut gerade auch mitten in der Kirche und unter denen, die der Herr in besonderer Weise in seinen Dienst genommen hat.« Nachdem er mit den Formeln »Verbrechen« und »Unkraut« die Tatsachen benannt und diese damit anerkannt hatte, agierte Benedikt folgerichtig. In den Jahren 2011 und 2012 entließ Papst Benedikt über 400 katholische Priester wegen Kindesmissbrauchs aus ihrem Amt – weit mehr als in den Vorjahren. Er förderte zudem die Aufklärung und leitete Präventionsmaßnahmen gegen den Missbrauch in der Kirche ein.[75]

Eine noch deutlichere Sprache als sein Vorgänger spricht teilweise Papst Franziskus. Gleich zu Beginn seiner Amtszeit gab er einer großen und mächtigen, aber stets verheimlichten Fraktion innerhalb der Kirche einen Namen. »Es ist die Rede von einer Gay-Lobby und es ist wahr, sie ist da … wir müssen sehen, was wir tun können.«[76] Was er tun wollte, enthielt er der *Konföderation religiöser Männer und Frauen in Lateinamerika und der Karibik* (CLAR) jedoch vor, zu der er im Juni 2013 in einer Privataudienz sprach. Aber offensichtlich bereitete ihm diese Clique Kopfzerbrechen. Einen Monat später erklärte Franziskus gegenüber der Zeitung *Wall Street Journal*, man müsse zwischen Homosexualität und der Existenz einer homosexuellen Lobby unterscheiden.[77] Die Gay-Lobby im Vatikan erweise sich als Problem, sobald Geheiminformationen genutzt würden, um Menschen zu erpressen. Damit wies der Papst darauf hin, dass homosexuelle Priester zu Opfern ihrer Erpressbarkeit werden und darunter leiden könnten. Die Verschleierung von Tatsachen wird von Franziskus offenbar nicht länger als Königsweg für die Kirche angesehen, womöglich schon deshalb nicht, da laut Umfragen womöglich fast die Hälfte aller Würdenträger schwul zu sein scheint.[78] In seiner Studie von 1997 geht der ehemalige Professor für Pastoralpsychologie am Bischöflichen Priesterseminar Trier, Alwin Hammers, von einer 25-Prozent-Rate an schwulen Geistlichen aus. Die britische Theologin Elizabeth Stuart ermittelte in Gesprächen mit katholischen Geistlichen einen Homosexuellenanteil von 40 bis zu 60 Prozent.[79]

Weitere Sonderformen der klerikalen Omertà sind die Blockade öffentlicher Ermittlungsbemühungen und die aktive Vertuschung von Straftaten. Die beiden ehemaligen IOR-Präsidenten Paul Marcinkus und Angelo Caloia sollen während ihrer jeweiligen Amtszeiten zu den dubiosen Wegen des Geldes in ihrem Haus geschwiegen haben. Offenbar vereitelten sie darüber hinaus auch die Aufklärungsarbeiten von internen und externen Ermittlern. Caloia soll sich quergestellt haben, als die Transaktionen des IOR-Prälaten Donato De Bonis aufgedeckt werden sollten, so Nuzzi in seinem Buch *Vatikan AG*. Strategien der Auskunftsverweigerung und Vertuschung bediente sich die Kirche auch hinsichtlich der weltweiten Sexualverbrechen an Minderjährigen. Bis der Missbrauch durch Priester ab den 1990er-Jahren an die breite Öffentlichkeit geriet – und auch danach noch –, wurden gezielt Tatsachen verheimlicht. Dabei spielte die Kurie anscheinend die tonangebende Rolle.

Internationale Vaticanisti berichteten darüber, dass der mächtige Kardinalstaatssekretär Tarcisio Bertone sowohl im Falle von Vatileaks als auch angesichts der Missbrauchsvorwürfe gegen Geistliche zögerliches Krisenmanagement betrieben habe. Tatsächlich hat Bertone weder zu den Machtspielen innerhalb der Kurie noch zu den Finanz- und zu den Missbrauchsskandalen eindeutig Stellung bezogen. Statt sich für Aufklärung einzusetzen, behinderte er diese. Briefe von 1998 belegen, dass der damalige Sekretär von Joseph Ratzinger in der Glaubenskongregation, Tarcisio Bertone, die Entscheidungen zum Missbrauchsskandal um den US-Priester Lawrence Murphy verschleppt hat.[80] Priester Murphy hatte in verantwortlicher Position an der St. John's School im US-Bundesstaat Wisconsin gearbeitet und hier 200 gehörlose Jungen missbraucht. »Anders als bisher angenommen, hat nicht der heutige Papst [Benedikt XVI.], sondern Bertone den Fall offenbar vertuscht«,[81] soll 2010 der Redakteur von *Die Zeit*, Patrik Schwarz, gegenüber der *Deutschen Presse-Agentur* geäußert haben. Erst 1993 leitete der für die Gemeinde in Wisconsin zuständige Erzbischof Rembert Weakland kircheninterne Untersuchungen gegen Murphy ein. Über die Ergebnisse setzte er 1996 den amtierenden Präfekten der Kongregation für die Glaubenslehre, Joseph Ratzinger, mit einem Dokument in Kenntnis, das inzwischen online abrufbar ist.[82] Unbekannt ist, ob Ratzinger das Dokument gelesen hat und das Ersuchen Weaklands, ein Amtsenthebungsverfahren nach kanonischem Recht einleiten zu dürfen, kannte. Eine Antwort von Ratzinger erhielt Weakland nicht. Der Bischof von Milwaukee soll jedoch mit Tarcisio Bertone in Kontakt gestanden haben. Nach einer gemeinsamen Unterredung in Rom und einem Briefwechsel soll Weakland Bertone kurz vor Murphys Tod im Jahr 1998 mitgeteilt haben, dass er sich für die Einstellung des Kirchenverfahrens gegen Murphy einsetzen werde. Dem vorausgegangen war ein Gnadenersuch des pädophilen Priesters Murphy an Joseph Ratzinger. Darüber berichteten Martin Klingst und Patrik Schwarz in ihrem Artikel für *Die Zeit* im März 2010.[83] Der Vatikan wusste also um die Verbrechen des Priesters Murphy, schlug sich aber auf die Seite ihres amerikanischen Bruders und nicht auf die seiner vielen Opfer. Im Falle Murphy blieb die Kurie genauso untätig wie angesichts der Vergehen des mexikanischen Priesters Marcial Maciel.

Bei einer Pressekonferenz in Chile 2010 stellte Kardinalstaatssekretär Tarcisio Bertone dann den hanebüchenen Zusammenhang zwischen den Missbrauchsfällen von Geistlichen und homosexuellen Kirchenmännern her. »Viele Psychologen und Psychiater haben nachgewiesen, dass es keinen Zusammenhang zwischen dem Zölibat und der Pädophilie gibt, aber viele andere haben gezeigt und mir kürzlich versichert, dass ein Zusammenhang zwischen Homosexualität und Pädophilie besteht. Das ist die Wahrheit und das ist das Problem«, zitierte der chilenische Radiosender *Cooperativa* den damals zweitmächtigsten Mann im Vatikan.[84] Beweise lieferte dieser nicht. Bertone scheint Sündenböcke für die Missbrauchsfälle gebraucht zu haben oder er wollte von den Fällen ablenken, die zu zahlreichen Mitgliederaustritten geführt haben. Der brasilianische Erzbischof Dadeus Grings und andere Kirchenprediger übernahmen Bertones empörende Gleichsetzung eines Verbrechens mit einer sexuellen Neigung. Sie verlangten, Homosexualität generell unter Strafe zu stellen. Der Zölibat, die Pflicht der Ehelosigkeit, sollte offenbar in Zusammenhang mit den Sexualverbrechen der Priester nicht thematisiert werden.

Immerhin veranschaulichte Bertones Auftritt, dass der permanente Zwang zur Verheimlichung der sexuellen Bedürfnisse von Geistlichen ein schwerwiegendes Problem der katholischen Kirche darstellt. Man tut so, als seien die Vertreter der Kirche körper- und begierdelos. Nicht nur Homosexualität und Pädophilie, sondern auch der Sex mit Frauen sind Tabuthemen der Kirche. Werden Geistlichen sexuelle Akte nachgesagt, bemüht man sich, sie zu bemänteln. Einige Kleriker üben sich in Selbstzensur oder flüchten sich in ein Doppelleben. Dass nicht wenige katholische Geistliche homosexuelle Neigungen haben und diese verheimlichen müssen, bestätigt der Theologe David Berger. In seinem Buch *Der heilige Schein* schreibt er über die Präsenz und Prominenz homosexueller Männer in der katholischen Kirche: »Ich kannte etliche Priester, die von ihm [einem hohen Kirchenfürsten] geweiht worden waren, wusste daher auch, dass der Anteil homosexuell Veranlagter unter ihnen genauso erstaunlich hoch war wie in anderen europäischen Diözesen auch.«[85] Zum Umgang homosexueller Kleriker mit ihrer eigenen Homosexualität hält David Berger eine plausible These bereit. Er beschreibt die Tendenz schwuler Kleriker, sich zum Selbstschutz einer anderen einflussreichen Kirchenclique, den konservativen Katholiken, anzuschließen. Für diesen Schulterschluss nennt er einen einleuchtenden Grund. In einer seiner ersten Amtshandlungen im Jahr 2005 habe der deutsche Papst Benedikt XVI. ein Dokument mit dem Titel »Instruktion über Kriterien zur Berufungserklärung von Personen mit homosexuellen Tendenzen im Hinblick auf ihre Zulassung für das Priesteramt und zu den heiligen Weihen« unterzeichnet. Demnach sind Männer, die Homosexualität praktizieren, homosexuelle Tendenzen aufweisen oder die Schwulenkultur unterstützen, des Priesteramtes und der heiligen Weihen nicht würdig. Infolge dieses Schreibens hätten sich viele schwule Theologen um ihrer Karriere willen auf die Seite der extrem konservativen Katholiken geschlagen. »Das Päpstlicher-als-der-Papst-Sein erfüllt innerhalb des traditionellen Katholizismus [...] die Funktion, dass das Umfeld dann eher gewillt ist, über den ›Makel‹ des Schwulseins hinwegzusehen – solange er geheim gehalten wird und solange die Betreffenden als Kämpfer für die ›Achse des Guten‹ zu gebrauchen sind«,[86] erläuterte Berger den Zusammenhang.

Der konservative Prediger Walter Johannes Mixa könnte als Paradebeispiel für Bergers These dienen. Wie sein konservativer erzbischöflicher Kollege aus Köln Joachim Meisner kritisierte auch Mixa die Familienpolitik Ursula von der Leyens. Er zog einen Vergleich mit der »Ideologie der staatlichen Fremdbetreuung von Kindern in der untergegangenen DDR«.[87] In seiner Osterpredigt 2009 trat Mixa entschieden gegen die »Unmenschlichkeit des praktizierten Atheismus [...] mit ihren Straflagern, ihrer Geheimpolizei und ihren Massenmorden«[88] auf. 2010 äußerte er sich dann auch zu den öffentlich gewordenen Missbrauchsfällen in katholischen Institutionen. Der Zeitung *Augsburger Allgemeine* gegenüber ließ er verlauten: »Die sogenannte sexuelle Revolution, in deren Verlauf von besonders progressiven Moralkritikern auch die Legalisierung von sexuellen Kontakten zwischen Erwachsenen und Minderjährigen gefordert wurde, ist daran sicher nicht unschuldig. Wir haben in den letzten Jahrzehnten gerade in den Medien eine zunehmende Sexualisierung der Öffentlichkeit erlebt, die auch abnorme sexuelle Neigungen eher fördert als begrenzt.«[89] Der gegen sexuellen Liberalismus argumentierende Walter Mixa soll als Pfarrer in den 1970er- und 1980er-Jahren selbst minderjährige Heimkinder geschlagen haben. Später bemühte er sich mithilfe seines Medienberaters, seines Anwalts und einiger treuer Gefährten aus dem Augsburger Diözesanrat um die Zurückweisung der Anschuldigungen. Der konservative Mixa hat sich nie öffentlich gegen Homosexualität ausgesprochen. Das verwundert nicht. 2010 berichtete *Der Spiegel,* »Monsi«, abgeleitet von Monsignore, habe sich als Bischof von Eichstätt junge Seminaristen ins Bischofshaus geholt und mit ihnen Saunabesuche unternommen. Der konservative Monsi hat gegen die Gesellschaft nackter Männer, zumindest in der Sauna, offenbar nichts einzuwenden.

Wer Erwachsenen Sexualakte verbietet oder fordert, diese zu verheimlichen, fügt den Betroffenen womöglich seelische Schäden zu und zwingt sie auf jeden Fall zur permanenten Vorsicht. Mit der Geheimhaltung sexueller Vorfälle gelingt es der Kirche weniger die Psyche einzelner Geistlicher als vielmehr ihr Image zu schützen.

Obwohl Priester sich wiederholt sexuell an Minderjährigen vergangen haben, wurden sie keinem Gericht übergeben. »Die nackten Tatsachen, die jetzt zum Vorschein kommen, belegen, dass sexueller Missbrauch von Kindern durch Priester in der katholischen Kirche weitaus häufiger vorgekommen ist als in jeder anderen Organisation, und dass er von vielen Bischöfen mit Unterstützung und auf Weisung des Vatikans vertuscht wurde. Zur Vertuschung gehörte, fast schon instinktiv, die Polizei nicht einzuschalten, Kläger und Zeugen auf äußerste Geheimhaltung einzuschwören und Verfahren unter einem geheimen kanonischen Recht – voreingenommen zugunsten des angeklagten Priesters – zu führen, in denen den Schuldigen jedenfalls keine wirkliche Bestrafung drohte«, schreibt der Menschenrechtsjurist Geoffrey Robertson in seiner von der britischen Presse gewürdigten Studie *The Case of the Pope* von 2010.[90]

Von »fast schon instinktiv« kann hier keine Rede sein. Bis der sexuelle Missbrauch in seinem ganzen Ausmaß ans Licht kam, reagierte die Kirche mit strategischer Passivität, dann fallweise mit der Versetzung von Tätern und schließlich mit Vertuschungsstrategien. Später kamen zur »Wiedergutmachung« des Missbrauchs Schadensersatzzahlungen hinzu. Wie bereits 1987 nach dem Zusammenbruch der Banco Ambrosiano kaufte die Kirche sich von weiteren Forderungen ihrer Opfer frei. Die Kirche ging nicht spontan, sondern planmäßig vor und investierte hohe Geldsummen, um die Verbrechen ihrer Mitbrüder zu vertuschen. Kirchliche Würdenträger, die Straftaten aufzudecken statt zu kaschieren versuchten, mussten sich gegen Strafandrohung dazu verpflichten, keine externen Autoritäten anzurufen. Die päpstliche Schrift *De delictis gravioribus* von 2001 sah die Exkommunikation für Geistliche vor, die Externen gegenüber von ihren Beobachtungen berichteten.[91] Als Lehrer und später als Leiter einer Gehörlosenschule in Wisconsin soll Lawrence Murphy zwischen 1950 und 1974 rund 200 taube Kinder sexuell missbraucht haben. Die beiden US-Erzbischöfe, William Cousins und Rembert Weakland wussten von Murphys Missbrauchsverbrechen. Obwohl Erzbischof Rembert Weakland seinen Amtsvorgänger Cousins bereits 1977 ablöste, informierte er den Vatikan erst Anfang der 1990er-Jahre davon. Der Öffentlichkeit und den öffentlichen Behörden gegenüber verschwiegen die Mitwisser die Taten Murphys. So wie Sean Kardinal Brady, der die Verbrechen des irischen Priesters Brendan Smyth deckte, drohte auch den US-Bischöfen die Exkommunikation. Hätten sie gegen das Schweigegebot von höchster Stelle verstoßen, wäre ihnen mit ihrem Amt ihre Lebensgrundlage entzogen worden. Seinem Namen machte Weakland mit seiner moralisch schwachen Konstitution alle Ehre, als um 2000 bekannt wurde, dass er homosexuell ist. Nachdem sein Ex-Freund ihm Vergewaltigung vorgeworfen hatte, soll der hohe Kirchenmann ihn mit 450.000 US-Dollar Kirchengeldern das Schweigen nahegelegt haben. Auch davon berichteten 2010 die Autoren Klingst und Schwarz für *Die Zeit*.[92]

Um sich und ihre Würdenträger zu schützen, stellte die Kirche sogar Vertuschungspersonal ein.[93] In den USA oder in Irland wurden Kirchenmänner damit beauftragt, die Polizei und staatliche Strafverfolger aus den angeblich kircheninternen Missbrauchsfällen herauszuhalten. Diese Abgesandten sorgten auch für die Versetzung der Straftäter in andere Gemeinden und zahlten den Opfern Entschädigungen zur Ruhigstellung. Alex Gibney interviewte für seinen Film *Mea Maxima Culpa* den amerikanischen Benediktinermönch und Priester Patrick Wall. Wall war mit der Regelung der »Sache Murphy« betraut. Vor der Kamera berichtet er davon, dass ihm zur Vermeidung von Skandalen pro »Fall« 250.000 US-Dollar zur Vertuschung zur Verfügung gestanden hätten. Mittlerweile hat Wall der katholischen Kirche den Rücken gekehrt.[94] Der Vatikan stattete mehrere solcher Unter-den-Tisch-Kehrer mit hohen Geldsummen aus, damit sie die klerikalen Kinderschänder in den USA, in Irland, Italien, Österreich, Deutschland und anderswo an neue Posten versetzten und die Opfer gegen Geld zum Schweigen brachten. Insgesamt soll die katholische Kirche in den USA für rund 1000 Opfer etwa 2,6 Milliarden US-Dollar an Entschädigungen gezahlt haben. Die Zahlungen an Missbrauchsopfer, über die der 2011 aus dem Vatikan abgeschobene Carlo Maria Viganò in seiner neuen Funktion als Nuntius in Washington zu entscheiden hatte, führten einige US-amerikanische Diözesen in den Bankrott. Bis 2012 sollen sich sieben US-Bistümer der katholischen Kirche insolvent gemeldet haben, schreibt Gianluigi Nuzzi in *Seine Heiligkeit*. In Deutschland zahlte die katholische Kirche den Opfern Geldsummen in Höhe von 2000 bis 5000 Euro, und sie übernahm deren Therapiekosten. Insgesamt sollen rund 6 Millionen Euro ausgezahlt worden sein, so die Angaben der Deutschen Bischofskonferenz von Ende 2013.[95]

Der kirchliche Rechtsapparat *Corpus Iuris Canonici*, der Zusammenhalt und die Verschlossenheit der Kleriker, der Machtstatus der katholischen Kirche innerhalb der Gesellschaft und nicht zuletzt die Kirchenfinanzen ermöglichten es den kirchlichen Würdenträgern über Jahrhunderte hinweg, ungestört nach eigenen Regeln zu spielen. Dabei machte sich auch der starke Corpsgeist innerhalb der Kirchenclique bezahlt. Je schwerwiegender die Vorwürfe gegen die Kirche waren, desto vehementer arbeitete die Clique gegen eine Aufdeckung an. Geschlossen bemühte sich die Klerikerriege angesichts der Vergehen Ende des 20. und Anfang des 21. Jahrhunderts um Intransparenz und um Geheimhaltung. Sie hüllte sich und die Kirche in Unschuld. Die kirchliche Kaschiermaschinerie arbeitete leise, schnell und effektiv. Die Verantwortlichen gingen systematisch vor und nahmen in Kauf, dass kirchenintern eine Atmosphäre der Angst entstand. Diese führte zu dem nicht unerwünschten Nebeneffekt, alle Geistlichen zum freiwilligen Verstummen und zur Anpassung zu zwingen.

In der Endphase des Pontifikats von Benedikt XVI. konnten gewisse Kirchengeheimnisse nicht länger verborgen werden. Sogar die Schweigestrategien der katholischen Kirche wurden offenkundig. Das undurchschaubare Reich der Geistlichen war plötzlich den Augen und der Kritik der weltlichen Öffentlichkeit ausgeliefert. Daraufhin erklangen neue Töne aus dem Vatikan. Mitte August 2013 gab Radio Vatikan bekannt, der vatikanische Staatsanwalt Giampiero Milano habe die italienische Justiz um die Unterstützung bei den Geldwäscheermittlungen gegen den katholischen Prälaten Nunzio Scarano gebeten, was nie zuvor in der Geschichte des Heiligen Stuhls passiert war. Erstmals plante der Vatikan, den Skandal um einen Ex-Vatikanangestellten zusammen mit italienischen Behörden aufzuarbeiten. Das einzigartige Rechtshilfeersuchen an Italien fiel in die Amtszeit von Papst Franziskus, mit dem sich die Strategie der Kurie und die dortige Stimmung zu ändern scheinen.

Aufbruch des Heiligen Herzens

Der deutsche Papst Benedikt XVI. hat versucht, die Unrechtmäßigkeiten im vatikanischen Finanzwesen und den Kindesmissbrauch durch Priester zu beenden. Benedikt hatte zu seiner Unterstützung Vertrauenspersonen um sich versammelt. Abgesehen von seinem Kardinalstaatssekretär Bertone, seinem konservativen Freund Joachim Kardinal Meisner und in geringerem Maße auch seinem ehemaligen Mitarbeiter aus seiner Zeit in der Glaubenskongregation und späteren Sekretär, Georg Gänswein, waren Benedikts Freunde aber keine Machtstrategen. Zu Benedikts engsten Gefährten gehörten außerdem sein Bruder Georg Ratzinger, die Ordensschwester und seine langjährige Sekretärin Birgit Wansing, seine Freunde, der Bankier Thaddäus Kühnel und der Bischof von Regensburg, Gerhard Ludwig Müller, den Benedikt 2012 zum bedeutenden Posten des Präfekten der Glaubenskongregation verhalf, den er einst selbst innehatte. Während seines schwierigen Pontifikats von 2005 bis 2013 hatte Papst Benedikt sich sowohl um Veränderungen im vatikanischen Finanzsektor als auch um die Aufklärung des sexuellen Missbrauchs durch Priester verdient gemacht. Bei seiner Antrittsrede im Jahr 2005 hatte der deutsche Papst sein neues Amt als »unerhörten Auftrag, der doch alles menschliche Vermögen überschreitet« bezeichnet.[96] Diese Aussage schien er acht Jahre später mit seinem Rücktritt zu bestätigen. Papst Benedikt war sich über seine schwache Position im Klaren und zog mit seinem Rücktritt im Jahr 2013 die Konsequenzen daraus. Kurz nach seiner Abdankung sprach Benedikt deutliche Worte. Das »Antlitz der Kirche« werde entstellt, sagte er in seiner letzten großen Predigt im Petersdom. Individualismen, Rivalitäten und Spaltungen seien zu überwinden. Die Botschaft der katholischen Kirche werde »umso bedeutsamer sein, umso weniger wir unseren Ruhm suchen. [...] Jetzt ist sie da, die Zeit der Rettung.«[97]

Den Auftrag, die Kirche zu retten, überließ Papst Benedikt XVI. seinem Nachfolger Franziskus. Dieser erbte die »unerhörte« Bürde, die Verstrickungen innerhalb der Kurie aufzulösen, hier ein Umdenken anzustoßen und das Bild der Kirche in der Welt mit neuem Inhalt zu füllen.

Die Wahl von Jorge Mario Kardinal Bergoglio zum Papst darf als Aufbruchssignal der Mehrheit der stimmberechtigten Kurienkardinäle gedeutet werden. Mit dem argentinischen Jesuiten Bergoglio haben sie 2013 nach 167 Jahren erstmals wieder einen Ordensangehörigen und den ersten Jesuiten überhaupt zum Papst gewählt. Offenbar wünschte sich die Mehrheit der 115 wählenden Kardinäle die Zersetzung der italienischen Cliquenwirtschaft und votierte für einen Nichtitaliener. Die Rede von Jorge Mario Kardinal Bergoglio im Präkonklave habe viele Kardinäle sehr beeindruckt, berichtete 2013 Radio Vatikan. Der Papst in spe, Bergoglio, sagte: »Wenn die Kirche nicht aus sich selbst herausgeht, um das Evangelium zu verkünden, kreist sie um sich selbst. Dann wird sie krank [...]. Die Übel, die sich im Laufe der Zeit in den kirchlichen Institutionen entwickeln, haben ihre Wurzel in dieser Selbstbezogenheit. Es ist ein Geist des theologischen Narzissmus. [...]. Die um sich selbst kreisende Kirche glaubt – ohne dass es ihr bewusst wäre –, dass sie eigenes Licht hat. Sie hört auf, das ›Geheimnis des Lichts‹ zu sein, und dann gibt sie jenem schrecklichen Übel der ›geistlichen Mondänität‹ Raum [...]. Diese [Kirche] lebt, damit die einen die anderen beweihräuchern.«[98]

Um seine Kirche in die Zukunft zu führen, will Franziskus vieles anders machen. Sofort nach seiner Wahl setzte der neue Papst viel beachtete äußere Zeichen. Er nannte sich Franziskus, nach dem Bettelmönch, und kleidete sich bescheiden im weißen Gewand. Er trug Straßenschuhe und ein Kreuz aus Eisen und keines aus Gold um den Hals. Eine symbolische und zugleich pragmatische Wahl des Papstes ist das vatikanische Gästehaus zu seinem neuen Zuhause. Statt in die für ihn renovierte Wohnung im Apostolischen Palast überzusiedeln, nistete sich Papst Franziskus gleich zu seinem Amtsbeginn in der Suite 201 des Domus Sanctae Marthae ein. Während eines Konklaves werden in den 120 Zimmern von Sanctae Marthae die von überall eingeflogenen Kardinäle untergebracht. Hier wohnte auch Jorge Mario Bergoglio, als er noch Kardinal war. Im Gespräch mit dem Jesuiten Antonio Spadaro, Mitte 2013, erklärte der Papst, warum er das päpstliche Appartement im Palast verschmähte: »... letztendlich gleicht es einem umgekehrten Trichter. Es ist groß und geräumig, aber der Eingang ist wirklich schmal. Man tritt tropfenweise ein. Das ist nichts für mich. Ohne Menschen kann ich nicht leben. Ich muss mein Leben zusammen mit anderen leben.«[99] Das Gästehaus ist nicht nur vor, sondern auch nach jeder Papstwahl das heilige Herz des Geschehens und der zentrale Klüngelplatz der Kurie. In Sanctae Marthae arbeitet und lebt der Papst Tür an Tür mit Vertretern der Kirche und mit internationalen Gästen. Der Ex-Chef des IOR, Ernst von Freyberg, logierte ebenfalls in Sanctae Marthae, als er im Vatikanstaat weilte. Auch der 2013 von Franziskus inthronisierte Nachfolger von Tarcisio Bertone als Kardinalstaatssekretär, Pietro Parolin, war im Gästehaus untergebracht, bis dessen Wohnung im Apostolischen Palast fertiggestellt war. Dem befreundeten argentinischen Priester Don Chichizola erklärte Franziskus kurz nach seinem Einzug am Telefon, er finde es »schön, den Tisch, die Nachrichten, die Kommentare mit anderen zu teilen und nicht isoliert zu bleiben«.[100] Anders als sein Vorgänger begibt sich Franziskus mitten in die vatikanische Gesellschaft hinein, wo er sich umhören, authentische Stimmen hören und Stimmungen erkennen kann. Gleich zu Anfang seines Pontifikats habe der Heilige Vater im Domus Vertreter des vatikanischen Gendarmeriekorps oder des Gesundheitsdienstes zum Gespräch zu sich gebeten. Er wolle einen Einblick in die vielen Welten des Vatikans erhalten, mutmaßten die Vaticanisti. Es gibt jedoch auch Journalisten, die flüsterten, Franziskus bediene sich deshalb am allgemeinen Büfett und speise im Gästehaus, weil die Getränke und Lebensmittel hier gewiss nicht vergiftet seien.[101]

Auch mit seiner Personalauswahl setzte Papst Franziskus frühe Zeichen. Während er den von Benedikt XVI. bestellten Kurienerzbischof Giovanni Angelo Becciu im Amt des Substituten des Staatssekretariats beließ, ersetzte er Benedikts Kardinalstaatssekretär Tarcisio Bertone durch den erfahrenen Diplomaten Pietro Parolin. Der Italiener Parolin ist der jüngste zweite Mann im Vatikan seit 70 Jahren. Mit der Besetzung Parolins stärkte Franziskus die Diplomatenclique innerhalb der Kurie. Im Juni 2013 empfing er wohl zum selben Zweck gleich zwei Tage lang die Nuntien. Außer Parolin erhob der Papst mit Battista Ricca einen weiteren Vatikandiplomaten in eine Machtposition. Ricca wurde 2013 Hausprälat der Vatikanbank. Ricca leitet auch als sein Direktor das Domizil des Papstes, Haus Sanctae Marthae und dürfte daher auch Einblicke in die innervatikanische Diplomatie haben und deren Protagonisten kennen. 2013 berichtete der Journalist Sandro Magister für die italienische Wochenzeitung *L'Espresso*, dass Battista Ricca homosexuelle Affären unterhalte.[102] Falls das stimmt, gehört Ricca nicht nur der mächtigen Diplomatenclique, sondern auch der mächtigen Gay-Lobby im Vatikan an. Auch der neue Präfekt der Kleruskongregation, Beniamino Stella, ist einst Nuntius gewesen. Stella verantwortet seit Langem die Diplomatenausbildung des Heiligen Stuhls. Einem weiteren Vatikandiplomaten, Lorenzo Baldisseri, vertraute der Papst das Amt des Sekretärs der Bischofssynode an. Der Papst bestätigte zwei weitere Diplomaten im Amt, die sein Vorgänger eingesetzt hatte. Der Kurienerzbischof Dominique Mamberti blieb als Sekretär für die Beziehung mit den Staaten der Außenminister des Vatikans und Peter Brian Wells behielt den Posten als Assessor am Staatssekretariat. Auch Benedikts ehemaligen Privatsekretär, den Nicht-Diplomaten und Kurienerzbischof Georg Gänswein, bestätigte Franziskus im Amt des Präfekten des Päpstlichen Haushaltes. Gänswein dient seither zwei Herren. Am Tag steht er dem neuen Papst bei zeremoniellen Anlässen zur Seite und am Abend fungiert er weiterhin als Sekretär des alten Papstes, den er unverändert »Heiliger Vater« nennt.[103]

In einem Interview mit der von Jesuiten herausgegebenen italienischen Zeitschrift *Civiltà Cattolica* nannte der Papst sich selbst »schlau«, weil er den Diplomaten ihre traditionelle Machtposition zurückgegeben hat.[104] Die Stärkung der Diplomatenfraktion deutet darauf hin, dass Franziskus seinen Regierungsfokus auf das Kirchenleben an der Basis verlegen will. Offenbar plant Papst Franziskus, die Kurie aus ihrer Innenorientierung herauszuführen und wieder für die Weltpolitik zu öffnen.[105] In seiner ersten, federführend von ihm selbst verfassten, umfassenden Schrift vom November 2013 *Evangelii Gaudium* (Die Freude des Evangeliums) erklärte Franziskus, er wolle den Ortskirchen mehr Eigenständigkeit geben. Das Papsttum müsse »mehr den gegenwärtigen Notwendigkeiten der Evangelisierung« entsprechen. Es sei »nicht angebracht, dass der Papst die örtlichen Bischöfe in der Bewertung aller Problemkreise ersetzt, die in ihren Gebieten auftauchen. In diesem Sinn spüre ich die Notwendigkeit, in einer heilsamen ›Dezentralisierung‹ voranzuschreiten.«[106] Über die Schwerpunktverlagerung hin zur Außenpolitik kann der Papst die Konflikte am Heiligen Stuhl allerdings nicht lösen. Die Macht der italienischen Cliquen wird dadurch nicht zwingend vermindert. Die verkrusteten Strukturen sind damit auch noch nicht aufgebrochen. Deshalb ist Papst Franziskus auch innerhalb der Kirchenzentrale erneuernd tätig. Zu Beginn seiner Amtszeit orchestrierte er eine Art Gegencliquenwirtschaft zu den bestehenden Kuriencliquen und leitete eine Kurienreform ein.[107]

Anders als der vielsprachige Papst Benedikt beherrscht Papst Franziskus neben der eigenen spanischen nur die italienische Sprache. Um seine engsten Mitarbeiter zu verstehen und verstanden zu werden, fischte Papst Franziskus unter spanisch sprechenden Geistlichen nach Personal. Während seiner ersten Amtsmonate setzte er Spanier oder des Spanischen mächtige Monsignori ein, darunter Parolin, Ricca, Stella und Baldisseri, die alle in Lateinamerika im diplomatischen Dienst gewirkt hatten. Den Spanier Celso Morga Iruzubieta bestätigte der Papst im Amt des Sekretärs der *Kongregation für den Klerus*. Zum Sekretär für die Priesterseminare an der Kleruskongregation machte er den Mexikaner Jorge Carlos Patrón Wong. Generalsekretär des *Governatorats des Vatikanstaates* wurde das spanische Mitglied der Legionäre Christi, Fernando Vergez Alzaga. Ihm spendete Franziskus im November 2013 zudem persönlich die Bischofsweihe. Den spanischen Priester Lucio Ángel Vallejo Balda, seit 2011 Sekretär der *Präfektur für die wirtschaftlichen Angelegenheiten des Apostolischen Stuhls,* betraute der Papst mit der Stelle des Sekretärs seiner neu eingerichteten *Päpstlichen Untersuchungskommission für die Organisation der Wirtschafts- und Verwaltungsstruktur des Heiligen Stuhles.*[108] Den ersten Kurienposten besetzte Franziskus bereits im April 2013 mit dem Spanier José Rodríguez Carballo. Der Generalminister des Franziskanerordens wurde der Sekretär der *Kongregation für die Institute geweihten Lebens und für die Gesellschaften apostolischen Lebens* oder, einfach gefasst, der *Kongregation für die Ordensleute.* Unter den 19 von Papst Franziskus im Februar 2014 kreierten Kardinälen befanden sich neben dem italienischen Kardinalstaatssekretär Pietro Parolin und dem deutschen Präfekten der Glaubenskongregation Gerhard Müller fünf südamerikanische Würdenträger. 16 von ihnen dürfen als Wahlkardinäle über den nächsten Papst mitentscheiden.[109]

Die letzte größere Kurienreform fand 1967 unter Paul VI. statt. Nun hat sich der argentinische Papst vorgenommen, den verfilzten römisch-katholischen Verwaltungsapparat zu entflechten. Die Aufgabe, die eingeschliffenen Kurienstrukturen zu reformieren, ist immens und nicht ungefährlich. Die Widerstände sind groß. Schließlich hat sich der Aufbau über Jahrhunderte hinweg bewährt; die Postenbesetzung ist ein politisches Verfahren und mächtige Männer besetzen Schlüsselpositionen. »Die Kurie berät nach der Verfassung des Vatikans den Papst. Das heißt, der Papst hat schon Berater, nämlich die Kurie. Wenn jetzt ein Papst hergeht und sagt ›Ich brauche neue Berater‹, dann bedeutet das, dass die bisherigen Berater nicht funktionieren«, sagte der deutsche Papstbiograf Andreas Englisch im Juni 2013 in einem Interview für das Onlinemedium *religion. ORF.at.*[110] Englisch urteilte: »Diese Beraterkommission ist für die

Kurie eine Katastrophe.« Bei seinem Vier-Augen-Gespräch, das der Papst mit dem Gründer der italienischen Zeitung *La Repubblica* Eugenio Scalfari im September 2013 führte, unterstrich er sein entschlossenes Vorgehen gegenüber der Kurie: »Ich werde alles tun, um sie zu ändern.«[111]

Im Herbst 2013 nahm die päpstliche Reformkommission aus acht Kardinälen ihre Arbeit auf. Ihr Auftrag lautet, die als selbstgefällig, intrigant und bestechlich geltende Kurie umzumodellieren. Der Kommission gehören Kardinäle aus fünf Kontinenten an. Der einzige Italiener im *Kardinalsrat* des Papstes ist der Präsident der *Kommission für den Staat der Vatikanstadt* Giuseppe Kardinal Bertello. Die übrigen Mitglieder sind der Erzbischof von München Reinhard Marx, der Präsident der im Vatikan ansässigen Vereinigung *Caritas Internationalis* Óscar Andres Rodríguez Maradiaga aus Honduras, der emeritierte Bischof von Santiago de Chile Francisco Javier Errázuriz Ossa sowie die Erzbischöfe Oswald Gracias, Laurent Monsengwo Pasinya, Seán O'Malley und George Pell. Die Kirchenreform wird sich über Jahre hinziehen. Auch das kirchliche Finanzwesen ist noch nicht saniert. Nach nur 16 Monaten wurde der IOR-Präsident Ernst von Freyberg durch den französischen Finanzberater Jean-Baptiste de Franssu ersetzt. Offenbar verspricht Papst Franziskus sich von »seinem Mann« eine Vatikanbankleitung in seinem Sinne.

Die vorgestellten Fälle klerikaler Kungeleien beleuchten, wie sehr kircheninterne Machenschaften ihre Protagonisten beanspruchen. Über eine sich verselbstständigende Cliquenwirtschaft und die Verfolgung unchristlicher Macht- und Besitzziele gerieten der Auftrag als Kirche und die Maximen der katholischen Morallehre aus dem Blick. Lange fürchteten die Spitzenkräfte der Kirche, dass das Offenlegen internen Geplänkels und interner Übereinkünfte sie, ihre Brüder und das Ansehen der Kirche gefährden könnte. Sobald die Außenwelt Kritik an der Kirche äußerte oder von ihr Transparenz forderte, wurde geschwiegen, verheimlicht und cliquenübergreifend zusammengehalten. Nun will der argentinische Papst Franziskus die von außen abgeschirmte Cliquenwirtschaft im kirchlichen Machtzentrum offenbar beenden. Franziskus fordert eine Öffnung der Kirche für die Welt. Er spricht von einer Kirche des Volkes und der Armen. Er will alle Menschen unter das Dach seiner Kirche einladen und richtet sich damit gegen eine Fraktionenbildung innerhalb der Kirche. Papst Franziskus scheint die Kirche nicht als exklusiven, von oben herab regierenden Männerverein zu begreifen, sondern als Werte- und Weltgemeinschaft. Die Kurie begreift er offensichtlich als eine Verwaltungsorganisation, die der Kirche zu dienen und sie nicht zu beherrschen hat.

Doch die konservative Lobby, die progressive Lobby, die Gay-Lobby, die Machtcliquen, die Finanzcliquen, die Ordensseilschaften und unzählige weitere Interessengruppen werden ihre Macht innerhalb der Kirche behalten wollen. Der argentinische Jesuitenpapst wird sich diplomatisch durch die Seilschaften hangeln müssen, um diese auf eine gemeinsame Linie einzuschwören. Um den Interessenfokus der führenden Kirchenvertreter von cliquenwirtschaftlichen Interna weg und mehr nach außen, zur Basis, hin zu verschieben, gründete Franziskus eine projektbezogene Kommission zur Entwicklung von Reformvorschlägen. Er scharte auch eine Gruppe Spanisch sprechender Männer um sich, die seine Machtposition stärken und denen er vertrauen kann. Der argentinische Papst sieht Cliquenwirtschaft offenbar nicht als Selbstzweck an, sondern vielmehr als Instrument, das ihm dazu dient, die Kirche umzugestalten. Vermutlich will er mithilfe seiner Vertrauten den Ruf der Kirche wiederherstellen und damit das Ansteigen von Kirchenaustritten bremsen.

Denselben instrumentellen Charakter schreibt Franziskus dem Kirchenvermögen und den Kirchenfinanzen zu. Auch Besitz scheint für den Papst kein Ziel an sich zu sein. So wie Macht und Cliquenpolitik versteht er auch das Kirchenvermögen, die Vermögensverwaltungseinheiten IOR und APSA sowie die damit verknüpften Wirtschaftscliquen als Mittel dazu, dem Auftrag der Glaubenslehre und der Seelsorge nachzukommen.

Die Öffnung der Kirche für die Welt und ihre strikte Ausrichtung an ethischen Prinzipien sind die großen Ziele von Papst Franziskus. Der erste wichtige Schritt ist die Modernisierung des vatikanischen Verwaltungsapparats. Dazu setzt Franziskus der etablierten Kurien-cliquenwirtschaft seine neue, eigene Version von Cliquenwirtschaft entgegen. Dem Papst scheint klar zu sein, dass er und eine große Organisation wie die Kirche ohne strategische Cliquenwirtschaft gar nicht handlungsfähig wären. Konstruktive Cliquen und Cliquenwirtschaft sind die Grundbausteine für alle Großunternehmungen – erst recht für solche mit Weltmachtanspruch. Das machen auch die Beispiele Cosa Nostra, Goldman Sachs und Google deutlich.

3
Cosa Nostra: Sizilianische und transsizilianische Verhältnisse

Mafioso zu werden ist gleichbedeutend mit der Konversion zu einer Religion. So wie man nie aufhört, Priester zu sein, hört man nie auf, Mafioso zu sein.

Giovanni Falcone, italienischer Richter und Mafiaermittler, 1991,
ein Jahr vor seinem Tod durch ein Bombenattentat

»Das Wort Mafia kann niemand antasten, niemand. Sie können Mafiosi zerstören, aber nicht die Mafia«,[112] erklärte der Mafioso Salvatore »Robertino« Enea einem anderen Mafioso in einem 1993 von der italienischen Polizei heimlich mitgeschnittenen Gespräch. Nationale und übernationale Behörden machen hin und wieder einzelne Mafiosi dingfest. Doch tatsächlich gelang es bisher niemandem, der italienischen Mafia das Handwerk zu legen. Die Mafiaorganisationen operieren weiter und expandieren. Obwohl sie permanent auf ihre Tarnung achten müssen, gelingt es ihnen, weltweit ihre lukrativen Geschäfte zu tätigen.

Wodurch sind italienische Mafiagruppen so schlagkräftig? Was immunisiert sie gegen Zugriffe durch Polizei und Justiz? Wieso lässt sich die Mafia nicht ausrotten?

Anmaßende Wirtschaftskrieger

Laut der Anti-Kriminalitäts-Initiative *SOS Impresa* erwirtschafteten die drei italienischen Mafiaorganisationen Cosa Nostra, *Camorra* und *'Ndrangheta* im Jahr 2011 zusammen einen Jahresumsatz von 138 Milliarden Euro und einen Gewinn von 105 Milliarden Euro.[113] Das entsprach etwa 7 Prozent der Wirtschaftsleistung Italiens und machte die Mafia zu Italiens größtem Unternehmen. Der italienische Ölkonzern *ENI* setzte im Vergleich dazu im selben Jahr rund 108 Milliarden Euro um und erzielte einen Nettogewinn von nur 6,8 Milliarden. Einer der weltgrößten Konzerne, *ExxonMobil,* setzte 2011 mit rund 370 Milliarden Euro zwar mehr als das Doppelte der italienischen Mafia um. Er kam aber mit 55,5 Milliarden Euro nur auf die Hälfte des Gewinns. Die hohen, am Fiskus vorbei erzielten Erfolgszahlen erschrecken angesichts der vorwiegend verbrecherischen Praktiken der Mafia.

Im Sizilianischen bedeutet *mafiusu* oder *marfusu* »schön«, »mutig« und »selbstsicher«, aber auch »arrogant« und »eingebildet«. Diese mehrdeutige Zuschreibung erfasst die wesentlichen Facetten der in Italien und in aller Welt operierenden Vertreter des organisierten Verbrechens. Das Wort *Mafia* soll erstmals 1865 offiziell in einem Bericht des Präfekten der sizilianischen Hauptstadt Palermo aufgetaucht sein.[114] Ende des 19. Jahrhunderts kannte man diese Bezeichnung für organisierte Verbrechergruppen bereits in fast allen europäischen Sprachen. Die Sizilianer firmieren seit Ende des Zweiten Weltkriegs unter Cosa Nostra, das auf Deutsch »unsere Sache« heißt. Sie nennen sich selbst aber lieber *uomini d'onore*, Ehrenmänner. Die etwa 180 Cosa-Nostra-Familien mit ihren insgesamt rund 5500 Mitgliedern sind über ganz Sizilien verteilt. Ihr Schwerpunkt liegt in der Provinz Palermo. Die Cosa Nostra hat weitere Ableger in Italien, darunter in Neapel, Rom und Mailand. Laut einem Bericht der europäischen Polizeibehörde *Europol* vom Juni 2013 ist sie außerdem in den USA, in Kanada, Südafrika, Venezuela, Spanien, Frankreich und Deutschland mit größeren Einheiten vertreten.[115]

Auf Sizilien sind auch die Mafiagruppen *Cursoti, Laudani* und *Stiddari* aktiv, aber nicht mit der Cosa Nostra verbandelt. Die Mafiaorganisation *Stidda* (Stern) stellt für die Cosa Nostra die größte Konkurrenz auf sizilianischem Boden dar. Im Zuge des blutigen »Zweiten Mafiakrieges« wurde sie Anfang der 1980er-Jahre von abtrünnigen Cosa-Nostra-Mitgliedern gegründet. Die Hochburg der geschätzten 5000 Stidda-Mitglieder, erkennbar an einem Stern-Tattoo zwischen Daumen und Zeigefinger der rechten Hand, liegt im Süden Siziliens. Anders als die Cosa Nostra ist die Stidda nicht vertikal aufgebaut. Die Stiddari agieren als Netzwerk aus unabhängigen Clans, ähnlich wie die kalabrische 'Ndrangheta (Gesellschaft der Ehrenmänner). Die Mafiaorganisation 'Ndrangheta ist mit etwa 90 Clans und 3200 Mitgliedern im Gebiet Kalabriens aktiv. Von Neapel und der Region Kampanien aus operiert die Camorra mit geschätzten 111 Clans und über 6700 Mitgliedern. In Neapel werde sie heute, so der Mafiaspezialist und Journalist Roberto Saviano, *il sistema* (das System) genannt.[116] Auch die Camorra arbeitet mit autonomen Clans und wird weniger straff und autoritär als die Cosa Nostra geführt. Die apulische *Sacra Corona Unita* (Heilige vereinigte Krone) umfasst um die 47 Clans und etwa 1600 Mitglieder und ist hierarchisch strukturiert. Traditionell bestehen zwischen Cosa Nostra, Camorra und 'Ndrangheta enge Verbindungen. Dank ihres Machtzuwachses im internationalen Kokaingeschäft während der 1990er-Jahre lief die 'Ndrangheta der Cosa Nostra den Rang als mächtigste Mafiaorganisation ab, berichtete Europol 2013.[117]

Der Begriff Mafia bezieht sich längst nicht mehr nur auf sizilianische oder italienische Gangstergruppen. Man spricht auch von der russischen Mafia, der albanischen Mafia, der japanischen Mafia oder *Yakuza* und der chinesischen Mafia, auch als *Triaden* bekannt. Wie die italienischen sind auch die internationalen Mafiaverbünde hierarchisch aufgebaut. Mit Ausnahme der verschiedenen russischen Gruppierungen, die sich über Zellen aus je drei bis vier Personen organisieren, stehen wie in Italien überall patriarchalische Führungsfiguren an der Spitze einer Mafia-Vereinigung. Die Albaner nennen ihr Oberhaupt »Pate«, wie die italienische Mafia. Die Yakuza nennen ihren Chef »Vater« und die Chinesen ihren »Drachenkopf.«

Projektweise arbeiten die italienischen Mafiagruppen nicht nur untereinander, sondern auch mit internationalen Clans zusammen. Beispielsweise kooperiert die Sacra Corona Unita beim Zigaretten-, Drogen-, Waffen- oder Menschenhandel mit der albanischen Mafia. Aufgrund ihrer geteilten Wurzeln und Tradition ist die Cosa Nostra bis heute eng mit ihrer US-amerikanischen Schwesterorganisation des nahezu gleichen Namens, *La Cosa Nostra*, verbunden. Beim Drogentransfer und Schmuggel setzt die Cosa Nostra auf die Hilfe von internationalen Mafiagruppen und lokalen Banden. Während der 1980er- und 1990er-Jahre beobachteten Vertreter internationaler Polizeibehörden, dass Cosa-Nostra-Mitglieder Kokaingeschäfte mit südamerikanischen Drogenkartellen koordinierten. Zur Heroinproduktion und -distribution habe die Cosa Nostra mit kriminellen Vereinigungen aus Südostasien zusammengearbeitet.

In unterschiedlichem Ausmaß agieren alle italienischen Mafiagruppen weltweit. Dabei verfolgen sie identische Ziele: Besitz-, Macht- und Renommeezuwachs. Neben legalen Geschäften im Gesundheitswesen, Baugewerbe, Supermarkt-, Gastronomie- und Gaststättengewerbe, in der Landwirtschaft sowie im Lebensmittelexport widmen sich italienische Mafiafamilien vor allem illegalen Tätigkeiten. Allein durch Schutzgelderpressung nehme die italienische Mafia pro Tag 250 Millionen Euro ein, schreibt der italienische Soziologe und das Mitglied von Siziliens Anti-Mafia-Kommission, Francesco Forgione, in seinem Buch *Mafia Export* von 2011.[118] Weitere illegale Geschäftstätigkeiten der Mafia sind Glücksspiele, teils in Verbindung mit Geldwäsche, Erpressung, Subventionsbetrug, Auftragserschleichung durch Korruption, Waffen- und Drogenhandel. Im Verlauf der Finanzkrise Ende der 2000er-Jahre erschloss sich die Mafia eine lukrative, halb legale neue Einnahmequelle. Die höchst liquiden Mafiagruppen verliehen Geld zu Wucherzinsen an rund 200.000 italienische Unternehmen, die von den klassischen Banken abgewiesen worden waren.

Den Großteil seiner Einnahmen verdient der Kreditgeber Mafia über Drogendeals. Forgione berechnete, dass 2008 auf dem italienischen Markt zwischen 100 und 150 Tonnen Kokain verkauft worden seien.[119] Dieser Stoff werde normalerweise gestreckt, wodurch sich die Kokainmenge und somit die Einnahmemöglichkeiten vervielfachten. 2008 seien über die Mafia 400 bis 450 Tonnen Kokain an italienische Endverbraucher gelangt. Anders als zum Beispiel die russische Mafia lehnen italienische Mafiosi Prostitution und Menschenhandel als Geschäftsmodelle ab. »Wir haben die Prostitution stets von den Geschäften der Cosa Nostra ausgeschlossen und alle verachtet, die die Prostituierten ausbeuten«,[120] zitiert der Soziologe und Politiker aus Kalabrien, Pino Arlacchi, in seinem Buch von 1993 *Mafia von innen* den ehemaligen Mafiaboss Antonino Calderone aus Catania.

Mit ihren Erpressungs-, Korruptions-, Betrugs- und Drogengeschäften fügen Mafiosi der italienischen Wirtschaft und Gesellschaft erhebliche Schäden zu. Indem sie außer italienischen Staatshilfen auch europäische Infrastruktur-Fördergelder veruntreuen und illegale Einnahmen unversteuert und zur Geldwäsche ins Ausland transferieren, exportieren sie die Schäden auch ins nicht italienische Ausland.

Mit ihren legalen und halb legalen Geschäften stützen Mafiosi in italienischen Südregionen teilweise aber auch die öffentliche Ordnung und sorgen dort für Arbeitsplätze. Einerseits schürt die Camorra unter den Jugendlichen in den Nordbezirken Neapels einen Hang zur Kriminalität und Drogensucht. Andererseits organisiert sie in Neapel die Müllabfuhr. Auf Sizilien bereichern sich die Cosa-Nostra-Clans über die Erpressung von Schutzgeldern. Den Zahlenden, beispielsweise den Ladenbesitzern auf den Straßen Palermos, garantieren sie damit aber zugleich Sicherheit und Frieden. Zum Teil verdanken die italienischen Mafiagruppen ihre lokale Präsenz und Machtposition ihrer Doppelgesichtigkeit. Auf Sizilien oder in Kalabrien lagern Behörden gewisse öffentliche Aufgaben, etwa in den Sektoren Müllentsorgung oder Bauwesen, an örtliche Mafiagruppen aus. Einige Behördenmitarbeiter kooperieren freiwillig mit den kriminellen Clans. Andere werden dazu gezwungen oder über Bestechungsgelder dazu gebracht, Aufträge an Mafiosi zu vergeben, die auch die Preise bestimmen. Aufgrund einer partiellen Abhängigkeit der italienischen Behörden von den Diensten der Mafiosi und wegen teilweise enger Verflechtungen der öffentlichen Verwaltung mit der Mafia fehlt entweder die Bereitschaft oder gelingt es nur sehr schwer, die Mafia zu stoppen.

In der Regel ist die Mafia in ihrer Herkunftsregion Teil des politischen und wirtschaftlichen Systems. Jeder Mafioso bezieht sein Selbstbewusstsein aus seiner Heimatverhaftung und aus den engen persönlichen Beziehungen zu den übrigen Clanmitgliedern. Wegen ihres engen Zusammenhalts werden Mafiagruppen häufig als *famiglia* (Familie) bezeichnet, auch wenn die Mitglieder nicht blutsverwandt sind. In ihrer gemeinsamen Herkunft und dem damit einhergehenden engen Bezug zu ihren Familien und Jugendfreunden liegt ein wichtiger Schlüssel zum Verständnis italienischer Mafiosi. Nach diesem Schlüssel soll geforscht werden. Weitere Aspekte, insbesondere der Aufbau von Mafiaclans, die Dynamiken innerhalb dieser Clans und die flexible, oft zeitlich begrenzte Vernetzung mit externen Partnern erklären, warum die Mafia nicht nur auf italienischem Boden reich und mächtig ist, sondern ihren Einfluss auch international geltend machen kann. Wie die Mafia entstand, was ihre Anziehungskraft ausmacht, wie es ihr über hierarchische Clanstrukturen, geteilte Riten und Grundsätze gelingt, Macht auszuüben, wie sie inzwischen in die italienische Gesellschaft eingebettet ist und mit ihren Geschäften ins Ausland expandiert, wird nun nacheinander vorgestellt. Dazu wird stellvertretend für alle italienischen Mafiaorganisationen die sizilianische Cosa Nostra in den Blick genommen.

Alla famiglia

Die Wurzeln der Cosa Nostra liegen im Westen von Sizilien. Das Denken und Handeln der Mafia wurzelt tief im Werte- und Unwertesystem Siziliens. Ohne ein Verständnis in Bezug auf die sizilianischen Lebensumstände und die sizilianische Mentalität ist die Cosa Nostra nicht zu begreifen. Die Cosa Nostra ist ein Spiegel Siziliens. So wie sich Sizilianer nicht auf den Staat, sondern allein auf ihre Familien verlassen, verlassen Mafiamitglieder sich allein auf die Cosa Nostra. »Wir kümmern uns nicht um den Staat. Unsere Heimat ist die Mafiafamilie, die wir bis zum letzten Blutstropfen verteidigen müssen«, erklärte der Cosa-Nostra-Aussteiger Marco Bettini in seinem Buch *Pentito.*[121] Die Mafia ist nicht die Ursache der familiären, kulturellen, politischen und wirtschaftlichen Gepflogenheiten auf Sizilien, sondern deren Wirkung.

Anfang des 19. Jahrhunderts pachteten *gabellotti,* kleine Landbesitzer, die sich zu Großpächtern hochgearbeitet hatten, auf Sizilien Land von adligen Großgrundbesitzern. Sie verpachteten die Felder an Bauern und verlangten dafür Gebühren. Einige der Gabellotti waren selbst arrogante Machos, Mafiosi, und trieben bei den Bauern in Eigenregie einen Teil der Ernte als Schutzgebühr ein. Andere Großpächter beauftragten Mafiosi mit dieser Aufgabe. Gegen die Gewährleistung von Sicherheit und Ordnung mussten schon die Bauern des 19. Jahrhunderts bis heute auf Sizilianisch *pizzu* und auf Italienisch *pizzo* genannte Schutzgelder an die Mafia zahlen. Auch für die Bewachung der Plantagen und der Erntetransporte zu städtischen Handelsplätzen ließen sich die Mafialeute vergüten. Ihr Vermittlungsgeschick, ihr autoritäres Auftreten und ihre hohe Gewaltbereitschaft verschafften der Mafia auf Sizilien nicht nur unter den Gutsbesitzern, sondern auch im ländlichen Volk Respekt. Als Schlichter, Richter, Schutzeinheiten oder Mörder regelten Mafiosi bald die Streitigkeiten unter den Bauern und verlangten auch dafür Pizzu als Gegenleistung. Obwohl sie nur einen kleinen Teil der Bevölkerung stellten, kontrollierten Mafiosi schließlich den Großteil der Wirtschaftstransaktionen auf Sizilien. Auf Sizilien mit seinen wechselnden Eroberern und Herrschern sowie abwechselnden Blüte-, Elends- und Zerstörungsphasen prägte die Mafia ihre besondere Fähigkeit aus, in neuen, unreglementierten Situationen Ordnung herzustellen. Bis heute kommen die Talente der Mafia besonders gut zur Geltung, wenn Nationen Transformationsprozesse durchlaufen, beispielsweise auf dem Territorium des ehemaligen Jugoslawien. Die Mafia ist in der Lage, im Chaos, das durch Gesetzeslücken, Anarchie und Banditentum entsteht, verlässliche Strukturen zu schaffen und daraus Profit zu schlagen.

Nach einer großen Auswanderungswelle aus dem verarmten Sizilien ab den 1870er-Jahren eröffneten sizilianische Mafiosi Filialen in den USA. Die amerikanischen Brüder bezeichneten sich als *La Cosa Nostra* (unsere Sache). Der Name verweist vermutlich auf das Bedürfnis, sich von anderen Verbrecherbanden, darunter auch anderen italienischen Banden vor Ort, abzugrenzen. Sie vererbten ihn zurück an die Mafiosi auf Sizilien. Während die Auswanderer in den USA starke Mafiastrukturen aufbauten, kehrte auf der Heimatinsel keine Ruhe ein. Durch Benito Mussolini erfuhr die Mafia eine Erschütterung, von der sie sich lange nicht erholte. Ab 1926 ließ der italienische Diktator Mussolini seinen »eisernen Präfekten«, Cesare Mori, hart gegen die sizilianische Mafia durchgreifen, da sie ihm respektlos begegnet war. Oft ohne den Mafiosi Gerichtsprozesse zuzugestehen, wurden Verdächtige festgenommen oder in die Verbannung geschickt. Vor Mori und seinen Leuten flüchteten viele Mafiaanhänger in die USA, wo bereits etablierte Verbrechergruppen auf sie warteten. Der Faschismus setzte dem Schutzmonopol der Mafia im ländlichen Sizilien ein Ende. Als dann 1943 die Alliierten auf Sizilien landeten, befreiten sie dic Mafiosi aus den Gefängnissen. Die Amerikaner sahen in ihnen sowohl Gegner des Faschismus als auch des Kommunismus. Sie hielten sie daher für besonders geeignet, für den Aufbau demokratischer Strukturen auf Sizilien zu sorgen. Mafiabosse, die sie für fähig hielten, setzten die Besatzer als Bürgermeister ein oder gaben ihnen andere verantwortliche Positionen. So erstarkten die zerschlagenen Mafiafamilien erneut auf Sizilien. Sie bauten sich mit Schutzgelderpressung, Kaffee- und Zigarettenschmuggel, Waffen-, Heroin- und Opiumhandel lukrative Langzeitgeschäfte auf. Dabei kooperierte die Cosa Nostra, wenn es nützlich und möglich war, bei der Finanzierung, der Produktion, der Logistik und beim Vertrieb mit der kalabresischen 'Ndrangheta, der neapolitanischen Camorra oder mit internationalen Verbrechergangs. Bis in die 1960er-Jahre hinein betätigten Cosa-Nostra-Mitglieder sich zudem als Entführer reicher Leute, um Lösegelder zu erpressen.

In seinem Roman *Il Padrino* (Der Pate) aus dem Jahr 1969 erzählt Mario Puzo die Geschichte der sizilianischstämmigen Mafiafamilie Corleone, die in New York zum mächtigen Mafiaclan aufsteigt.[122] Der Name *Corleone* gehört aber keiner Familie, sondern einem 11.000-Seelen-Städtchen in der Provinz Palermo. In Corleone wurde zufällig der Vater von Al Pacino geboren, der in Francis Ford Coppolas *The Godfather*, der dreiteiligen Verfilmung von Puzos Roman, den Mafiaboss Michael Corleone spielt.[123] Für echte Mafiosi wurde Coppolas Film zum Stilmodell. Seit der erste Teil von *The Godfather* 1972 in den Kinos lief, orientierten sich Mafiosi am Auftreten, an der Sprache und an der Kleidung der Figuren aus Coppolas Filmtrilogie. Das bestätigt der ehemalige Boss des US-amerikanischen Colombo-Clans, Michael Franzese, in der Filmdokumentation *Ten Commandments of the Mafia* von Horacio Jimenez aus dem Jahr 2008.

In der kleinen Bergstadt Corleone im Süden Palermos wurzelt tatsächlich ein Mafiaclan, die *Corleonesi*. Die wichtigsten Mitglieder dieser besonders kaltblütigen Gruppe wurden hier geboren. Bei erbitterten Machtkämpfen um die Vorherrschaft in Corleone soll es hier zwischen 1943 und 1961 52 Morde und 22 versuchte Morde gegeben haben. Zahlreiche Leichen sollen nach dem Mafiaprinzip *lupara bianca* (weißes Jagdgewehr) spurlos entsorgt worden sein. Die Hauptprotagonisten der Kämpfe waren die drei aus Corleone stammenden Mafiosi, Luciano Leggio, Salvatore »Totò« Riina und Bernardo Provenzano. Die später berühmten Mafiabosse Riina und

Provenzano unterstützten die Attacken ihres damaligen Anführers Luciano Leggio, der es auf das damalige Oberhaupt der Corleone-Familie Dr. Michele Navarra abgesehen hatte. Im Auftrag von Leggio killte Totò *la belva* (die Bestie) Riina die meisten Navarra-Anhänger. Unterstützt wurden sie von dem palermitanischen Brüderpaar Salvatore und Angelo La Barbera. Leggio und seine Anhänger streckten Navarra 1958 mit rund 200 Schüssen auf dessen Auto nieder. 1974 wurde Leggio wegen Mord an Navarra verhaftet und Riina übernahm von ihm die Kontrolle über den Corleone-Clan. Als Riina 1993 ins Gefängnis musste, stieg *u tratturi* (der Traktor) Bernardo Provenzano zum *capo di tutti capi* auf, zum Boss der gesamten Cosa Nostra. Während der 1980er und 1990er-Jahre dominierte der blutrünstige Clan der Corleonesi die gesamte sizilianische Cosa Nostra.[124]

Die New Yorker Cosa Nostra organisiert sich über einzelne Clans. Deren wichtigste sind die *Fünf Familien* von New York City, die Familien Bonanno, Colombo, Gambino, Genovese und Lucchese. Sie alle sind nach ihren Gründern benannt, was die Bedeutung der Person bei der Mafia unterstreicht. Die sechste bedeutende US-Familie ist das *Chicago Outfit.* Dieses versucht zusammen mit den New Yorker Familien, von Chicago aus die Familien in anderen US-Regionen zu dirigieren. Gegebenenfalls organisieren die sechs mächtigen Familien auch Kooperationen mit der sizilianischen Cosa Nostra. Sie verantworteten beispielsweise die *Pizza Connection.* Zwischen 1975 und 1984 schmuggelten die Mobster Heroin in Tomatendosen und anderen Dosen für Pizzazutaten von Sizilien in die USA. Die belieferten US-Pizzerias besorgten obendrein die Geldwäsche für die wertvolle Ware. Innerhalb von neun Jahren sollen diese Drogen-in-Dosen-Lieferungen der Mafia 1,6 Milliarden US-Dollar eingebracht haben. Schließlich wurde der Drogenring zerschlagen. Gegen 22 Angeklagte begann 1985 einer der mit eineinhalb Jahren längsten Prozesse in der Geschichte der nationalen Justiz der Vereinigten Staaten. Der aus Sizilien stammende ehemalige Mafiaboss Gaetano Badalamenti wurde zu einer Gefängnisstrafe von 45 Jahren verurteilt. Die Kontakte zwischen den US-Mobstern und den Mafiosi von der Heimatinsel lassen sich jederzeit aktivieren. Sizilianische Mafiosi profitieren von ihren US-Brüdern als Toröffner zur weiten Welt des lukrativen Verbrechens.

Die Clans der sizilianischen Corleonesi oder der amerikanischen Genovese sind stark und funktionsfähig, weil sie sich für ihre Organisationsform an Familien orientiert haben. Für die Ausgestaltung der wirksamsten Clanstrukturen und Hierarchien orientierten sich die sizilianische Cosa Nostra und die amerikanische La Cosa Nostra stets aneinander. Die Pyramidenorganisation der Cosa Nostra ist dem Aufbau einer römischen Legion nachempfunden. Sie erinnert auch an die Hierarchie der katholischen Kirche, der sizilianische Mafiosi, wenn auch wenig überzeugt, angehören. Militärische und kirchliche Strukturen und eine ausschließliche Postenverteilung an Männer sind so bekannt wie altbewährt. Daher wurden auch diese von den Mafiaclans übernommen. Für die verschiedenen Positionen in der Mafiahierarchie behielt man teilweise sogar in den USA die italienischen Bezeichnungen bei. Wie bei der Formel *onore e omertà* (Ehre und Schweigen) oder dem Schimpfwort *sbirro* (Bulle) unterstützt die italienische Wortwahl die Bindung an die sizilianische Heimat.

Eine gewöhnliche sizilianische Mafiafamilie wird auch *cosche* oder *cosca* (Artischocke) genannt. Das Bild der Artischocke veranschaulicht den starken Zusammenhalt eines Clans. Ein Clan folgt einem *Capo*, dem *Capofamiglia* oder auch *Boss*, der selbst dem *Capo dei Capi* (Boss der Bosse) untersteht. Nach amerikanischem Vorbild entstand nach einem Konferenzbeschluss im Jahr 1957 in Palermo auf Sizilien die Mafiakommission *Commissione provinciale.* Ihre sizilianischen Filialen dienen den Cosa-Nostra-Bossen zur Beschlussfassung wichtiger Maßnahmen und zur Streitschlichtung zwischen und innerhalb von Clans. Um jeden Clanboss und jede Capofamilie ranken sich mehrere Berater, *Consiglieri.* Hinzu kommt der *Capo decina*, der Zehnerboss, der eine Gruppe von bis zu zehn Ehrenmännern, *Soldati*, kontrolliert. Der Capo decina hat an den Familienboss zu berichten. Eine normale Cosa-Nostra-Karriere verläuft von unten nach oben beziehungsweise von außen nach innen, vom Soldaten über die Positionen Zehnerboss, Berater und Unterboss hin zum Familienboss. Der Familienaufbau unterstreicht das zentralistische Denken der Mafia sizilianischen Schlags. Über diese Struktur mit klaren Hierarchien und Zuständigkeiten lassen sich Waren-, Geld- und Informationsflüsse gut beobachten, regeln und umverteilen. Dennoch sind diese Gefüge nie von Dauer. Sie verwandeln sich permanent. Nicht einmal die Beratungskommission Commissione provinciale ist eine feste Institution. Sie hat kein permanentes Oberhaupt und ist aus Sicherheitsgründen keine Dachorganisation. Vielmehr vereint sie die bedeutendsten Köpfe der einzelnen Cosa-Nostra-Familien nur sehr lose.

Die Mafia unterhält Filialen in aller Welt, mit Vorliebe in Steueroasen. Doch eine Filiale wird nur so lange aufrechterhalten, wie es dem Profitwachstum dient, solange Gesetzesunterschiede ausgenutzt werden können und Geheimhaltung möglich ist. Bewährt haben sich flexible Netzwerkstrukturen, die sich Menschen, Operationen und Gefahrensituationen jederzeit anpassen. Das Netz wird um Personen oder Partnernetze, etwa um eine befreundete Gang, erweitert, wenn es einem Vorhaben dient, und anschließend wieder verschlankt. Mafianetzwerke wandeln sich laufend und ähneln mehr einer Folge wechselnder Teams als einem Konzerngebilde. Ihre Ränder sind lose, teils sogar offen. Hier können Neulinge rekrutiert, getestet und bei Fehlern leicht entsorgt werden. Eine Neuaufnahme erfolgt nicht nach dem Verwandtschaftsprinzip, sondern meritokratisch. Sollten Randfiguren oder Partner sich bewähren, dürfen sie langsam und organisch in eine Famiglia hineinwachsen. Zum Schutz der Kernfiguren agieren Nachwuchs und Partnerclans ausschließlich an den Rändern, wo stets mehr Personal als nötig aufgestellt wird, weil man jederzeit Ausschuss einkalkulieren muss. Alle Randoperationen sowie Teambildungen und -auflösungen werden zentral überwacht. Um den Kern stark zu halten, operieren

Oberbosse und Familien-Capi getrennt von den Außenfiguren. Über Mittelsmänner gelangen permanent Informationen, Geld und Waren ins Zentrum und aus dem Zentrum wieder heraus. Grundstruktur und Kern einer Mafiagruppierung bleiben so auch dann intakt, wenn Teile wegfallen, Randmitglieder inhaftiert oder getötet werden oder wenn Geständige oder Kronzeugen, sogenannte *pentiti,* plaudern.

Anders als die US-Fraktion rekrutiert die sizilianische Mafia fast ausschließlich Männer sizilianischer Abstammung. Während die kalabrische Mafiaorganisation 'Ndrangheta ihre Familien- oder Clanmitglieder vorwiegend aus Blutsverwandten rekrutiert, nahmen Cosa-Nostra-Familien bis zur Jahrtausendwende bewusst keine direkten Verwandten auf. Stattdessen schließen sich sizilianische Männer verschiedener Gesellschaftsschichten und oft aus einer Region stammend zu einer Famiglia zusammen. Sie benennen sich dann nach ihrem Entstehungsort, zum Beispiel Corleonesi. Dass das Blut von echten Verwandten möglicherweise doch dicker als das von Wahlverwandten ist, beweist ein Vergleich zwischen der Cosa Nostra und der 'Ndrangheta. Die italienische Mafiaforscherin und Professorin für Kriminologie an der Universität Leuven Letizia Paoli berichtete 2004 in einem Interview, überschrieben mit »Family Crisis among the ›Men of Honor‹«, für ein Magazin des Max-Planck-Instituts, dass im Jahr 2001 386 Sizilianer als staatlich geschützte Pentiti gegen ihre Spießgesellen ausgesagt hätten.[125] Im Vergleich dazu seien 2002 nur 157 kalabrische Mafiosi als Pentiti in den Zeugenstand getreten. Offensichtlich haben die sizilianischen Capi aus dieser Erfahrung gelernt. Sie rekrutieren seither ebenfalls vermehrt Söhne, Neffen und andere junge Männer aus der Verwandtschaft. Die 'Ndrangheta-Väter waren 2013 dem Tatendrang eines kalabrischen Jugendrichters ausgeliefert. Richter Roberto Di Bella entzog 15 'Ndrangheta-Bossen die Erziehungsberechtigung für deren auffällig gewordenen Söhne und Töchter. Er vertraute sie sozialen Institutionen fern ihres Elternhauses an, um Minderjährige von ihren mafiösen Familien abzuschotten.

Ihre echten oder nachempfundenen Familienstrukturen mit ihren Autoritäten, ihrer klaren Posten- und Aufgabenverteilung bei gleichzeitig wechselnden Ansprechpartnern, lockeren Netzwerkverbindungen und kurzzeitigen Teambildungen erklären die Kraft und die Handlungsfähigkeit der Cosa Nostra. Die Sogkraft der Mafia wird dadurch nicht begreiflich. Warum schließen sich hoffnungsvolle junge Männer freiwillig einer Verbrecherorganisation an? Warum sind sie bereit, für die Ziele der Mafia ihr Leben, das ihrer Verwandten und Freunde aufs Spiel zu setzen? Gibt es neben rationalen Überlegungen, etwa dem Plan, das eigene Auskommen zu sichern, auch irrationale Motive, die Männer dazu bringen, sich der Mafia anzuschließen?

Verführung zum Verbrechen

Dass die Mafia ihre Anhänger nicht nur über Regeln, sondern auch über Emotionen an sich bindet, spiegelt der Initiationsritus am eindrucksvollsten wider. So ist bereits der Eintritt eines Neulings in die Mafia mehr ein Akt des Einschwörens als ein Vertragsabschluss. Die Aufnahme eines *nuddu 'mmiscatu cu nenti* (Nichts gemischt mit null) zu einem *uomo d'onore* (Ehrenmann) folgt bei der Cosa Nostra einem mehrstufigen Initiationsritus. Zunächst präsentiert ein Clanmitglied der Familienrunde einen bereits über längere Zeit hinweg beobachteten Kandidaten. Im nächsten Schritt klärt der Familienboss den Kandidaten über die geheimen Regeln und Gesetze der Cosa Nostra auf. Danach schwört der adoptierte Ehrenmann den anwesenden Mitgliedern und dem Clan gegenüber seine absolute Loyalität. 1984 erklärte der Kronzeuge Tommaso Buscetta dem italienischen Richter Giovanni Falcone, wie ein Neuling seinen Eid besiegelt.[126] Er verschmiere sein eigenes Blut auf einem Heiligenbild und verbrenne es, wobei er Verschwiegenheit und Treue bis in den Tod verspreche. Die Mafia arbeitet bei ihrer Taufe mit Blut statt mit Wasser wie die Kirche, um den tödlichen Ernst der Initiation zu unterstreichen. Schließlich beginnt für einen Neu-Mafioso nicht nur ein anderer Job, sondern ein völlig neues Leben. Die Cosa-Nostra-Famiglia ist von nun an wichtiger als die eigentliche Familie, die Ehefrau oder Blutsverwandtschaft. Ein Mafioso verpflichtet sich, Gehorsam zu zeigen, gegenüber Clanmitgliedern die Wahrheit zu sagen, Außenstehenden, auch Verwandten, gegenüber zu schweigen, jederzeit Gewaltbereitschaft zu zeigen und eine völlig neue Moralvorstellung zu übernehmen. »Wir sind Mafiosi, alle anderen sind nur Menschen«,[127] brachte der 2013 verstorbene Cosa-Nostra-Unterboss Antonio Calderone den Stolz der Mafiamitglieder auf den Punkt. Jeder Anwärter hat als Tauglichkeitstest einen Mord zu begehen oder einen ähnlich hochriskanten Auftrag zu erfüllen.

Von der teuflischen Verführungskraft der Mafia und ihren Kodizes zeugt der Bericht des britischen Italienspezialisten John Dickie in seinem Buch *Cosa Nostra* von 2004.[128] Er beschreibt den grausamen Mord an dem vierzehnjährigen Jungen Giuseppe di Matteo. Diesen Racheakt an Giuseppes Vater führte ein Handlanger 1996 auf Befehl des Mafioso Giovanni Brusca aus, der selbst unmittelbar dem Corleonese-Anführer Totò Riina unterstand. Die italienischen Gerichtsakten wiedergebend, zitiert Dickie den ausführenden Killer wie folgt: »Damals war ich Soldat der Cosa Nostra, ich gehorchte den Befehlen und ich wusste, dass ich vorwärtskommen würde, wenn ich einen kleinen Jungen erdrosselte. Ich fühlte mich wie im siebten Himmel.« Furchteinflößend charismatischen Mafiabossen gelingt es offenbar, einen Mord an einem Kind als ehrenhafte Tat hinzustellen.

Ab 1976 war der FBI-Mann Joseph Pistone als Mafiajäger unter dem Pseudonym »Donnie Brasco« in die New Yorker Mafiawelt abgetaucht. Fünf Jahre später wurde er von Mafiosi aufgefordert, das Oberhaupt der Bonanno-Familie zu ermorden. Man gab ihm damit die Chance, ein echtes Mitglied, ein *made man,* des Bonanno-Clans zu werden, dem Pistone alias Brasco seit Jahren als einfacher Handlanger angehörte. Hier brach das FBI die Operation ab. Bei der amerikanischen Cosa Nostra hatte der Fall Donnie Brasco allerdings ein Nachspiel. Brascos erster Kontaktmann Anthony Mirra wurde von der Mafia getötet. Zwei weitere Mafiosi, die Pistone als Donnie Brasco vertrauten und ihn in die Familie aufnehmen wollten, wurden umgebracht. Den Soldaten Benjamin »Lefty Guns« Ruggiero, der Pistone anlernte und ein Freund wurde, nahm das FBI in Haft, um ihn vor einer Ermordung zu schützen. Ruggieros Vorgesetzten, den Capo Dominic »Sonny Black« Napolitano, erschossen eigene Clanmitglieder und hackten danach zur abschreckenden Warnung seine Hände ab.

Rituale und riskante Aufträge, insbesondere wenn sie gemeinsam durchgeführt werden, schweißen Ehrenmänner dauerhaft zusammen. Geteilte Werte, Standards und Regeln binden sie moralisch aneinander. Es gehört zur Mafiaehre, sich bei Angriffen selbstständig, ohne polizeiliche oder gerichtliche Hilfe zu wehren. Echte Ehrenmänner lehnen Staat und Polizei ab. Die schlimmste Beleidigung für einen Mafioso lautet daher *sbirro*, Bulle, als verächtliches Wort für einen Polizisten. Ein Ehrenmann regelt seine Angelegenheiten selbst oder er setzt seine Leute dazu ein. Wer gegen den Ehrenkodex *Onore e omertà* (Ehre und Schweigen) verstößt, dem droht die Ermordung durch die ihm nächststehende Person. Die Schweigepflicht verbietet es Mafiosi und Dritten unter Todesdrohung, schriftliche Belege über Mafiaaktionen zu verfassen, der Polizei Auskunft zu geben, Lagepläne der Mafia zu skizzieren oder Ehefrauen und Kinder in die Geschäfte der Mafia einzuweihen. Omertà stammt vom sizilianischen Wort *omu* für »Mann« ab und bedeutet »Männlichkeit«. Der US-Mobster Sammy Gravano riet seinesgleichen: »Öffne nie deinen Mund, außer du sitzt im Zahnarztstuhl.« Doch er verstieß später gegen seine eigene Norm und kooperierte ab 1991 mit dem FBI. Um den Druck für Gangster zu erhöhen, Geheimnisse zu wahren, morden Cosa-Nostra-Mitglieder nicht selten als *Cupola*, als Clique von etwa zwölf Männern. »Fast alle Mitglieder der Cupola [haben] am Mordanschlag auf den Polizeichef Ninni Cassarà am 6. August 1985 teilgenommen«, erläuterte der Antimafia-Richter Giovanni Falcone in einem Interview etwa ein Jahr, bevor er selbst 1992 bei einem Bombenattentat der Mafia umkam.[129]

Die Cosa Nostra vertraut nicht bloß auf Riten oder das Schweigegebot. Ihre Mitglieder haben spezifischen Regeln zu folgen, die den Zehn Geboten ähneln. Als *il Barone* (der Baron) Salvatore Lo Piccolo, Kurzzeitnachfolger des 2006 gefassten Capo Bernardo Provenzano, 2007 in Palermo verhaftet wurde, trug er einen Zettel mit den »Zehn Geboten der Mafia« bei sich. *Der Spiegel* veröffentlichte die Übersetzung der Liste, die damals in der italienischen Tageszeitung *La Repubblica* abgedruckt war:[130]

1. »Man stellt sich unseren Freunden nicht allein vor – dies geht nur über die Vermittlung eines Dritten.«
2. »Lass die Finger von den Ehefrauen unserer Freunde.«
3. »Wir machen keine Geschäfte mit den Bullen.«
4. »Wir besuchen weder Tavernen noch Clubs.«
5. »Es ist Pflicht, der Cosa Nostra jederzeit zur Verfügung zu stehen. Auch wenn die Frau kurz vor der Entbindung steht.«
6. »Verabredungen werden kategorisch eingehalten.«
7. »Die Ehefrau muss respektiert werden.«
8. »Wenn man nach etwas gefragt wird, was man weiß, muss man die Wahrheit sagen.«
9. »Es ist verboten, sich Gelder anzueignen, die anderen oder anderen Familien gehören.«
10. »Wer nicht der Cosa Nostra angehören kann:
    - Wer einen engen Angehörigen bei den Sicherheitskräften hat
    - Wer Fälle von Untreue in der Familie hat
    - Wer sich schlecht verhält
    - und sich nicht an moralische Werte hält.«

Die Polizei soll bei Lo Piccolo auch eine Karte von Palermo gefunden haben mit den Namen aller Familien, welche die Stadt kontrolliert haben. Eine Erklärung zum Aufbau einer Mafiafamilie habe der Capo ebenfalls bei sich getragen. Der wandelnde Widerspruch Lo Piccolo verstieß mit seiner Zettelwirtschaft gegen das Omertà-Gebot, das explizit auf keinem seiner Zettel stand.

Dass zumindest US-amerikanische Mafiosi diesen Dekalog nicht so ernst nehmen, wie er klingt, zeigt die Produktion für den *Discovery Channel, Ten Commandments of the Mafia*. Ausgestiegene Mafiosi wie der Ex-Capo der Colombo-Familie, Michael Franzese, oder der einstige Mafia-Drogendealer Henry Hill berichten hier davon, dass sie sich ständig in Bars aufgehalten hätten. Jedes Mafiamitglied, das etwas auf sich halte, hätte selbstverständlich eine oder einige Geliebte. In New York sei es allerdings Mafiasitte, den Samstagabend für das große Ausgehen mit der Ehefrau zu reservieren. Die Wochentage sind weniger heilig. Die im Film befragten Ex-Mafiosi stimmten allein der Regel ausnahmslos zu, dass ein Mafiamitglied sich niemals zusammen mit einem Polizisten blicken lassen dürfte.

Um in der Öffentlichkeit nicht aufzufallen, treten die meisten Mafiosi dezent auf. Unter Cosa-Nostra-Mitgliedern gelten extravagantes Auftreten, auffällige, zu exklusive oder modische Kleidung und Sportwagen als No-Gos. Das 2013 verstorbene hohe Ex-Cosa-Nostra-Mitglied Antonio Calderone erklärte in einem Geständnis gegenüber Richter Falcone: »Ich erinnere mich daran, dass mir Nitto [Santapaola] um 1979, 1980 gesagt hat, dass es nicht mehr ratsam wäre, uns in der Öffentlichkeit zu küssen oder zu umarmen, um uns davor zu schützen, dass staatliche Agenten uns sehen und daraus schließen, dass wir zur selben Organisation gehören.«[131] Den Mafiamännern ist also zum Schutz ihrer Famiglia das gegenseitige Küssen verwehrt. Mafiosi erkennen einander an ihrem selbstsicheren Auftreten und an ihrer beeindruckenden Präsenz. Das will zumindest Richter Falcone beobachtet haben. Mafiosi kommunizieren in der Regel nur indirekt miteinander. Ein direkter Austausch findet ausschließlich unter Vertrauten statt. Zwei Cosa-Nostra-Mitglieder dürfen sich untereinander nicht zu erkennen geben. Ein drittes Mitglied, das beide kennt, muss sie einander zuerst vorstellen. Wird ein Unbekannter in eine Mafiarunde eingeladen, so geschieht dies nur durch Vermittlung eines Mafioso. Dieser stellt seinen Kumpanen den Unbekannten entweder als »Freund von uns« oder als »Freund von mir« vor. Sagt er »uns«, so ist er ein Ehrenmann der Mafia, dem man vertrauen kann. Wenn er aber »mir« sagt, bedeutet das für die Clique, dass Vorsicht geboten ist, weil dieser Mann kein *made man*, sondern ein Mafiafremder ist.

Wer Schriftliches über die Cosa Nostra verfasst, begeht eine Todsünde. Auch Telefon- und Internetaustausch sind verpönt. Bernardo Provenzano kommunizierte daher vorsintflutlich über *pizzini*. Mithilfe dieser Zettelchen mit verschlüsselten Botschaften lenkte der über 43 Jahre flüchtige Cosa-Nostra-Capo seine Verbrechertruppe aus dem Untergrund und unterlief sämtliche Spionagetechniken seiner Verfolger. Um weltweite Geschäfte zu koordinieren und abzuwickeln, bedient sich aber auch die Mafia moderner Kommunikations- und Verschlüsselungstechnologien. Europol berichtete in der Studie von 2013, »Italian Organised Crime«, Italiens organisierte Verbrechergruppen, bekannt für ihren Pioniergeist, könnten möglicherweise verstärkt in die Cyberkriminalität einsteigen.[132] Dafür müssen Mafiosi aber jederzeit die aktuellen Digitaltechnologien beherrschen. Über das Netz könnten sie sich nicht nur austauschen, sondern auch rasch und einfach Profite erzielen. Solange der digitale Datenverkehr nicht komplett überwacht und reguliert ist, könnte man hier noch anonym und ungesetzlich agieren. Kryptografische Tricks könnten dabei helfen, die Internetgeschäfte und -kommunikation von Ehrenmännern gegenüber FBI, BND & Co zu verschleiern.

An der Hierarchie eines Mafiaclans, daran, wer die größte Gefolgschaft unter sich hat, und daran, wer wen beauftragen und wessen Emotionen lenken kann, sind die Machtverhältnisse unter Mafiosi erkennbar. Mafiabossen muss es gelingen, ihren Mitgliedern Perspektiven aufzuzeigen und ihnen Schutz und Sicherheit zu bieten. Capi müssen einen Mafiaclan gleichermaßen als Machtzentrum, Ort der Coolness und Heimathafen inszenieren, um Clanmitglieder langfristig zu binden und zu illegalen Handlungen zu motivieren. Ein Mafiaboss muss dafür sorgen, dass sein Clan für die Mitglieder ein Faszinosum bleibt, das finanzielle und soziale Vorteile mit sich bringt. Für Wissenschaftler, polizeiliche und gesetzliche Ermittler ist dieses Faszinosum ebenso anziehend wie abstoßend. Um die Mafia zu erfassen oder Mafiosi zu fassen, müssen sie aber versuchen, die Dynamiken in deren inneren Zirkeln zu begreifen. Idealerweise gehen sie für ihre Ermittlungen ähnlich gruppiert vor. Das hatte der berühmte Mafiajäger Giovanni Falcone begriffen.

Antimafiosi

Zwischen 1981 und 1983 bekämpften die Corleonesi Vertreter der Familien Bontade, Inzerillo und Badalamenti aus Palermo. Während dieses als »Zweiter Großer Mafiakrieg« bezeichneten Gemetzels starben 1000 Menschen. Siegreich war der Clan aus Corleone. Bei den Kämpfen kamen zwei Söhne von Tommaso Buscetta und sein Freund Stefano Bontade um. Zwei Jahre nachdem Buscetta 1982 in Brasilien gefasst worden war, konnte Richter Giovanni Falcone ihn dazu bringen, als Kronzeuge gegen die Cosa Nostra auszusagen. Dank Bruscettas Hinweisen während der sogenannten Maxi-Prozesse, einer Serie von Prozessen gegen Hunderte Angehörige der Cosa Nostra zwischen Anfang 1986 und Ende 1987, konnten 366 Ehrenmänner verhaftet und etwa 120 Haftbefehle erlassen werden. Flüchtig blieben die Corleonese-Bosse Bernardo Provenzano und Salvatore Riina.

Womöglich waren die Vorbereitungen auf die Massenprozesse und die Prozesse selbst deshalb so erfolgreich, weil die Antimafia-Kämpfer und Richter wie die Mafiosi als geschlossene Clique vorgingen. Vor den Gerichtsprozessen, zu Beginn der 1980er-Jahre, gründete der palermitanische Richter Rocco Chinnici den informellen *Antimafia Pool*. Die untersuchenden Amtsrichter des Pools tauschten Informationen aus und teilten die Verantwortung für die sizilienweite Mafiaverfolgung. Damit sollten Fahndungserfolge erzielt und zugleich verhindert werden, der Mafia nur einen einzigen wissenden Gegner entgegenzustellen. 1983 wurde der Pool-Gründer Chinnici durch eine Autobombe getötet. Der Pool arbeitete weiter.

Neue Mafiaverfolger, darunter die Richter und Jugendfreunde aus Palermo, Giovanni Falcone und Paolo Borsellino, kamen hinzu. 1985 wurde Falcones Vertrauter, der Polizist Antonio »Ninni« Cassarà vor den Augen seiner Frau und seines Kindes ermordet. Unbeirrt recherchierten die Richter weiter. Im Februar 1986 eröffnete der unter Polizeischutz stehende Untersuchungsrichter Falcone schließlich die 22-monatigen Anti-Mafia-Massenprozesse. Sie fanden in einem Stahlbetonbunker unweit des Gefängnisses Ucciardon in Palermo statt. Dank weiterer Geständnisse von Pentiti wurden in den Folgejahren neue Massenprozesse eröffnet.

1991 wechselte Falcone ins Justizministerium. Die Mafia hatte auf den sizilianischen Richter Corrado Carnevale als *ammazzasentenze* (Urteilskiller) gesetzt. Carnevale hatte bereits eine Reihe von Urteilssprüchen gegen Mafiosi auf der Basis nichtiger technischer Fehler abgewiegelt. Doch diesmal waren die Politiker Giulio Andreotti und sein sizilianischer Freund Salvatore Lima bei der Ernennung Carnevales zum Verantwortlichen der Maxi-Prozesse gescheitert. Falcone hatte sich durchgesetzt. Dafür und für die zahlreichen Festnahmen ihrer Leute rächten sich die Cosa-Nostra-Capi. Im März 1992 brachten sie den mafiafreundlichen DC-Politiker, langjährigen Bürgermeister von Palermo, Mitglied des Europaparlaments und Andreotti-Vertrauten Salvo Lima um. Kurz danach tötete eine gewaltige Bombe den Richter Falcone, seine Ehefrau und drei Leibwächter auf der Autobahn bei Capaci westlich von Palermo. Dass diese streng geheim gehaltene Fahrt des Richters bekannt geworden war, rief Verunsicherung hervor. Vertrauliche Informationen mussten aus dem inneren Mitarbeiterkreis Falcones nach außen gedrungen sein. Diverse Pentiti sagten aus, der flüchtige *Boss der Bosse* Totò Riina sei Auftraggeber des Capaci-Massakers gewesen. Zwei Monate später kamen auch Falcones enger Kollege Paolo Borsellino und seine Begleiter durch eine ferngezündete Sprengstoffexplosion in Palermo um.

Buscetta plauderte vieles über die Cosa Nostra aus. Aber er schwieg zu den Verbindungen der Cosa Nostra zu Freimaurern und zur katholischen Volkspartei *Democrazia Cristiana*. Daher konnte Falcone hier (noch) nicht gesetzlich tätig werden. Nach dem Krieg war die von 1943 bis 1994 bestehende *Democrazia Cristiana* (DC) zur wichtigsten Partei Italiens aufgestiegen. Mitglieder der DC sollen ihre Macht in den 1960er- und 70er-Jahren für Wirtschaftsbetrügereien missbraucht haben. Man sagte DC-Politikern wie Antonio Gava, Vito Ciancimino, Salvo Lima und vor allem Giulio Andreotti Korruption und Mafiakontakte nach. Sie zu fassen erwies sich aber als schwierig. Ab 1992 begannen in Mailand die staatlichen Untersuchungen namens *Mani pulite* (Saubere Hände). Offenkundig wurde, dass Mailänder Politiker ihre Ämter missbrauchten und in Bestechungs- und Parteifinanzierungsskandale verwickelt waren. Italienische Journalisten betitelten die Stadt Mailand daher *Tangentopoli* (Schmiergeldmetropole). Die staatlichen Untersuchungen förderten die engen Verflechtungen von Politik und Mafia und ein System aus Abhängigkeiten aufgrund von Korruption zutage. Diese Erkenntnisse trugen zur Auflösung der Democrazia Cristiana im Jahr 1994 bei. Die bedeutendsten angeklagten DC-Politiker, zum Beispiel der papsttreue, siebenmalige italienische Ministerpräsident Giulio Andreotti oder sein späterer Amtsnachfolger Silvio Berlusconi, wurden regelmäßig freigesprochen. Zu deren Entbindung reichte es oft aus, dass deren Anwälte den Gesetzeshütern kleine Formfehler nachwiesen.

Zwischen 20 und 30 Mal konnte Andreotti die Aufhebung seiner parlamentarischen Immunität abschmettern. 1993 musste er sich schließlich gerichtlich wegen Vergünstigungen der Mafia verantworten. Das Mafiamitglied Calogero Ganci sagte 1993 im Prozess gegen Giulio Andreotti, aus, der mächtige Politiker sei in den Mord seines einstigen Parteifreundes Aldo Moro durch die *Brigate Rosse* im Jahr 1978 verwickelt gewesen.[133] Andreotti wurde zudem vorgeworfen, die Ermordung des zum Mordfall Aldo Moro forschenden Journalisten Carmine Pecorelli im Jahr danach beauftragt zu haben. Giulio Andreotti Mafiakontakte nachzuweisen fiel den Ermittlern nicht schwer. Sein Name stand immerhin auf der 1981 konfiszierten

Mitgliederliste von Licio Gellis rechtsgerichteter Geheimloge *Propaganda Due* (P2). Der Loge gehörten weitere Spitzenpolitiker, seit 1978 beispielsweise Silvio Berlusconi, an sowie führende italienische Unternehmens- und Polizeivertreter, Geheimdienstler, Militärs und Mafiosi. Auch der Mafiafreund, Bankier und vatikanische Geldwäscher Michele Sindona war P2-Mitglied. Die Vertreter der Untersuchungskommission gingen davon aus, dass Licio Gelli die unheilvolle Cliquenwirtschaft der Freimaurer mit US-Geldern finanziert hatte. Diese hatte er seinen Beziehungen zur CIA und zur NATO zu verdanken, die zusammen mit Gellis Loge P2 über die Geheimoperation *Gladio* antikommunistische Stimmung in Italien schüren wollten. Unter öffentlichem Druck gab Giulio Andreotti 1990 zu, dass die Operation Gladio hinter dem Mord an Aldo Moro stand. Die *Operation Gladio* war eine Geheimaktion von NATO, CIA und dem britischen Auslandsgeheimdienst *Secret Intelligence Service* (SIS), auch MI6 genannt. Gladio war in Italien aktiv, um das weitere Erstarken der italienischen Kommunistischen Partei in Zeiten des Kalten Krieges zu verhindern. Über eine ultrabrutale »Strategie der Spannung« sollte die Regierungsbeteiligung der Kommunisten und eine damit mögliche kommunistische Beeinflussung der NATO blockiert werden. Gladio-Mitglieder verübten in den Jahren von 1969 bis 1985 zusammen mit Vertretern des italienischen Militärgeheimdienstes SISMI und Neofaschisten zahlreiche Terroranschläge auf italienischem Boden. Man fälschte Beweise und diffamierte Unschuldige. Für die Attentate sollte die Linke verantwortlich gemacht werden – mit dem Ziel, die Bevölkerung gegen die Kommunisten aufzubringen. Auch die Geheimloge P2 hatte ihre Finger im Spiel. 1995 wurden Licio Gelli und zwei SISMI-Mitarbeiter zu Haftstrafen verurteilt, weil sie für Vertuschung gesorgt und so die Ermittlungen zum Bologna-Anschlag im Jahr 1980 erschwert hatten.

Anders als Gellis Protegé Silvio Berlusconi stand Giulio Andreotti nicht auf Lucio Gellis P2-Mitgliedsliste. Er sei jedoch, so die Frau des ermordeten Gottesbankers Roberto Calvi, der wahre Boss der Geheimloge gewesen. Laut dem Vatikanexperten Philip Willan habe

Calvi seiner Familie gegenüber bekannt, sich am meisten vor Andreotti zu fürchten.[134] Mitte 2013 kündigte die italienische Gerichtsbarkeit an, Untersuchungen zur Verstrickung des damaligen Ministerpräsidenten und der ausländischen Geheimdienste in den Mordfall Moro neu aufzurollen. Bis in die 1980er-Jahre soll Andreotti enge Verbindungen zur Mafia kultiviert und einzelne Mitglieder begünstigt haben. Zusammen mit Mafialeuten hat er womöglich auch das tödliche Attentat auf den General der italienischen Carabinieri und Antiterrorkämpfer Carlo Alberto Dalla Chiesa und dessen frisch angetraute Frau 1982 zu verantworten. Es gibt Vermutungen, dass Andreotti sich mit dem Sizilianer Michele Sindona getroffen hat, als dieser von der Polizei gesucht wurde. Auch soll er 1980, kurz vor dessen Tod, den Cosa-Nostra-Capo Stefano Bontade sowie 1987 den flüchtigen corleonesischen Killer Totò Riina getroffen haben. Abschließend nachweisen konnte man Andreotti diese Treffen nicht und er wurde nicht belangt.[135]

1993 wurde Salvatore Riina in Palermo festgenommen. Inhaftiert wurde auch Giovanni Brusca, den Riina mit dem Anschlag auf den Richter Falcone beauftragt hatte. Riina soll noch 1992 den Mafiafreund Salvatore Lima aus dem Weg geräumt haben, da er der Cosa Nostra nicht mehr nützlich und aufgrund seines Wissens gefährlich geworden war. Der Druck auf die italienische Politik und Polizei war so groß geworden, dass ein heftiger Schlag gegen die Mafia notwendig war. Nach seiner 43-jährigen Cosa-Nostra-Herrschaft aus dem Untergrund heraus konnte Riinas Kumpan Bernardo Provenzano 2006 in einem Schuppen unweit seines Heimatortes Corleone gefasst werden.

Die Nachfolger führen das Erbe von Provenzano fort. Sobald ein Mafioso ausgeschaltet ist, übernehmen die anderen. Die Vorstellung von »cosa nostra«, unserer Sache, gibt Mafiosi die Richtung vor. Sie schweißt Clans zusammen und motiviert ihre Mitglieder dazu, dauerhaft für die gemeinsame Sache einzustehen. Was prägt aber die frühen Leben von Mafiosi in spe so stark, dass sie sich überhaupt dafür entscheiden, sich der Cosa Nostra anzuschließen?

Mafiosità – sizilianische Mentalität

Die sizilianischen Mafiosi des 21. Jahrhunderts agieren immer noch in einem von Armut gekennzeichneten Umfeld. Heute zählt Sizilien zu den strukturschwächsten Regionen Westeuropas. Fast ein Drittel der sizilianischen Bevölkerung lebt in Armut. Das Pro-Kopf-Einkommen rangiert unter den geringsten von Italien. Die Arbeitslosenquote Siziliens war 2012 mit 19,5 Prozent fast doppelt so hoch wie der italienische Durchschnitt. In Palermo betteln neben Roma, illegalen Einwanderern und Flüchtlingen aus Afrika auch italienische Männer und Frauen. Mit Tausenden von anderen Familien warten sie auf die Zuweisung einer öffentlich verwalteten Unterkunft. Seit Jahren krebst die größte Mittelmeerinsel finanziell am Rande des Ruins. Nach Schätzungen des italienischen Rechnungshofs wies die Insel Ende 2011 einen Schuldenstand von rund 5,3 Milliarden Euro auf.[136] Der Bildungsgrad Siziliens und Italiens ist gering. Laut der PISA-Studie von 2003 erreichten Siziliens Schüler beim PISA-Test der OECD in den Bereichen Lesen, Mathematik und Naturwissenschaften nur 432 Punkte. Diese Schulleistungswerte verbesserten sich nicht. Auch 2012 lagen Siziliens Werte wieder unter dem italienischen Durchschnitt, der mit 485 wiederum unter den durchschnittlich 495 Punkten aller OECD-Staaten rangierte. Italien befand sich damit auf ähnlichem Niveau wie Portugal und Spanien, während Deutschland einen überdurchschnittlichen Wert von 512 Punkten erzielte.[137]

Über ein Fünftel aller Personen im Alter zwischen 18 und 24 Jahren auf den italienischen Inseln, darunter auf Sizilien, brachen frühzeitig ihre Schul- oder Ausbildung ab, so die Zahlen der regionalen Bildungsstatistiken des *Statistischen Amts der Europäischen Union* (Eurostat) von 2013.[138] Ähnliche Abgängerraten wie Sizilien wiesen beispielsweise auch Portugal oder Malta auf. Gemäß Eurostat hatte 2011 in sechs von 30 europäischen Regionen, darunter Sizilien und Sardinien, nicht einmal jeder fünfte Bewohner zwischen 30 bis 34 Jahren einen weiterführenden Abschluss.[139] Nur 16,1 Prozent der Sizilianer und Sarden dieses Alters konnten 2011 einen akademischen Grad oder berufsqualifizierenden Abschluss einer Universität, Fachhochschule oder anderen Bildungsinstitution vorweisen. Dabei gibt es auf Sizilien immerhin vier Universitäten. Doch die Bildungsmobilität der Italiener ist insgesamt geringer als etwa die der Deutschen. Gemäß der Eurostat-Publikation »Cultural Statistics« von 2011 waren im Studienjahr 2008/9 1,8 Prozent der italienischen im Vergleich zu 3,1 Prozent der deutschen Studierenden an einer ausländischen Universität eingeschrieben. Profitierten 2008 27.892 deutsche Studierende, ca. 1,2 Prozent, von einem Auslandsstudium über das *Erasmus*-Programm der EU, profitierten von Erasmus nur 19.276 italienische Studierende, 0,95 Prozent, um für kurze Zeit im Ausland zu studieren.[140] 2012 besaßen laut Berechnungen des italienischen Instituts für Statistik *Istituto Nazionale di Statistica* (ISTAT) 82 Prozent der Deutschen und nur 55,5 Prozent der Italiener einen heimischen Internetanschluss. Italien hat mit seiner Haushaltsquote 2010 erstmals die 50-Prozent-Marke überschritten und erreichte 2013 einen Wert von 60,7 Prozent. Das Land liegt aber weiterhin unter dem EU-Durchschnitt von 70 Prozent an Haushalten mit Netzzugang. Die Eurostat-Studie »Cultural Statistics« von 2011 offenbart, dass 47 Prozent der Deutschen, aber nur 12 Prozent der Italiener das Internet dazu genutzt hätten, um Kulturgüter wie Bücher, Filme oder Musikträger zu erwerben. Die Ausgaben privater Haushalte für kulturelle Güter und Dienstleistungen wie Theater- oder Museumsbesuche sollen in Italien, Litauen und Rumänien nur 3 Prozent ihrer Gesamtausgaben ausgemacht haben. In anderen Ländern, darunter Deutschland oder Großbritannien, habe der Anteil zwischen 4 und 5 Prozent betragen.[141] Die über die Suchmaschine Google meistgesuchten Wörter waren 2013 gemäß der Google-Trendliste »Wahlomat«, »Immobilien Scout« und »Paul Walker« in Deutschland und »Elezioni 2013«, »Paul Walker« und »Zalando« in Italien.[142] Die britische Medienaufsicht OFCOM gab in ihrem *International Communications Market Report* von 2012 an, dass 2011 die durchschnittliche Fernsehdauer pro Person in Italien 253 Minuten am Tag betragen habe.[143] Der Wert fiel geringer aus als der für die USA, wo im Schnitt 293 Minuten täglich ferngesehen wurde. Deutsche Zuschauer kamen auf 225 Minuten pro Tag. In allen drei Nationen seien die Minutenzahlen im Vergleich zum Vorjahr leicht gestiegen.[144]

Die Zahlen zu Bildungsstand, Kulturgüter- und Medienkonsum in Italien und Sizilien deuten auf ein geringeres Bildungs- und Kulturniveau im Vergleich zu den meisten EU-Ländern hin. Doch zahlreiche Vorurteile, die sich auf ein mangelndes Kulturinteresse oder den hohen Konsum anspruchsloser Fernsehsendungen der Bürger Italiens und ihrer Inseln beziehen, stützen die Daten nicht. Die sizilianische Journalistin Maria Luisa Romano zitiert in ihrem Text »Popolino – Sicily's Forgotten Underclass« für das Portal *bestofsicily.com* das sizilianische Sprichwort: »Bilde deine Kinder nie besser aus als dich selbst.«[145] Daraus schließt sie: »Zu viele Eltern der sizilianischen Unterklasse nehmen das wörtlich.« Sie schreibt, Medien schürten »unrealistische Erwartungen unter den Jungen«. Und: »Es ist eine Sache für einen Erwachsenen, einen Lottoschein mit dem Bewusstsein zu kaufen, dass die Gewinnchancen bescheiden sind, aber eine andere für ein untalentiertes Teenager-Mädchen, das eine einfache Karriere als Showgirl, Fashionmodel oder Fernsehpersönlichkeit erwartet. Doch diese Mentalität ist hier alltäglich.« Das darunterliegende Problem sei, dass Kinder der sizilianischen Unterschicht selten dazu ermutigt würden, »irgendwelche (realistischen) beruflichen Fähigkeiten« zu entwickeln. In ihrem anderen Artikel »Education in Sicily« für dasselbe Portal führt Romano die Gewaltbereitschaft in der Bevölkerung auf soziale Probleme und nicht direkt auf die Mafia zurück. »Journalisten, die die Mafia als Siziliens schmutziges Geheimnis betrachten, liegen falsch – auch wenn Armut und geringe Bildung ein die Kriminalität begünstigendes Klima schaffen.«[146]

Die Betreiber der Informationsplattform *bestofsicily.com* unterstützen die Antimafia-Bewegung *Addio Pizzo* (Tschüss Schutzgelder), die mit Aufklebern und Kampagnen dazu aufruft, »kritisch gegen Pizzo einzukaufen«. Konsumenten in Palermo und in der

Region Sizilien sollen dazu motiviert werden, Geschäftsleute zu unterstützen, die Schutzgelderpresser anzeigen. Die Bestofsicily-Autorin Romano erwähnt außerdem, dass sich niemand auf Sizilien für diese Ursache-Wirkungs-Ketten interessiere. »... kaum jemand kümmert sich darum. Die meisten besser gebildeten Sizilianer akzeptieren die Existenz der Armen und schlecht Ausgebildeten der unteren Klassen als unschöne, aber nicht weiter störende Tatsache des Lebens.«[147]

Dass auf Sizilien ein sozialer Aufstieg über den Bildungsweg gelingen kann, ohne dass Männer Bestechung einsetzen und Frauen sich prostituieren müssen, beweisen Siziliens Immigranten. Indische oder chinesische Einwanderer fördern die Ausbildung und die Karrieren ihrer Kinder. So entstand über zwei Jahrzehnte hinweg eine neue, ernst zu nehmende Wirtschaftskraft, die viele Ureinwohner der Insel als Prekariat hinter sich lässt. Das zeigt der Bericht »Immigration in Sicily« auf, der 2010 im Rahmen des EU-Projekts »Livelong Learning Programme« verfasst wurde.[148] Liegt es an der »sizilianischen Mentalität«, falls es eine solche überhaupt gibt, dass ein Großteil der Sizilianer den Zugang zu Bildung verweigert und somit ihre Kinder nicht aus schlechten sozialen Bedingungen herauswachsen können? Ist es Folge einer Haltung, dass ihre Töchter niederen Tätigkeiten nachgehen und sich ihre Söhne kriminellen Gangs anschließen? Gibt es etwas wie die *mafiosità,* eine mafiaartige Mentalität oder Lebensweise, die sich aus der sizilianischen Mentalität erklären lässt? Bereits in der Vergangenheit sahen sich nur wenige sizilianische Adlige und Vertreter der Bourgeoisie in der moralischen Pflicht, Bedürftige zu unterstützen. Denkt auf Sizilien jeder vor allem an seinen eigenen kurzfristigen Vorteil und den seiner Familie und nimmt dabei gesellschaftliche Kollateralschäden in Kauf? Sind das Konzept des Gemeinschaftssinns oder das Leitbild des ehrbaren Kaufmanns hier unbekannt? Ein altes sizilianisches Sprichwort besagt: »Wenn das Haus deines Nachbarn brennt, hole Wasser, um dein eigenes zu retten.« Kann man daraus auf die Ignoranz und den mangelnden Altruismus der Sizilianer schließen?

Solche Fragen lassen sich schwer beantworten. Fest steht, dass auf Sizilien die PISA-Werte bescheiden ausfielen, die Zahlen der höher Gebildeten gering ist und die Mafia auf Sizilien Macht und Geld besitzt. Die Mafia kontrolliert das Geschäftswesen im Inselwesten. Allein auf Palermos Prachtstraße Viale della Libertà standen nach Schätzungen von 2007 65 Prozent aller Geschäfte unter Kontrolle der Mafia. Sie zahlen regelmäßig ihre Pizzu und werden dafür in Ruhe gelassen. Selbst Krankenhäuser und die als für ihre Bestechlichkeit bekannte Universität von Palermo sollen zu Pizzu-Zahlungen gedrängt worden sein. Laut dem *The Economist*-Artikel vom Dezember 2007 »A Declining Family Business« betragen für Sizilien die geschätzten Jahreseinnahmen allein durch Pizzu rund 8 Milliarden Euro.[149] Die italienischen Handelsverbände *Confesercenti* und *SOS Impresa* gaben Mitte 2010 bekannt, dass die Cosa Nostra alle Wirtschaftsaktivitäten der Hauptstadt überwache.[150] 80 Prozent aller Dienstleister und Händler Palermos leisteten regelmäßig Schutzgeldzahlungen. Der Rest der Unternehmen zahle nur deshalb nicht, weil er mit der Mafia in engster Verbindung stehe. Zum legalen Gelderwerb und zur Geldwäsche betätigt die Cosa Nostra sich auf Sizilien außerdem in der Landwirtschaft, in der Gastronomie oder im Lebensmittelexport.

In Palermo kann es noch immer jederzeit passieren, dass Mafiamitglieder nach klassischem sizilianischem Stil umgebracht werden. Anderswo wäre das eher eine Seltenheit. Im Mai 2013 fand man die Leichen der kanadischen Mobster Juan Ramon Paz Fernandez und Fernando Pimentel in der Nähe eines Müllplatzes außerhalb Palermos. Die Polizei vermutet, der Doppelmord sei in Kanada geplant worden. Den anschließend verhafteten Brüdern Pietro und Salvatore Scaduto werden enge Verbindungen zur kanadischen Cosa Nostra nachgesagt. Sie sollen zu der Killertruppe gehört haben, welche die 30 Schüsse auf Fernandez und Pimentel abgegeben hat.[151]

Möglicherweise fehlen auf Sizilien der Wille und der Mut, Änderungen herbeizuführen, sowie prominente Vermittler von Werten. Sollten Eltern oder Vertreter von Bildungsinstitutionen als Vorbilder ausfallen, könnten die Priester der römisch-katholischen Kirche, der über 97 Prozent der Bewohner Siziliens angehören, einspringen. Doch der katholische Glaube der Sizilianer scheint wenig fest zu sein, bedingt durch die wechselnden Regierungsmächte, darunter Normannen oder Muslime. Beispielsweise hat die byzantinische Herrschaft auf Sizilien einen Einfluss östlicher Riten hinterlassen, der sich noch an den Mosaiken in den katholischen Kirchen ablesen lässt. Obgleich die katholische Kirche auf Sizilien mit über 3000 Priestern und 257 Diakonen gut vertreten ist, ist vom hiesigen Einsatz katholischer Geistlicher wenig bekannt. Die Zurückhaltung sizilianischer Priester mag daher rühren, dass sie spätestens seit dem Mord ihres couragierten Kollegen und Antimafia-Aktivisten Giuseppe »Pino« Puglisi im Jahr 1993 in Angst leben. Ein Projekt, das dennoch auf ein Aufleben der Moral auf Sizilien hoffen lässt, ist die *Missione di Speranza e Carità* (Mission für Hoffnung und Caritas). 1993 rief sie der gebürtige Palermer Bruder, Biagio Conte, ins Leben. Conte bekam die Erlaubnis für seinen Hilfsdienst nicht wie auf Sizilien üblich über Bestechungsgelder. Er durchlief einen zweiwöchigen Hungerstreik, um die Vertreter des Rathauses von Palermo davon zu überzeugen, dass seine Mission in einem alten, leer stehenden Krankenhaus eingerichtet werden darf.

Die äußeren Merkmale von fehlender Bildung, Kultur und einem Wertesystem sind die Infrastrukturmängel auf Sizilien. Das Verkehrswegesystem im Landesinneren ist mangelhaft. Während der Sommermonate ist die Wasserversorgung von Teilen der Bevölkerung gefährdet. Müll gammelt an den Stadträndern und stapelt sich hier und da in der Landschaft. Umweltschutzgesetze fehlen. Nach Griechenland verzeichnet Italien die höchste Staatsverschuldung innerhalb der Euro-Zone. Mit dem gesamten unterentwickelten Süden Italiens zählt Sizilien zu den »Ziel-1-Regionen« der EU. Diese Gebiete weisen kaum mehr als 75 Prozent des Durchschnitts-Bruttoinlandsprodukts der EU auf. Um den sozialen und ökonomischen Entwicklungsrückstand aufzuholen, werden hohe Geldbeträge in deren Förderung und strukturelle Anpassung gepumpt.

2011 wurde die Angestelltenzahl im öffentlichen Dienst Siziliens um 30 Prozent erhöht. Die Insel verzeichnet die meisten Staatsbeamten Italiens. Aber liegt darin die Lösung für die strukturellen Probleme Siziliens? Wohl kaum. Sizilien ist hoch verschuldet, was jederzeit dazu führen kann, dass Siziliens größter Arbeitgeber, der Staat, nicht mehr in der Lage ist, Gehälter und Pensionen auszuzahlen. Außerdem scheinen die Investitionen in den Verwaltungsapparat vom falschen Personal gelenkt und obendrein fehlgeleitet zu werden. Gegen den Gouverneur von Sizilien, Raffaele Lombardo, wird wegen wahrscheinlicher Verwicklungen in Mafiageschäfte ermittelt. Lombardo soll mit seinem Nettomonatsgehalt von 16.000 Euro das höchste Einkommen unter allen italienischen Regionalpräsidenten beziehen. Darüber berichtete im Juli 2012 die Turiner Zeitung *La Stampa.*[152] Hier wird Sizilien außerdem als »eine Region« bezeichnet, »die von den Politikern als Geldautomat benutzt wird«. Zeitgleich schrieb *La Repubblica* von der »Schlaraffen-Insel«.[153]

Wer auf Sizilien Teil des Verwaltungssystems oder der Politik ist, hat ausgesorgt. Daher sind Posten im öffentlichen Dienst begehrt. Mancher lässt seine Kontakte und Finanzen spielen, um hier Fuß zu fassen – auch Mafiosi. Die von John Dickie im Buch *Cosa Nostra* erwähnte »Makkaronipolitik« (der Tausch von Wählerstimmen gegen Gefälligkeiten)[154] hat in Italien Tradition. Der Pakt zwischen Mafia und Politik wirkt auf der Ebene lokaler Behörden, etwa auf Sizilien, wovon der nächste Abschnitt handelt, und auf höchster Regierungsebene. Giulio Andreotti soll vom Tauschgeschäft, *patto di scambio,* profitiert haben, »bei der die Mafia den Wählern Stimmempfehlungen gab, an denen sie – unter Bedrohung für ihr Leben und ihren Besitz – nicht vorbeikamen; die begünstigten Politiker sorgten dann dafür, dass die Justiz den Mafiosi nichts antat«,[155] schrieb 1995 die Journalistin Valeska von Roques für den *Spiegel.*

Dafür, dass die Cosa Nostra auf Sizilien Wählerstimmen für den römischen Politiker und seine Christdemokraten zusammentrug, garantierte Andreotti der Mafia Schutz vor der Justiz. Die Mafiaprotektion machte sich für Andreotti offenbar bezahlt. Während der

1970er- und 1980er-Jahre stieg der Stimmenanteil seines christdemokratischen Parteiblocks von 2 auf 14 Prozent an.

Im Interview mit Christian Rost für das *Max-Planck-Magazin* sprach die Mafia-Spezialistin Letizia Paoli 2004 vom »Wiedererstarken mafioser Strukturen in den politischen Institutionen« im Süden Italiens.[156] Sie verwies darauf, dass die Regierungskoalition von Silvio Berlusconi bei den Nationalwahlen 2001 sämtliche in der Region Sizilien zu vergebenden 60 Direktmandate gewonnen habe. Berlusconi, der 2004 Ministerpräsident Italiens war, mache sich die Cosa Nostra »eher subtil« gewogen, so Letizia Paoli, »etwa durch die Streichung des 24-Stunden-Personenschutzes für einige der wichtigsten und gefährdetsten Ermittler«. Weniger versteckt sei der »Erlass vorteilhafter neuer und die Abschaffung unbequemer bestehender Gesetze« im Sinne der Mafia. Paoli urteilte: »Keine Frage, viele seiner Maßnahmen haben der Mafia gezielt geholfen. Und Berlusconi weiß das.« Italienische Regierungschefs wie Andreotti oder Berlusconi förderten das Wuchern des organisierten Verbrechens in Italien und auf Sizilien.[157] Sie hielten Mafiosi nicht davon ab, sich mehr und mehr im sizilianischen Verwaltungsapparat festzusetzen.

Im Verlauf der Geschichte wurden die Bewohner Siziliens immer wieder von wechselnden Völkern und Mächten beherrscht. Daher hatten weder eine Regierung noch die katholische Kirche hier je einen starken Stand. Aus der Notwendigkeit, das Leben und Überleben der eigenen Familie zu sichern, und aus einem Misstrauen gegenüber Autoritäten heraus begannen Sizilianer, sich zu gruppieren und ihren Gelderwerb selbständig und in Missachtung öffentlicher Strukturen zu organisieren. Die Perspektivlosigkeit der in Armut und ohne Bildung aufgewachsenen Jugend und die unzuverlässig und langsam arbeitende Administration auf Sizilien erklären, warum junge Männer bei einer starken Mafia Zuflucht und Erwerbsmöglichkeiten suchen. Die Clans bieten Familienersatz. Hier halten die Mitglieder gegen Widerstände zusammen und sorgen materiell füreinander. Auf sizilianischem Boden können Mafiagruppen gut gedeihen. Das Zusammenspiel aus den Faktoren Armut, Bildungsmangel und Autoritätsversagen begünstigt die Entstehung und stabilisiert die Existenz von Verbrechergruppen. Dass die Cosa Nostra ein Gewaltmonopol aufbauen, es zementieren und ins Ausland exportieren konnte, verdankt sie aber nicht allein den sizilianischen Bedingungen. Die Macht der sizilianischen Mafia basiert auch auf deren Fähigkeit, sich an wandelnde Umstände anzupassen, dem Ehrgeiz mancher Mafiosi, aus der Unterschicht herauszuwachsen, und ihrem Organisationstalent. Cosa-Nostra-Mitglieder gestalteten ihre Truppen nach dem Vorbild von ihnen bekannten Familien- und Autoritätsstrukturen. Sie organisieren sich über autonome, parallel agierende, künstliche, aber starke Familien. So wurden sie zu einer auch international erfolgreich operierenden kriminellen Vereinigung.

Mafiastasen

Die Mafia breitet sich aus. Als »kriminelles Geschwür« bezeichnet Jürgen Roth die Verflechtung der Mafia mit der Politik. Der Journalist ist Autor des Buches von 2009 *Mafialand Deutschland*[158] und des nur in bulgarischer Sprache erschienenen Buchs von 2008, *Die neuen bulgarischen Dämonen*[159], über die Verbreitung der Mafia in Bulgarien. *Metastasen: Ein Kronzeuge der 'Ndrangheta enthüllt die Geheimnisse des größten Familienunternehmens* heißt das Buch von Gianluigi Nuzzi und Claudio Antonelli über das Leben des Mafioso Giuseppe di Bella. Darin berichten sie, dass sogar Teile der norditalienischen Politik, Verwaltung, Wirtschaft und Gewerkschaften von der Mafia beherrscht werden und sich die 'Ndrangheta über Jahre hinweg systematisch in Deutschland, Österreich und der Schweiz festgesetzt habe.[160] »Die Mafia ist wie ein Tumor. Zuerst greift er einige Zellen an. Die Tumorzellen vermehren sich dann unbemerkt weiter. Wenn man die ersten Schmerzen spürt, ist es bereits zu spät«, warnte der Antimafia-Staatsanwalt aus Palermo Roberto Scarpinato 2011 bei einem Vortrag in Deutschland.[161] Vier Mafiaspezialisten vergleichen die Verfilzung des organisierten Verbrechens mit dem Staatsapparat mit der tödlichen Krankheit Krebs. Richter Giovanni Falcone sah das offenbar anders. »Die Mafia ist kein Krebs, der zufällig in sozialen Strukturen wuchert. Er existiert in perfekter Symbiose mit den unzähligen Beschützern, Zuträgern, Informanten und Schuldnern jeden Typs; großen und kleinen Meistersängern, eingeschüchterten oder erpressten Personen, die in jeder Gesellschaftsschicht anzutreffen sind. Das ist das kulturelle Terrain der Cosa Nostra«, zitierte der US-Soziologe Mike La Sorte den ehemaligen Mafiajäger Falcone in einer Studie von 2006.[162] Zersetzend und destruktiv wirkt der »Staat im Staat«, wie der britische Historiker John Dickie die italienische Mafia nennt, allemal.[163]

Mit dem Einverständnis des Systems herrschen Mafiafamilien über ihre Gebiete und deren Bewohner. *Il Sacco di Palermo*, die »Plünderung Palermos«, illustriert den zerstörerischen Charakter dieser Mafiastasen. Von den 1950er-Jahren bis in die Mitte der 1980er-Jahre profitierte die Cosa Nostra von der Bevölkerungsexplosion in der sizilianischen Hauptstadt und von ihrem heißen Draht zu Palermos Chefetage. Prächtige Straßen und denkmalgeschützte Jugendstilvillen im Stadtkern von Palermo verfielen, ohne renoviert zu werden. Stadtteile wurden abgerissen, Grüngürtel zubetoniert. Im Zuge eines Baubooms entstanden rund um Palermo minderwertige Wohnsiedlungen. Den Abriss, den Billigbau, die Bauaufsicht und die Schuttbeseitigung übernahmen Strohmänner der Mafia, die sich dafür fürstlich bezahlen ließ. Möglich machten diese Bausünden vor allem drei Politiker der Partei Democrazia Cristiana: der mit Giulio Andreotti befreundete Bürgermeister von Palermo und spätere Europaabgeordnete Salvatore Lima, dessen Baustadtrat, ein Friseursohn aus Corleone, Mafioso und Kurzzeitbürgermeister in Palermo »Don« Vito Ciancimino und der ehrgeizige DC-Jungpolitiker Giovanni Gioia. Das Trio verschaffte DC-Genossen, Mafiosi, deren Freunden und Verwandten über Jahre hinweg Bauaufträge. John Dickie schreibt in seinem Buch *Cosa Nostra*, zwischen 1959 und 1963 hätte das Gespann 80 Prozent der 4205 Baugenehmigungen an fünf in der italienischen Baubranche unbekannte Personen und deren Subunternehmer vergeben.[164] So flossen über korrupte sizilianische DCler Staatsgelder aus Rom in die Taschen inkompetenter Verbrecher, die kaum revidierbare Bausünden anrichteten. Mit besonders großzügigen Aufträgen versorgten die beiden Hauptdrahtzieher Lima und Don Vito den Bauunternehmer »King Concrete« Francesco Vassallo, der aus armen Verhältnissen stammte und enge Kontakte zu den Mafiosi Angelo La Barbera und Tommaso Buscetta gepflegt haben soll. Buscetta war es schließlich, der als Pentito gegen den Provenzano- und Riina-Freund Don Vito Ciancimino aussagte. Dadurch konnte dieser 1984 verhaftet und 1992 verurteilt werden.

Das Ausmaß von Don Vitos Macht wurde erst 2009 deutlich. In diesem Jahr legte Vitos Sohn Massimo Ciancimino der Justiz Dokumente vor, welche die Zugehörigkeit seines Vaters zur Operation Gladio belegten. Nach dem Erdbeben in der Stadt L'Aquila gab die dortige Antimafia-Staatsanwaltschaft zudem bekannt, dass unter den Trümmern Teile des geschätzten 600-Millionen-Vermögens des Corleonese-Mafioso Vito Ciancimino versteckt sein müssten. Dickie resümiert: »Jahrzehntelang machte eine Horde politischer Gefälligkeitsvermittler die sizilianische DC zu einem Labyrinth von Klientelgruppen, Cliquen, Fraktionen, Gegenfraktionen, heimlichen Allianzen und offenen Feindschaften.«[165] Während der Plünderjahre wachte Ernesto Kardinal Ruffini als Erzbischof von Palermo über die Kirchenmoral auf der Insel und legte diese zum Vorteil der Mafia aus. Der Vertreter des Vatikans schloss die Augen vor deren Verbrechen und schwieg. Nur einmal tat er sich 1964 mit seinem Hirtenbrief hervor, in dem er mafiakritischen Medien vorwarf, sich gegenüber ganz gewöhnlichen Verbrechern wie überall verschworen zu haben.[166]

Das Baugeschäft interessiert Mafiosi ganz besonders, weil sie hier öffentliche Gelder abgreifen können. Da sie aus dem Schutzgeldbusiness, dem Drogenhandel und anderen illegalen Geschäften stets hohe liquide Mittel zur Verfügung haben und keine Kredite zu teuren Zinsen aufnehmen müssen, können Cosa-Nostra-Mitglieder kostengünstig Firmen aller Art hochziehen. Da sie außerdem nur Billigmaterialien einsetzen und den Bauschutt illegal entsorgen, können sie ihre Konkurrenz mit bis zu 40 Prozent günstigeren Preisen unterbieten. Damit gehen sie ins Rennen um öffentliche Bauausschreibungen und lassen sich von ihren Freunden in der Administration lukrative Aufträge zuschustern. Als das Erdbeben 2009 die Hauptstadt der italienischen Abruzzen L'Aquila zerstörte, entstanden Schäden in zweistelliger Milliardenhöhe. Über 300 Menschen starben, 70.000 wurden obdachlos.[167] Abgehörte Telefonate zeugen davon, dass gewisse Bauunternehmer jubelten. Der Mitschnitt eines Gesprächs zwischen dem Bauunternehmer Francesco Piscicelli und seinem Schwager Pierfrancesco Gagliardi geriet 2010, ein Jahr nachdem es geführt wurde, an die Öffentlichkeit. Die italienische Nachrichtenagentur *Agenzia Nazionale Stampa Associata* (ANSA) zitierte den Unternehmer: »Ich habe morgens um halb vier nach dem Erdbeben in meinem Bett gelacht. Wir müssen loslegen, so ein Beben passiert ja nicht jeden Tag.«[168] Piscicelli habe außerdem damit geprahlt, dass er dank seiner guten Kontakte zur Regierung lukrative Bauaufträge für den Wiederaufbau zerstörter Gebäude in L'Aquila erhalten würde. 2010 wurde Piscicelli festgenommen.[169]

Als am Karfreitag 2009 über 200 Erdbebenopfer bei einem Staatsbegräbnis beigesetzt wurden, kamen auch Premierminister Silvio Berlusconi und Staatspräsident Giorgio Napolitano. Die Totenmesse hielt Tarcisio Bertone, der Kardinalstaatssekretär von Papst Benedikt XVI. Berlusconi stellte dann 15 Milliarden Euro an Regierungsgeldern für den raschen Wiederaufbau der Hauptstadt der Abruzzen in Aussicht. Zugleich wies der Premier die angebotenen internationalen Hilfsgelder mit der Begründung zurück, die Italiener seien ein »stolzes Volk«. Dennoch gingen laut dem »Kommissariat für Wiederaufbau« in einen Spendenpool namens »Adoptierte Baudenkmäler« bis Mitte 2011 über 28 Millionen Euro ein. Frühe Warnungen von Journalisten vor Profiteuren aus den Kreisen der in den Abruzzen starken Mafiaorganisationen Camorra und Sacra Corona Unita parierte Berlusconi in der Tageszeitung *Il Tempo* im April 2009:

»Bauspekulationen werden unmöglich sein, innerhalb von sechs Monaten werden wir wieder aufbauen und dabei Spekulationen und die Mafia heraushalten.«[170] Über selbst inszenierte Bilder, die er über seine Fernsehsender und in die Welt schickte, verkündete Berlusconi »epochale Resultate« beim Krisenmanagement und auch im Umgang mit den Nachbeben.

Der Wiederaufbau gestaltete sich in Wirklichkeit äußerst schleppend. Vernachlässigbar geringe Geldsummen flossen in die Rekonstruktion der historischen Altstadt, die Renovierungsarbeiten denkmalgeschützter Gebäude wurden im Zuge langwieriger Bauantragsprozeduren verschleppt. Nur am Stadtrand wurden im Eiltempo Übergangsunterkünfte für über 40.000 Menschen hochgezogen. Lokalzeitungen berichteten von Korruptionsfällen und nachlässiger Bauweise. Baukontrollen sollen gelockert worden sein. Vermutlich hat man Mafiafirmen ohne Genehmigung bauen lassen, um rasche Erfolge bei den Notunterkünften vorweisen zu können. Für den *Spiegel* berichtete Annette Langer Ende 2009 über das Unternehmen IGC aus dem südsizilianischen Gela. Dieses sei daran beteiligt gewesen, im Ort nahe L'Aquila, in Bazzano, »eines jener Neubaugebiete, die erdbebensicher und nach neuestem Öko-Standard gebaut sind«, erstellt zu haben. »Die Antimafia-Staatsanwaltschaft (DIA) in Rom geht davon aus, dass es Verbindungen zwischen der sizilianischen IGC und ›Personen aus dem Umkreis der Mafiafamilie der Gebrüder Rinzivillo gibt‹ und hat jetzt die Staatsanwaltschaft in L'Aquila eingeschaltet.«[171]

Laura Garavini vom Antimafia-Ausschuss des italienischen Parlaments urteilte im Interview für die ZDF-Dokumentation *Mafia in Nadelstreifen* von 2011: »Die Ermittlungen haben erwiesen, dass beim Wiederaufbau mafiöse Firmen mitgemacht haben. Beim Wiederaufbau, gerade bei einem Ausnahmezustand, ist es besonders einfach für die Mafia, die sowieso immer großes Interesse hat an öffentlichen Aufträgen, öffentliche Gelder zu bekommen.« Die Mafia ist nicht nur beliebt bei Vertretern aus Behörden und der Politik, weil sie billig anbietet und Bestechungsgelder zahlt. Mafiosi kennen außerdem die Notwendigkeiten bei Bauprojekten. Annette Langer zitierte 2009 einen Sprecher der Firma *Edimal*, welche die Bauaufträge für die erdbebensicheren Gebäude in Bazzano vergeben hat. Edimal habe das Unternehmen aus Gela in Südsizilien deswegen beauftragt, weil es in Bezug auf »Qualität, Preis und Planerfüllung die besten Sicherheiten bot«.[172] Mafiosi kennen und erfüllen die Wünsche ihrer Auftraggeber. Sie wissen Bescheid über die Rekrutierung von Arbeitern, die effizienteste Beschaffung, die Lagerung und den Schutz von Baumaterialien.

Die desolate Autostrada A3 von Salerno nach Reggio Calabria wird seit Jahren erneuert. Die Ausbesserungsarbeiten verzögern sich immer wieder, unter anderem aufgrund von jährlich über 100 Anschlägen auf die Baustellen. Die Autobahn, die den ärmeren Mezzogiorno an das reichere Norditalien anbinden soll, führt durch das klassische 'Ndrangheta-Territorium Kalabrien. Die kalabrische Mafia soll den Verlauf der A3 mitbestimmt haben und in sämtliche öffentliche Aufträge bis hin zur Müllbeseitigung auf den Baustellen verwickelt sein. Eine Straße, die nicht fertig wird und deren Konstruktionskosten sich vervielfacht haben, erfreut korrupte Politiker, Mafiosi und ihre Bautrupps.

Mafiamitglieder sitzen auch in den Startlöchern für den umstrittenen Bau der längsten Hängebrücke der Welt, der Brücke über die Straße von Messina von Reggio Calabria in Kalabrien nach Messina auf Sizilien. Bereits 1981 wurde für den Bau das öffentliche Unternehmen *Stretto di Messina S.p.A.* gegründet. Das Vorzeigeprojekt Silvio Berlusconis nahm mit dessen Wiederwahl 2008 erneut Fahrt auf. 2009 begann der Bau der 8,5-Millionen-Brücke. Nachdem Berlusconi 2011 jedoch zurückgetreten und 2013 der Generalunternehmer *Eurolink* abgesprungen war, stoppte man das Projekt. Nun müssen sich die kalabrische 'Ndrangheta und die sizilianische Cosa Nostra weiterhin gedulden, bis sie einander in ihren jeweiligen Stammgebieten in nur drei Autominuten über die Brücke besuchen können.

Diese Beispiele aus der Bauindustrie illustrieren, dass die Mafia in ihren süditalienischen Stammgebieten auf die wichtigsten politischen Entscheidungen einwirken kann.

Außer im Baugeschäft betätigen sich alle italienischen Mafiaorganisationen im Müllbusiness. Gemäß der italienischen Umweltschutzorganisation *Legambiente* (Umweltliga) sollen 2009 Cosa Nostra, 'Ndrangheta und Camorra an globalen Müllgeschäften insgesamt 20 Milliarden Euro verdient haben. Das sei »ungefähr so viel wie die Telefongesellschaft *Telecom Italia* und zehnmal so viel wie die Kleiderfirma *Benetton*«, berechnet der neapolitanische Camorra-Spezialist und Autor des Buches *Gomorrha*, Roberto Saviano, für einen Artikel in *Die Zeit* von 2011.[173] Seit den 1980er-Jahren betreibt die sogenannte »Ökomafia« lukrative Geschäfte mit der illegalen Entsorgung von Giftmüll. Dazu wird radioaktiver Müll aufgekauft, dieser über Neuverpackungen als harmloser Abfall getarnt und illegal entsorgt. Mafiosi versenken mit toxischen Resten beladene Schiffe etwa südlich von Italien im Meer. 2009 fand man vor Kalabrien das Wrack eines Frachtschiffs, das mit 120 Atommüllbehältern beladen war. Andere Abfälle werden auf dem Seeweg in Entwicklungsländer wie Somalia gebracht und dort versenkt. 2004 waren Fässer mit radioaktivem Abfall an die somalische Küste geschwemmt worden.[174] Michele Buonomo, Präsident der Umweltschutzorganisation Legambiente, sagte 2012 gegenüber dem Deutschlandfunk, dass sich bei den Umweltverbrechen nicht die Mafia allein schuldig mache: »Es gibt doch eine Komplizenschaft zwischen der Industrie, die diesen Müll loswerden will, und dem kriminellen Milieu.«[175] Damit deutet er an, dass der Giftmülltourismus das Ergebnis einer unheilvollen Cliquenwirtschaft zwischen italienischen Mafiosi, Unternehmensvertretern und somalischen Piraten sein könnte.

In ihrem Buch *Müll-Mafia* von 2011 bereiten die Journalisten Sandro Mattioli und Andrea Palladino die Fakten zum »kriminellen Netzwerk in Europa« auf.[176] Die investigative italienische Fernsehjournalistin Ilaria Alpi und ihr Kameramann Miran Hrovatin, die zusammen einem internationalen Giftmüllskandal nachgespürt hatten, wurden 1994 von Unbekannten in Somalia erschossen. Die

Morde sind bis heute nicht aufgeklärt, vermitteln aber einen Eindruck von der Erbarmungslosigkeit der mafiösen Ökomüll-Seilschaft.

Aufgrund des organisatorischen Unvermögens der Behörden und weil Cosa-Nostra-Vertreter mit Bestechungsgeldern und Erpressung nachhelfen, gelangt die Mafia auf Sizilien an öffentliche Aufträge. Darüber ist sie in der öffentlichen Wasserversorgung und im Bereich erneuerbarer Energien tätig. Außerdem ist die Mafia ins private Gesundheitswesen eingestiegen, das in Italien nicht gänzlich privat gestaltet ist wie anderswo. Auf Sizilien werden etwa viermal so viele Privatkliniken betrieben wie im Norden Italiens. Wie öffentliche Krankenhäuser sind sie staatlich zugelassen und werden direkt vom Staat subventioniert. Viele der Privatkliniken führen Mittelsmänner der Mafiaclans, die sich auf die einträglichsten Krankengeschäfte, beispielsweise Krebstherapien, spezialisieren, für die es Staatsleistungen gibt. Da der Staat den Patienten einen Teil der Behandlungskosten zurückerstattet, sind private sizilianische Krankenhäuser durchaus beliebt. Und die öffentlichen Kliniken darben. Sie müssen mit den geringeren Beträgen auskommen, die für die medizinische Grundversorgung gezahlt werden. Ein Freund aus der Gesundheitsbehörde soll den Bauunternehmer Michele Aiello über die saftigen Staatshilfen im Kliniksektor informiert und ihn zum Einstieg in die für ihn neue Branche inspiriert haben. Der spätere Klinikbesitzer und sogenannte »König Midas des Gesundheitswesens«, Aiello, soll eng mit dem flüchtigen Mafiaboss Provenzano zusammengearbeitet haben. 1999 baute Aiello in Bagheria bei Palermo die private Krebsklinik *Villa Santa Teresa*, eines der mit elf Etagen größten Krankenhäuser Siziliens. Gegen Bares und Jobvermittlungen an die liebe Famiglia ließ sich Aiello bei seinen Geschäften von Mafiosi unterstützen. Der gegen Aiello ermittelnde Staatsanwalt Gaetano Paci sagte 2007 gegenüber der *Neuen Zürcher Zeitung* (NZZ): »Michele Aiello ist ein Strohmann von Bernardo Provenzano.«[177] Paci vermutet, dass die Aiello-Klinik nicht nur mit Geldern des Cosa-Nostra-Capos Provenzano, sondern auch mit der praktischen

Hilfe von Mafiosi gebaut worden ist. »Örtliche Mafiafamilien drückten für Aiello den Kaufpreis für das Klinikgebäude, ein früheres Hotel. Sie beschleunigten Genehmigungsverfahren und organisierten billige, unter den Tarifen der Gesamtarbeitsverträge beschäftigte Bauarbeiter«, so die Wiedergabe der Ermittlungsergebnisse gegen Aiello in der *NZZ*. Aiello ließ seine Helfershelfer über Geldgeschenke, Vergünstigungen und Ämterpatronage an seiner Fortüne partizipieren. Davon zeugen die Pizzini, die mit der Schreibmaschine beschriebenen Zettel, über die Provenzano mit der Außenwelt kommuniziert hat. Aus den Pizzini ging hervor, dass Aiello Zahlungen geleistet hat, die Provenzano an die lokalen Cosa-Nostra-Clans umverteilt hat. Außerdem soll Aiello Verwandte von Mafiamitgliedern eingestellt und ein Netzwerk aus Informanten unterhalten haben, die über Antimafia-Ermittlungen Bescheid wussten. Deren Hinweise habe er weitergeleitet, um sich auch darüber die Gunst der Cosa-Nostra-Mitglieder zu erhalten, so die *NZZ*. Die Staatsanwaltschaft fand heraus, dass Aiello zu hohe Tarife abkassiert und so illegal mehr als 100 Millionen Euro von der Regionalregierung erhalten habe. Jahrelange Kostenübertreibungen und Subventionstricksereien machten Aiello um das Jahr 2000 zu einem der reichsten Männer Siziliens. 2011 wurde der Klinikkönig für sein ungesundes Wirken zu 15 Jahren Haft verurteilt.

Mafiosi fühlen sich nicht nur von regionalen und nationalen Fördergeldern magisch angezogen. Sie zapfen auch bereitwillig die Finanzen der EU an, die über Projekte wie die agrarpolitische »Agenda 2000« in die dümpelnde Wirtschaft Siziliens gepumpt werden.[178] Möglicherweise hat Salvo Lima die Wege zum EU-Geld geebnet. Schließlich war er 12 Jahre lang bis zu seinem Tod 1992 Europaparlamentarier. Von Brüssel aus fließen Hilfsgelder in sizilianische Bau-, Infrastruktur-, Landwirtschafts-, Energie-, Schulungs- oder Bildungsprojekte. Um hier Kompetenz vorzuweisen, gründen Cosa-Nostra-Capi Phantomfirmen, darunter Schulen und (a)soziale Nichtregierungsorganisationen (NGOs). Selbst ernannte *progettista* (Projektmanager) leiten diese Institutionen und bewerben sich um den Zuschlag zur Umsetzung der EU-Hilfsprogramme. Da für die Umverteilung der Fondsgelder lokale Behörden zuständig sind, haben die Mafiosi leichtes Spiel. In bewährter Manier bestechen sie ihre Freunde vom Amt mit Geld, Versprechungen und anderen Geschenken und sichern sich so die Auftragsvergabe. Cosa-Nostra-Verwandte und -Bekannte erhalten dank der EU-Projekte einträgliche Jobs. Zwischen 2000 und 2006 sollen zahlreiche sinnlose, kurzfristig angelegte Programme ohne anschließende Erfolgsevaluation durchgeführt worden sein, die bis zu 900 Millionen Euro verschluckt haben. Über 3000 auf Sizilien ansässige Firmen sollen die Genehmigung haben, EU-Förderungen zu empfangen. Unprofessionell geführte Beratungsfirmen, Werbe- und Onlineagenturen haben sich in absurd hoher Anzahl zu dem Zweck in Palermo angesiedelt, um im Lichte der Öffentlichkeit EU-Mittel zu veruntreuen. Diese Aktivitäten zeugen vom weitverzweigten Informationsnetzwerk und vom organisatorischen Geschick der Mafia, neues Wissen Ertrag bringend für sich einzusetzen.

Windige Geschäfte

Dass die mafiösen Unterschlagungsmechanismen greifen können, zeugt auch von der Macht liquider Geldmittel und zugleich von der Verführbarkeit öffentlicher Angestellter durch Geld. Auf Sizilien werden jährlich 7 Milliarden Euro in die Wind- und Solarenergie investiert, so eine Schätzung von Europol von 2013.[179] An der EU-bezuschussten und steuerbefreiten Konstruktion und am anschließenden Verkauf von Windparks und Solaranlagen verdient die Cosa Nostra eifrig mit. Die Öko-Geschäfte ermöglichen es den Kriminellen außerdem, ihr illegal verdientes Geld in einer sauberen Branche zu waschen. Vito Nicastri, der »König des Windes« aus Alcamo im Westen Siziliens, profitierte vom grünen Wachstumssektor. Er baute 43 Betriebe und Beteiligungen im Windenergiesektor auf und scheffelte dabei ein Vermögen von 1,3 Milliarden Euro. Im Frühjahr 2012 wurde sein Besitz beschlagnahmt. Die Staatsanwaltschaft warf Nicastri vor, mit Geschäftspartnern in Dänemark, Luxemburg und Spanien kooperiert und seine Verbindungen zur italienischen Politik dazu verwendet zu haben, um Windgeschäfte zum Vorteil der Cosa Nostra zu betreiben. Vermutlich arbeitete er direkt dem seit Jahren gesuchten Matteo »Diabolik« oder »Rolex« Messina Denaro zu, dem man die Mittäterschaft an den Attentaten auf Giovanni Falcone und Paolo Borsellino zuschreibt und unzählige Morde, die er eigenhändig durchgeführt oder befohlen haben soll. Der wahrscheinliche Nachfolger des Capo dei Capi, Bernardo Provenzano, gilt als Nummer eins der Cosa Nostra. Er wird vom FBI als einer der gefährlichsten Drogenhändler der Welt gesucht.[180]

Jährliche Staatsförderungen in Milliardenhöhe und hohe Gewinnerwartungen im Wind- und Solarenergiesektor lockten sizilianische Mafiafamilien an. 2007 hörten italienische Ermittler ein Gespräch zwischen dem Geschäftsmann Angelo Salvatore und dem 79-jährigen Capo des sizilianischen Gibellina-Clans, Vincenzo Funari, ab. Gemäß der Gesprächsabschrift sagte Salvatore zu dem alten Ehrenmann: »Aus Liebe zu unseren Söhnen, erneuerbare Energie ist wichtig. [...] Das ist ein Geschäft, von dem wir leben können.«[181] Beide Männer wurden später festgenommen. Über weitere Mitschnitte von Dialogen zwischen Mafiosi und ihren Mittelsmännern erfuhren Behörden nicht nur, dass Mafiosi ihre Zukunft planen. Sie konnten zudem deren typische Vorgehensweise bei grünen Energiegeschäften nachvollziehen, was ihre strafrechtliche Verfolgung erleichtern könnte.

Als die Mafiaverfilzung im grünen Energiesektor bekannt wurde, zogen sich ausländische Investoren zurück. Als legale Investitionen in Siziliens erneuerbare Energien ausblieben, begannen italienische Behörden, den alternativen Energiesektor im gesamten italienischen Süden nach Mafiastasen zu durchforsten. Zwischen 2007 und 2011 wurden über 120 Personen festgenommen, gegen andere windige Typen wurde ermittelt. Bei einer zweiten Verhaftungswelle

Ende 2012 verhaftete man zwölf mutmaßliche Capi, korrupte, lokale Ratsmitglieder und Mafiamittelsmänner. Ein Drittel der sizilianischen Windparks und einige Solarkraftwerke wurden konfisziert, über 2 Milliarden Euro Vermögensgüter eingefroren. Um legale Investitionen anzukurbeln, stellte die Regierung 2012 trotz der Schuldenkrise frische Gelder für erneuerbare Energien bereit. Das renovierte Programm sieht vor, dass Projektantragsteller versichern müssen, nicht mit dem organisierten Verbrechen verdrahtet zu sein.

Auch Siziliens neue Antimafia-Regierung seit November 2012 ist bemüht, die Cosa Nostra aus dem grünen Bereich herauszuhalten. Der Regionalpräsident Rosario Crocetta bewegt sich dabei unter Lebensgefahr. 2003 entkam er einem Mordanschlag durch Mafiosi. Nach eigenen Aussagen fühlt er sich von der Cosa Nostra bedroht. Crocetta zählt zu den meistgefährdeten Personen Italiens. Dennoch will er mit seinem regierenden Mitte-Links-Bündnis einen Neustart im Sektor saubere Energien hinlegen. Schließlich ist Sizilien nicht nur windig, sondern vor allem sonnig. Saubere Wind- und Solarenergie soll endlich dabei helfen, die Sizilianer aus der wirtschaftlichen Misere zu bugsieren. »Wir haben kriminellen Organisationen erlaubt, Geschäfte im Sektor erneuerbare Energien zu machen, dabei haben wir eine entscheidende Gelegenheit zur Entwicklung versäumt und die Region verpasste die Chance, davon zu profitieren«, bekannte 2013 Siziliens neuer Energieminister Nicolò Marino.[182] In Griechenland und in Italien investieren Auslandskapitalgeber eher verhalten. Laut OECD-Messungen für die Jahre 2007 bis 2012 legten Ausländer in Frankreich 289 Milliarden, in Großbritannien rund 500 Milliarden, aber in Italien nur 87 Milliarden US-Dollar an.[183] »Die Mafia vergiftet die Wirtschaft, indem sie stärker in legitime Geschäftsfelder einsteigt, die Märkte weniger transparent macht und öffentliche Angestellte besticht. Zusammen mit Steuerhinterziehung ist die Korruption die größte Bremse der italienischen Wirtschaft«, erklärte Michele Polo, Wirtschaftsprofessor an der Bocconi Universität in Mailand, 2012 gegenüber Reuters.[184] *Transparency International* rechnet Italien zu den korruptesten Nationen Europas.[185]

Das beliebte Reiseziel der Deutschen nimmt Platz 69 auf dem Korruptionsranking von 2013 des NGO ein. Italien ist schlechter platziert als Ghana, Saudi Arabien und Montenegro und liegt auf ähnlichem Niveau wie Kuwait und Rumänien und etwas besser als die einstigen Jugoslawienstaaten Bosnien-Herzegowina und Serbien sowie Brasilien und Südafrika.

In Italien zählen nicht Leistungen, sondern gute Beziehungen zu Behörden. Um langsame Prozesse zu beschleunigen und sie zu den eigenen Gunsten zu manipulieren, brauchen Bürger aller Klassen einen einflussreichen Helfer im Verwaltungsapparat, einen *santo in paradiso*, in der Justiz oder in der Politik. Es ist eine Frage des Geschicks, des Preises und des Sozialkapitals, die lähmenden bürokratischen Hürden Italiens zu überwinden, damit ein helfendes *manino* (Händchen) gereicht wird. Die Ursachen und Symptome der »italienischen Krankheit« erläuterte der Mafiakenner und Ex-Herausgeber der Mailänder Zeitung *Corriere della Sera* Alexander Stille 2009: »Ein derart schwerfälliges System mag einem wie heller Wahnsinn vorkommen, aber dahinter steckt Methode: Es wurde mit Absicht so gestaltet, um seine Mitwirkenden unentbehrlich zu machen. Die Vervielfachung der Verwaltungsvorgänge, Genehmigungsverfahren, Regularien und bürokratischen Engstellen schafft eine extrem hohe Zahl an Hebeln, mit denen die Regierung ein Projekt kontrollieren, verzögern, beerdigen oder vorantreiben kann.«[186] Angesichts von Autoritäten, die nichts als den Vorteil der eigenen Person und den ihrer Clique im Fokus haben, resigniert das Volk. Die politischen Erfolge der Cosa-Nostra-Profiteure Silvio Berlusconi und Giulio Andreotti und des Schmiergeldprofis Benito Craxi zeugen von der Egalhaltung der Italiener. Obwohl alle drei Ex-Ministerpräsidenten Strafprozessen ausgesetzt waren, wurden sie nicht dingfest gemacht. Und dann wählten die Bürger sie auch noch. Über Berlusconi sollen einige gesagt haben, er tue wenigstens nicht so, als handle er moralisch. Das Volk ist der Politik gegenüber gleichgültig geworden. Politikern und Mafiosi kommt die Haltung des *menefreghismo*, von *me ne frego*, »das ist mir egal«, einiger Teile der italienischen Bevölkerung gelegen. Gleichgültige Menschen hindern korrupte, erpressbare, opportunistische Politiker nicht daran, ihre verfilzte Klientelpolitik und legal-illegalen Aktivitäten weiter zu betreiben.

Borghesia mafiosa

Die Cosa Nostra hat sich von den Äckern und von den Straßen Siziliens zurückgezogen und ist in die Büros der öffentlichen Verwaltung und privater Unternehmen eingezogen. Sie hat neue Geschäftsfelder aufgetan und betreibt das organisierte Verbrechen mittlerweile als »Politik der weißen Kragen«. Hat sich die schwarze Mafia des 20. Jahrhunderts in eine weiße des 21. Jahrhunderts verwandelt? Oder agiert heute ein gewalttätiger Cosa-Nostra-Flügel in Koexistenz mit einem bürgerlich-wirtschaftlichen Flügel? Eine Mafiamorphose hin zu einer *borghesia mafiosa* (bürgerlichen Mafia) hat zwar stattgefunden, jedoch nur bei einem Teil der Cosa Nostra. Diese Veränderung hat der Capo dei Capi und Boss der Corleonesi Bernardo Provenzano aus dem Untergrund heraus vorbereitet. Nach den Toden und Festnahmen seiner blutrünstigen Freunde im Zuge des Mafiakrieges leitete Bernardo Provenzano den Einzug der Mafia in die zivile Geschäftswelt ein. Damit stellte er die Cosa Nostra zukunftstauglich auf. Das »Phantom von Corleone«, so genannt, weil er seinen Clan aus diversen Verstecken heraus regierte, verpasste den Corleonesi einen Image- und Kurswechsel. Über kleine Zettelchen verschrieb er auch seinen Leuten die Unsichtbarkeit. Aus einer gewalttätigen Verbrecherbande im Licht der Öffentlichkeit schuf er eine Geheimorganisation der weißen Kragen, die das politische System für ihre eigenen Zwecke benutzt.

Provenzanos *pax mafiosa* sah eine Strategie der Friedlichkeit, die Reduktion von Drogen- und Erpressergeschäften sowie eine Reform der Schutzgeldeintreibung vor. Darüber wollte er das Vertrauen sympathisierender Bevölkerungsteile wiedergewinnen und Widerstände abbauen. Außerdem wollte er der Zersetzung der einzelnen Clans vorbeugen, um zugleich die angewachsene Zahl der Pentiti einzudämmen, was ihm gelang. Er ließ sich von einem Zirkel erfahrener Bosse der älteren Generation beraten. Gemeinsam setzte man auf althergebrachte Mafiaprinzipien und -regeln. Man rekrutierte auf einmal Nachwuchs aus Familien mit jahrelanger Mafiatradition, da diese weniger dazu neigten, auszuscheren. Man nahm sich die Zeit, sie auf Verantwortungsbewusstsein, Loyalität und Omertà einzuschwören. Um den Clan und einzelne Mitglieder zu schützen, soll der Capo die Corleonesi untereinander gar nicht mehr bekannt gemacht haben. In Zeiten der Überkomplexität setzte Provenzano auf Vereinfachung, klare Ziele, Tradition, Seniorität, Dezenz und Menschenfreundlichkeit, was ihm Kapitalzuwachs, Macht und den Respekt nicht nur von Mafiosi einbrachte und ihn über 40 Jahre vor dem Zugriff der Polizei bewahrte.

Indem er konservative Strukturen und die Familientradition stärkte, bereitete Provenzano die Cosa Nostra auf eine dynamische, digitalisierte und globalisierte Wirtschaftswelt vor. Das sizilianische Element hatte und hat sich von nun an in einem politisch und international geprägten Umfeld zu bewähren. Hier verlässt man sich keineswegs allein auf die bourgeoise Mafia. Die gewaltbereite Fraktion wird weiterhin gebraucht. Seit den 1990er-Jahren fließt bei den Mafiageschäften weniger Blut und mehr Geld. Cosa-Nostra-Mitglieder haben studiert. Sie sind im doppelten Wortsinn gut betucht. Sie sind sowohl wohlhabend als auch respektabel gekleidet. Zahlreiche sizilianische Capi arbeiten heute in freien Berufen, als Bauunternehmer, Immobilienmakler, Ärzte, Anwälte, Bankiers oder Manager sowie in Politik und Verwaltung. Mafialeute mit *colletti bianchi* (weißen Kragen) haben seit Provenzano das Machtsystem infiltriert und sind untrennbar hineinverwoben. Die Verdrahtung mit den Führungskräften aus Politik, Polizei, Justiz und Wirtschaft erlaubt es ihnen, einer raffinierten bürgerlichen Wirtschaftskriminalität zu frönen. Doch wie die meisten Gesellschaften kennt auch der Staat im Staate Mafia diverse Klassen. Neben der *Upper* existiert eine *Lower*

Class. Wie einst auf den Ländereien der Gabelotti bieten die Volksmafiosi ihren bourgeoisen Brüdern ihre Schutzdienste an. Bei Bedarf drohen sie mit Gewalt oder setzen Gewalt überzeugend ein und werden dafür honoriert.

Im Interview mit der *Berliner Zeitung* berichtete der Antimafia-Staatsanwalt Roberto Scarpinato 2006 von der vertrauenswürdigen Zusammenarbeit zwischen Volks- und Bürgermafia. Dazu erzählte er aus dem Alltag des 1997 wegen Mafiadelikten verurteilten sizilianischen Chirurgen Giuseppe Guttadauro: »Nach seiner Entlassung aus dem Gefängnis haben wir ihn monatelang abgehört und festgestellt, dass am Vormittag Vertreter der palermitanischen Bourgeoisie und Politik bei ihm ein und aus gingen, um ihn um Rat zu fragen. Am Nachmittag kamen die Killer, Drogenhändler und andere Kriminelle. Er repräsentiert die typische Synthese der mafiösen Realität. Das Hirn der Mafia ist bürgerlich, ihre Schrotflinte proletarisch.«[187] Scarpinato lieferte ein weiteres Beispiel dafür, dass die einen Mafiosi die anderen brauchen: »Die zwei mächtigsten Männer der bürgerlichen Mafia der 1980er-Jahre waren Cousins. Sie gehörten zu einer der reichsten Familien Siziliens, Besitzer von Hotels, Unternehmen und so weiter; Männer mit weißen Kragen. Sie waren Mafiabosse. Sie hatten es nicht nötig, zu töten. 99 Prozent ihrer Geschäfte erledigten sie ohne Gewalt. Wenn sich ihnen aber jemand verweigerte oder sich ein Hindernis auftat, das sich nicht durch Korruption, Erpressung oder politische Einflussnahme beseitigen ließ, haben sie sich an die Volksmafia gewandt und dort einen Mord in Auftrag gegeben.«[188] Scarpinato ordnet den DC-Politiker, Andreotti-Freund und späteren Abgeordneten des Europaparlaments, Salvo Lima, der sizilianischen bürgerlichen Mafia zu – und die Corleonesi bäuerlicher Herkunft, Totò Riina und Bernardo Provenzano, den Volksmafiosi. Trotz der Lagerbildung, die sich außer an der Gewaltbereitschaft auch an Bildungs- und Einkommensunterschieden festmachen lässt, hält die Cosa Nostra als Gesamtgebilde zusammen. Begünstigt wird der Gemeinschaftscharakter durch die Durchlässigkeit zwischen den Mafiaschichten. Sprösslinge des schwarzen Flügels lassen sich besser ausbilden und nutzen ihre Chancen, auf den weißen Flügel aufzuspringen. »Die Mafia trägt heute einen weißen Kragen und ist stärker denn je. […] Dort funktioniert der Zusammenhalt eher nach dem Vorbild von Geheimgesellschaften wie den Freimaurern.«[189] Damit verwies Scarpinato 2006 auf eine neuartige, weniger rituell geprägte Art des Zusammenhalts der Borghesia mafiosa. Während deren Operationen der Wirtschaftskriminalität nahekommen, orientieren sich die weißen Mafiosi bei der Gruppenbildung stärker an bürgerlichen Männerzirkeln. In Ergänzung dazu spinnen sie nützliche Seilschaften nicht nur mit Politikern und Verwaltungsangestellten, sondern auch mit Anwälten, Wirtschaftsprüfern und Medienvertretern. »Die bürgerlichen Mafiabosse in Politik und Wirtschaft empfangen Journalisten und geben ihnen Formulierungen vor. Das Mafiabild der Medien ist ganz klar manipuliert«, beobachtete Scarpinato 2006.[190] Wie ein Konzern verfolgt die Mafia mittlerweile auch ihre eigene Pressestrategie. Die Verfilzung der sizilianischen Mafia mit Politik, Justiz, Beamten- und Unternehmertum sowie mit den Medien normalisiert sich dank der verfeinerten Vorgehensweisen bourgeoiser Mafiosi.

Angesichts der Bestechlichkeit ihrer Autoritäten verloren sizilianische Bürger nicht nur den Respekt vor ihnen. Viele nehmen sich die zweifelhaften Methoden der Politiker, Unternehmer und Kriminellen auch zum Vorbild und organisieren ihren Alltag analog. Leoluca Orlando, Palermos Bürgermeister von 1985 bis 1990, von 1993 bis 2000 und erneut seit Mai 2012, ist ein tatkräftiger, ständig unter Personenschutz stehender Mann. Er ist ein Antimafia-Kämpfer und Bekämpfer der sizilianischen Unmoral. Passenderweise vertritt er die Partei *Italia dei Valori* (Italien der Werte). Orlando will den Inselbewohnern Werte vermitteln, indem er den Wiederaufbau denkmalgeschützter Gebäude, den Erhalt von Kulturgütern sowie Bildungs- und Ausbildungsprogramme für die Jugend fördert. »Sizilien braucht einen ethischen Alphabetisierungsprozess«, erklärte Orlando 2010 gegenüber einer Journalistin der *Süddeutschen Zeitung*. Sein Vorhaben überzeugt, weil es an den Ursachen ansetzt.

Doch die Umformung der Egalhaltung eines Volkes, des sizilianischen *menefreghismo,* in ein ABC der Moral und des Rechts ist mühsam, wenn nicht unmöglich. Um eine Mentalität auszurotten und ein Umdenken oder Umfühlen einzuleiten, bedarf es mehr als politischer Hebel hier und da und eines Politikers auf einem Schleudersitz. Doch Orlando hat Palermos Stadtbild bereits ein bisschen schöner und die Überwachung von Palermos politischen und rechtlichen Prozessen etwas besser gemacht. Der Mann ist das Symbol für einen Aufbruch in Palermo. Sein Aufbäumen gegen die Unmoral und gegen das Verbrechen könnte für den Rest der Inselpolitiker und für nachfolgende Generationen Signalwirkung haben. Auch das Engagement von Personen wie Claudio Fava, dem Vizepräsidenten des Antimafia-Ausschusses im Parlament in Rom, und ermittelnder Staatsanwälte wie Nino Di Matteo stehen für einen frischen Mut, hart gegen die Mafia durchzugreifen. Ein wichtiger Schlag gelang der Staatsanwaltschaft im Dezember 2013. *La Repubblica* meldete, man habe Güter im Wert von 5 Millionen Euro und Firmen, von denen der untergetauchte Capo Matteo Messina Denaro gelebt haben soll, beschlagnahmt.[191] Bei Razzien in der westsizilianischen Provinz Trapani seien 30 Personen aus dem engen Kreis um den Chefmafioso gefasst worden. Darunter hätten sich seine Schwester Patrizia, ein Neffe und vier Cousins befunden. Der Zugriff der italienischen Polizei dürfte Messina Denaro stark schwächen. »Das war eine Botschaft an das eng verflochtene Umfeld [...]. Wenn ein Mafiaboss schon nicht mehr in der Lage ist, seine eigene Familie zu schützen, hat er seinen Kredit verloren«, zitierte der Mafiaexperte Paul Kreiner 2014 in seinem Artikel für die *Stuttgarter Zeitung* den Antimafia-Kämpfer Claudio Fava.[192] Doch damit wurde die sizilianische Mafia nicht ausgebremst. Sie unterhält Filialen in aller Welt, die zur Not eigenständig und ohne zentrale Führung funktionieren.

Staatsmafia und transnationale Mafia

Die Unterwanderung staatlicher Strukturen durch die organisierte Kriminalität ist in ganz Italien und auch in Russland, Südamerika, Afrika und bei Regierungen in Übergangsprozessen wie den Nachfolgestaaten Jugoslawiens wahrnehmbar. Die russische Mafia ist systemrelevanter Teil des neuen kapitalistischen Russlands. Mafiosi haben den Aufbau des nachsowjetischen Staates mit vorangetrieben, indem sie unter anderem Oligarchen bei der Privatisierung russischer Energiequellen unterstützten. Unter dem Schutz allerhöchster Stellen dominiert die Mafia noch heute den russischen Energiemarkt. Genutzt werden unregulierte, intransparente Märkte, um hier einzusteigen. Mafiosi profitieren bei ihren Geschäften von Führungsmängeln, Gesetzeslücken und anderen nationalen Unsicherheiten. Eine von Mafiajägern sogenannte *Staatsmafia* setzt sich in porösen Strukturen fest, bis es ihr gelingt, ganze Nationen zu kontrollieren. Im heimatlichen Italien bedienen sich Mafiosi neben ihrer Weißkragen-Politik weiterhin grober klassischer Mafiamethoden wie Gangstertum, Erpressung und Wucher. Auf internationalem Parkett treten sie leiser als zu Hause auf. Ihre Auslandsaktivitäten dienen nicht dem schnellen Aufbau von Reichtum. Italienische Mafiagruppen bemühten sich im Ausland vielmehr um das langfristige Hineinwachsen in die Produktions- und Distributionsstrukturen internationaler Ökonomien. Das stellte Europol 2013 fest.[193]

Ihre Drogen- und Schutzgeldgeschäfte schwemmen so viel Cash herbei, dass italienische Mafiosi oft nicht wissen, wohin damit. Als einzige Wirtschaftseinheit der EU hat die italienische Mafia das umgekehrte Problem anderer EU-Unternehmer. Sie besitzt zu viel Geld und zu wenige Investitionsmöglichkeiten. Die Finanzknappheit der anderen lässt sich ausnutzen. In ökonomischen Krisenzeiten fragen öffentliche und private Unternehmen Kapital nach, aber nicht zwingend auch nach dessen Herkunft. Dass die Krise Gangstern Investitionschancen verschafft, belegen deren Erfolge nicht nur im italienischen Bau-, Gesundheits- und Energiesektor. Ihr Geldvorrat erlaubt es den Mafiosi, auch Vertreter öffentlicher Einrichtungen in anderen Staaten als Italien zu bestechen und zu beeinflussen, um dann vor Ort große Kapitalmengen zu investieren. Reiche Verbrechergruppen können es sich außerdem leisten, über niedrige Preise Konkurrenten auszustechen und unrentabel zu arbeiten. Darüber gelingt es auf lange Sicht, in gewissen Märkten Monopolstellungen aufzubauen.

Dass italienische Mafiagruppen in Deutschland aktiv sind, belegten die der 'Ndrangheta zugeschriebenen sechs Morde in Duisburg im Jahr 2007. Die Cosa Nostra ist ebenfalls in Nordrhein-Westfalen vertreten. »Vor einigen Jahren lief in einer deutschen Stadt [Köln] ein Steuerstrafverfahren gegen Personen aus Agrigento, die zu maximal vier Jahren Haftstrafe verurteilt wurden. Diese Personen waren im Baugeschäft tätig. (…) [Sie] verstanden, dass es zu riskant war, in Italien ihre Geschäfte weiterzuführen. So haben sie ihre Struktur nach Deutschland verlegt. Hier haben sie mit den gleichen Methoden weitergearbeitet und sich dabei stark bereichert. Als sie in Köln angeklagt wurden, ging es um Steuerhinterziehung und ›kreative‹ Unternehmensmethoden. Das Wort Mafia wurde nicht einmal genannt. Die vier Angeklagten leisteten sich 15 Rechtsanwälte, die überreich bezahlt wurden. Sie standen einem Staatsanwalt gegenüber, der in vielen Bereichen sehr kompetent war, aber von Mafia gar nichts wusste«, berichtete der Cosa-Nostra-Spezialist Scarpinato 2011 vor Vertretern des *Bundes Deutscher Kriminalbeamter.*[194] Der Fall zeigt, wie professionell Mafiaangehörige inzwischen auch im Ausland mit dortigen Steuerberatern, Anwälten und Notaren zusammenarbeiten.

Im September 2013 erhob die Kölner Staatsanwaltschaft gegen vier Sizilianer Anklage wegen Veruntreuung und Steuerhinterziehung. Die Kölner Sonderkommission namens *Scavo*, italienisch für »Ausgrabung«, wollte ein Netzwerk aus Scheinfirmen im Bausektor aufgetan haben. Etwa 20 Strohmänner sollen diese Firmen angemeldet haben. Hier seien Scheinrechnungen erstellt und Bezahlungen entgegengenommen worden. Doch die Zahlenden hätten ihr Geld nach Einbehaltung einer bis zu 10-prozentigen Provision sofort zurückbekommen. Für Aufträge habe die nordrhein-westfälische Baumafia Schmiergelder gezahlt und dank Schwarzarbeit Leistungen zu geringen Preisen anbieten können. Öffentliche Kassen seien dabei um einige Millionen Euro erleichtert worden. Die Kölner Ermittler wussten, dass die Verdächtigen aus Süditalien stammten. Einen direkten Draht zur Cosa Nostra konnten sie ihnen aber nicht nachweisen. Die Cosa Nostra scheint ihr Know-how, ihre traditionellen Prinzipien und ihre stabilen Gruppenbeziehungen erfolgreich ins Ausland zu exportieren.

Die Cosa Nostra konzentriert sich vorwiegend auf ihre Insel. Dennoch stellt sie ausgewählten Mitgliedern ihre Struktur zur Verfügung, damit sie ins transnationale Verbrechen einsteigen können. Aus dem Schoß ihrer Heimatclique schicken Capi ihre Vertreter in ausgesuchte Länder der EU und darüber hinaus vor allem in die Vereinigten Staaten, Kanada, Südafrika und Venezuela. Auf dem europäischen Kontinent ist die Cosa Nostra außer in Italien auch in Spanien, Frankreich und Deutschland stark vertreten. Die wichtigsten Auslandsbranchen der Cosa Nostra heißen Drogenhandel und Geldwäsche. Vor Ort sondieren die Abgesandten die politische und ökonomische Lage und bauen in Anpassung an die nationalen und lokalen Bedingungen ein Wirtschaftsgefüge nach bekanntem Muster auf. Zu ihrer Unterstützung heuern sie nationale Strohmänner und Profis aus wirtschaftlichen Spezialgebieten an. Nicht selten steigen Mafiosi in hohe Positionen der Wirtschaft oder Politik eines Landes auf und erlangen hier einen gesellschaftlichen Stellenwert. Das gelingt laut Europol besonders gut jenseits von Europa.[195]

Die Mafia hat die liquiden Mittel dazu, in der Liga der finanzstärksten Weltwirtschaftsmächte mitzuspielen. Eine weltweit vernetzte Mafia kann wirtschaftlich auf einer Ebene mit internationalen Investmentbanken und großen Onlinekonzernen agieren. Derzeit scheinen weiße Mafialeute damit befasst zu sein, sich das dazu nötige Finanz-Know-how und die entsprechenden Kontakte anzueignen. Mit Finanzgeschäften begibt sich eine jeweils lokal operierende Staatsmafia auf das Terrain weit komplexerer transnationaler

Verbrechen. Eine Definition von *Transnationaler Organisierter Kriminalität* (TOK) lieferten die Vereinten Nationen (UN) im Jahr 2004 in der »United Nations Convention Against Transnational Organized Crime«.[196] Transnational organisierte Kriminalität liege vor, wenn das Verbrechen in mehr als einem Staat begangen wurde, wenn das Verbrechen in einem Staat begangen wurde, dabei aber die Vorbereitung, Planung oder Kontrolle in einem anderen Staat stattgefunden habe, wenn eine der bei einem Delikt beteiligten kriminellen Gruppierungen auch in anderen Staat aktiv ist oder wenn sich ein lokales Verbrechen erheblich auf andere Staaten auswirke. Es geht also darum, ein Delikt über mehrere Länder zu verteilen. Eine transnational agierende Mafia kann die Unterschiede zwischen den Gesetzen verschiedener Staaten gewinnbringend etwa für Finanzspekulationen oder für Geldwäsche nutzen.

»Die Mafia wendet sehr raffinierte Methoden an, um illegal beschafftes Geld zu waschen. Es wird zum Beispiel im Ausland investiert. Illegales Geld fließt durch 20 verschiedene Konten in der ganzen Welt, die auf über jeden Verdacht erhabene Strohmänner eingetragen sind. Das Geld wird nur dann investiert, wenn es gewaschen worden ist, zum Beispiel in den Immobilienmarkt. In Deutschland hat die Mafia Gesellschaften gegründet, in denen unverdächtige deutsche Strohmänner sitzen, die 50.000 bis 100.000 Euro pro Jahr bekommen, nur um ihren eigenen Namen ›auszuleihen‹«, erläuterte Scarpinato den deutschen Kriminalbeamten.[197] Gegenüber der transnationalen Kriminalität sind nationale Regierungen oft selbst auf eigenem Territorium machtlos. In einer globalisierten Wirtschaft greifen einzelstaatliche Gesetze nicht oder nur unzureichend. Für viele Branchen existiert kein internationaler Rechtsrahmen. Bei der übernationalen Gesetzesfindung gibt es ebenso Aufholbedarf wie bei der weltweiten Verbrechens- und Wirtschaftsverbrechensbekämpfung. Von mangelnden transnationalen Absprachen profitiert die Mafia genauso wie internationale Großbanken à la Goldman Sachs oder Internetgiganten à la Google. Weltwirtschaftsschwergewichte können Gesetzeslücken und -verschiedenheiten,

Währungsunterschiede oder Steueroasen ausnutzen. Dazu brauchen sie Kapital, juristische Beratung und innovatives finanzwirtschaftliches Instrumentarium. Mängel bei zwischenstaatlichen Absprachen und Gesetzen erlauben eine Reichtumsvermehrung allein durch Finanztransaktionen. Sie verhelfen der Mafia zu ihrem derzeitigen Status als aufstrebende Finanzmacht.

Die Europol-Studie »Italian Organised Crime« von 2013 berichtet von den Erfolgen länderübergreifender Kooperation bei der Strafverfolgung.[198] 2012 gelang ein Schlag gegen die weiße transnationale Cosa Nostra: Ein Meisterjongleur komplexer Finanzoperationen, der mit diversen *Capo di tutti i capi* auf Sizilien in engem Kontakt gestanden hatte, soll weltweit mit den Gewinnen diverser Famiglias spekuliert haben. Dabei habe er sich den Ruf als Geldwäscher par excellence erarbeitet. Der Capo soll Gelder im Wert von 1,5 Milliarden US-Dollar aus einer Drogentransaktion größeren Ausmaßes zwischen den USA und Europa gewaschen haben. Auf seinem Weg von Hongkong nach Südafrika wurde der Abgesandte der sizilianischen Clans 2012 in Bangkok gefasst. In einer Fußnote des Europol-Berichts wird angegeben, dass die Cosa Nostra seit Jahren Länder im südlichen und südwestlichen Afrika, darunter Angola und Namibia, als bevorzugte Geldwäscheländer ausgesucht habe.[199] Geldwäscheaktionen in diesem Ausmaß beweisen das Talent sizilianischer Mafiosi, sich neue Techniken, in dem Falle finanzwirtschaftliches Know-how, anzueignen. Der Einstieg ins internationale Finanzbusiness zeugt überdies von der Anpassungsfähigkeit der Cosa Nostra an neue ökonomische und soziale Bedingungen, von ihrem Pioniergeist und ihrem Expansionsdrang.

2013 gab Europol neben einer Studie zu den Verbrecherorganisationen Italiens eine weitere Studie über das organisierte Verbrechen innerhalb der EU heraus.[200] Darin wird berichtet, dass 30 Prozent aller organisierten Verbrechergruppen der EU polikriminell seien, sich also in mehr als einem kriminellen Sektor betätigten. 40 Prozent der Organisationen – und damit mehr als noch in den vergangenen Jahren – arbeiteten über Netzwerkstrukturen. Außerdem sei eine steigende Multinationalität der Mitglieder von Verbrecherorganisationen verzeichnet worden. In 70 Prozent aller Kriminellengruppen Europas versammelten sich Anhänger aus verschiedenen Nationen. Einem Viertel der Gruppen gehörten vor allem Mitglieder einer dominanten Nationalität an. Ebenfalls ein Viertel aller Organisationen vereinigte Mitglieder aus mehr als zwei Nationalitäten.

Tradition und Innovation

Ihre multinationalen und transnationalen Geschäfte zwingen die Mafia, ihre Organisationsstrukturen und Strategien neu zu justieren. Bereits auf ihrer Heimatinsel operierte die Cosa Nostra stets mehr als Hydra und weniger als Monolith, wodurch sie schwer zu fassen ist. Zu keinem Zeitpunkt hatte die Cosa Nostra eine Pyramidenarchitektur. Kein Cosa-Nostra-Capo hatte je die gesamte sizilianische Mafia unter seiner Kontrolle, nicht einmal so mächtige Bosse wie Totò Riina, Bernardo Provenzano oder Matteo Messina Denaro. Eine Zentralführung gab es nie, bestenfalls eine Clique mit kurzzeitiger Aufsicht über die *cupola*, die zwischen den Clans vermittelt, ohne eine feste Institution darzustellen. Zu Hause und international arbeiten sizilianische Mafiaclans mit flexiblen Hierarchien. Sie wechseln ihre Anführer. Oft werden die Clans auch von einer Doppelspitze oder einer Kerngruppe mit Mitgliedern aus nur einer Region oder Nation geführt. Die Cosa Nostra stellt ein Geflecht aus kohäsiven Gruppen dar. Diese haben tiefe lokale Wurzeln, aber offene Ränder. Ihre fest-flexiblen Führungs- und Netzstrukturen erlauben der Cosa Nostra die permanente Selbsterneuerung und haben den nützlichen Nebeneffekt der Selbstvernebelung. Die sizilianische Mafia bleibt jederzeit beweglich genug, um auf die Veränderungen in einer globalen, digitalisierten und zunehmend diffusen Welt zu reagieren.

Was für die Cosa Nostra gilt, lässt sich weitgehend auch auf die übrigen italienischen Mafiaorganisationen übertragen. Da sich Operationen mittels eines sich ständig wandelnden Systems von Allianzen beim Einstieg ins internationale Drogengeschäft bewährt haben, so die Beobachtungen von Europol 2013,[201] bedienen sich mittlerweile alle italienischen Mafiagruppen auf internationalem Parkett einer vergleichbaren Praxis. Diese Netzwerkgebilde erlauben es auch kurzfristig, Teams auf Zeit herausschneiden. Dadurch können Mafiosi parallel und projektbezogen arbeiten. Doch bewegliche Systeme sind fragil. Insbesondere auf internationaler Ebene sind sie anfällig. Sie erfordern zudem ein elaboriertes, oft zeitaufwendiges Personalauswahlverfahren. Darüber hinaus stellt die Wahl verlässlicher externer Geschäftspartner eine erhebliche Schwierigkeit dar. Bei internationalen Deals in großem Stil kooperieren italienische Mafiosi miteinander oder mit Mafia- und Gangstergruppen aus aller Welt – entweder als Partner auf gleichem Niveau oder über Subkontrakte. Sind solche kriminellen Kollaborationen erst einmal eingefädelt, sind sie relativ stabil, zumal sie allen Beteiligten praktische Vorteile bieten. So lassen sich Aufgaben fachlich und nationenbezogen aufteilen. Man informiert, hilft und schützt sich gegenseitig, lernt voneinander und kann darüber die eigene Effizienz und Effektivität verbessern. Obendrein erhalten Mafiaclans über Gleichgesinnte Zugang zu größeren Wirtschaftsvolumina. Dank übernationaler Netzwerke und Kontakte zu clanfremden Parteien eröffnen sich Chancen, den eigenen Einflussbereich zu erweitern. Mafiosi brauchen nicht nur kriminelle Kooperationspartner für ihre Geschäfte und als Frühwarnsystem. Sie sind auch abhängig von Verbündeten aus der Politik, der legalen Wirtschaft sowie von Fachberatern und *Crossovers*, Personen aus dem Zivilsektor, die mit Ehrenmännern anbandeln.

Die aktuellen und zukünftigen *Capi dei Capi* der Cosa Nostra sind mit einer Dynamik und Komplexität ihrer Umwelt konfrontiert, die ihre Vorgänger nicht kannten. Neben der Globalisierung erschweren besser denn je ausgestattete Verfolger die mafiösen Aktivitäten. Polizei und Geheimdienste nutzen modernste Abhör- und Ermittlungstechniken. Die Antimafia-Gesetze wurden verschärft und die internationale Zusammenarbeit der Ermittler verbessert sich permanent. Obwohl ein Mafiaboss wie Matteo Messina Denaro heute einen immensen Aufwand betreiben muss, um sich zu verstecken, muss er gleichzeitig seine Leute länderübergreifend zusammenhalten und steuern. Andernfalls entgleitet ihm seine verästelte, sich immer schneller transformierende Organisation. Der soziale Kitt bildet weiterhin die wichtigste Voraussetzung für die ökonomischen Erfolge der Cosa Nostra. Doch ein innerer Zusammenhalt und das Teilen von Riten, Regeln und Werten sind in internationalen Gefilden weit schwieriger zu inszenieren als im heimischen Sizilien. Der geografische, mentale und emotionale Heimatverlust lässt die bruderschaftlichen Bande von Ehrenmännern leicht porös werden. Das bedroht die Mafia von innen. Clankriege und das Ausscheren von Mitgliedern, die als Kronzeugen den Behörden zuarbeiten, stellen für die Mafia ebenso große Gefahren dar wie der Verrat durch externe Partner und die polizeiliche Verfolgung. Im Frühjahr 2013 erließ die Staatsanwaltschaft von Catania 77 Haftbefehle gegen Cosa-Nostra-Angehörige. Den Erfolg dieser Operation *Fiori Bianchi* (weiße Blumen) hatten sie vor allem den Auskünften des Ex-Capo und Pentito Santo La Causa zu verdanken. Der Fall zeigt, dass starke, vielleicht die stärksten Gefahren in den eigenen Reihen lauern. Trotzdem werden die Cosa Nostra und die anderen italienischen Mafiaorganisationen weitermachen. »Die Mafia ist den Sizilianern angeboren«, sagte kurz vor seinem Tod der Kronzeuge Tommaso Buscetta im Jahr 2000 in einem seiner letzten Interviews.[202]

Wie für legale Unternehmen stellt auch für die Mafia die globalisierte Wirtschaftswelt die wichtigste Herausforderung dar. Da bei Expansionsmanövern regional geprägte Werte sich aufzulösen drohen, wird die Cosa Nostra ihre sizilianische Tradition erhalten und sogar stärken müssen, um ihre Mitglieder an sich zu binden. Mafiosi müssen ihren Prinzipien fester denn je verhaftet sein, sich aber zugleich auf verschiedene nationale oder lokale Gepflogenheiten einlassen können. Um handlungsfähig zu bleiben und zur Tarnung wird die Mafia weiterhin wechselnde Führungscliquen bilden. Sie wird dynamischen Strategien folgen und sich auf der Basis ihrer sizilianischen (Un-)Werte immer wieder neu erfinden.

In ihrem Grad der Modernität unterscheidet sich die Mafia eklatant von der katholischen Kirche. Die Kirche bezieht ihre Stärke noch immer vorwiegend aus ihrer Traditionsverhaftung. Doch wie die Mafia müssen auch die Wirtschaftskonzerne Goldman Sachs Group und Google permanent den Spagat zwischen Tradition oder Beständigkeit und Selbsterneuerung oder Flexibilität bewältigen. Auch sie arbeiten mit teils geschlossenen, teils offenen Strukturen sowie mit agilen, projektbezogenen Organisationseinheiten. Damit versuchen sie, den Anforderungen und dem Tempo einer globalisierten, digitalisierten Wirtschaftswelt gerecht zu werden.

4
Götter der Gerissenheit: Der Kosmos von Goldman Sachs

Die Fürsten dürfen daher ihren Günstlingen nur so viel Ansehen geben; daß zwischen ihnen und dem Thron ein Zwischenraum bleibt und in der Mitte noch etwas Begehrenswertes liegt.

Der Mensch geht gern auf Wegen, die andere bahnten, und seine Handlungen sind Nachahmungen.

Niccoló Machiavelli

Goldman Sachs ist böse. Goldman Sachs ist überall. So lauteten nach der Finanzkrise die prominentesten Zuschreibungen für die meistverachtete und meistgeachtete Investmentbank der Welt. Nicht nur Kollegen, Geschäftspartner und Wettbewerber, auch kritische Bürger aus allen Teilen der Welt fasziniert die Sexyness des Bösen von Goldman Sachs. In seinem viel diskutierten Beitrag für das US-Magazin *Rolling Stone* vom Juli 2009 fand der Journalist Matt Taibbi ein Bild für dieses sogenannte Böse:

»Die weltweit mächtigste Investmentbank ist ein gigantischer Vampirtintenfisch, der sich um das Gesicht der Menschheit geschlungen hat und seine Blutsauger unerbittlich in alles rammt, das nach Geld riecht.«[203]

Vampire im Anzug

Warum haftet der 1869 in New York gegründeten multinationalen Investmentbank Goldman Sachs der Ruf an, verwerflicher als ihre Konkurrenten zu handeln? Muss Goldman Sachs etwa als Stellvertreter für den Rest der Branche herhalten? Oder spiegelt sich in dem Vorurteil vielmehr nur der Neid der Wettbewerber? »Was mich inzwischen wirklich an Goldman Sachs nervt, ist nicht, dass die Bank unmoralisch ist. Sie ist amoralisch«, vertraute ein ehemaliger Goldman-Sachs-Mitarbeiter 2012 der *Vanity-Fair*-Journalistin Bethany McLean an.[204] Goldman Sachs ist so amoralisch wie der gesamte Investmentbankingsektor. Und Finanzmärkte sind moralisch neutral, so wie alle Märkte. Nur ihre Teilnehmer können sich gierig oder gerissen und also moralisch oder unmoralisch verhalten. Als Elemente ihres (amoralischen) Systems begreifen Banker sich aber selbst in der Regel nicht als moralisches Problem. Sie machen bloß, was die Kollegen auch machen. Alle erfolgreichen Investmentbanker bedienen sich ähnlicher Geschäftspraktiken. Doch Goldman Sachs schneidet im Wettbewerb oftmals besser als die anderen ab. Bei den *League Tables*, den Rankings der Investmentbanken nach Werten wie Transaktionsvolumen oder Gebühreneinnahmen, nimmt Goldman Sachs ständig Spitzenplätze ein. 2013 erreichte Goldman Sachs Platz eins auf der Weltrangliste der Investmentbanking-Transaktionen (M&A), obwohl die Zahl der Fusionen und Übernahmen und das Finanzvolumen vor allem in Europa stark abgenommen hatten und beide Werte so niedrig waren wie zur Zeit der Finanzkrise. Bei 386 Firmenkäufen stand Goldman Sachs im Jahr 2013 entweder dem Unternehmenskäufer oder dem -verkäufer als Partner zur Seite. Die New Yorker Bank begleitete Transaktionen im Gesamtwert von 617 Milliarden US-Dollar. Damit machte sie erfolgreichere M&A-Geschäfte als die ebenfalls in den USA beheimateten Rivalen JPMorgan Chase auf dem zweiten, *Morgan Stanley* auf dem dritten und *Bank of America Merrill Lynch* auf dem vierten Platz des Rankings für Fusionen und Übernahmen von 2013.[205]

JPMorgan Chase oder Morgan Stanley verzeichnen bei den Bankenrankings in einigen Geschäftskategorien nicht selten bessere Werte als Goldman Sachs. Auch andere Banken, etwa die *Citi Bank* oder die Deutsche Bank, rangieren regelmäßig unter den *Top 10 Banks*. Neben JPMorgan Chase, Deutsche Bank oder Barclays Bank ist Goldman Sachs auch nur eine unter vielen Banken, die der internationale Finanzstabilitätsrat *Financial Stability Board* (FSB) als systemrelevant klassifiziert hat. 2012 benannte das FSB 28 Banken als *too big to fail* (zu groß zum Scheitern).[206] Diese Banken werden als so wichtig für das Funktionieren des internationalen Wirtschaftssystems erachtet, dass sie in Krisensituationen auf Kosten der Gemeinschaft zu retten wären. Man erachtet sie als zu groß und als zu vernetzt, um sie im Falle von Missmanagement scheitern zu lassen. Mitglieder des FSB sind die *Weltbank*, die *Europäische Kommission*, die *Europäische Zentralbank* (EZB) und diverse Banken aus den G20-Staaten. Der Rat überwacht das internationale Finanzsystem. Er erarbeitet und empfiehlt Maßnahmen. Von 2009 bis 2011 war der heutige EZB-Präsident Mario Draghi Vorsitzender des FSB. Auf den Posten folgte ihm Mark Carney 2011 nach. Carney ist ehemaliger Präsident der *Bank of Canada* und seit 2013 Präsident der *Bank of England*. Goldman Sachs mag im Rat des FSB eine Bank unter vielen sein. Doch etwas deutet darauf hin, dass Goldman ein wenig anders und geschickter als die Konkurrenz operiert, um sich Reichtum und Einflussreichtum zu sichern. Die beiden Vorsitzenden des FSB, Mario Draghi und Mark Carney, arbeiteten einst für Goldman Sachs. Die mächtigen Bankiers Draghi und Carney haben also die hohe Schule der Goldman'schen Bankencliquenwirtschaft absolviert.

Es gibt Gründe dafür, dass man einstigen Goldman-Sachs-Angestellten wichtige Schlüsselpositionen in der Weltpolitik und Weltwirtschaft anvertraut. Auch die Konkurrenz würdigt die Leistung von Goldman Sachs. Das belegt eine Umfrage unter US-Bankern für das Karriereportal *vault.com*.[207] Sie wählten Goldman Sachs 2014 erneut zur Bank mit dem höchsten Prestige. Seit die Vault-Liste existiert, hat nur Goldman Sachs jemals den ersten Rang, den der »Most Prestigious Bank«, eingenommen. Konkurrierende Banker sehen Goldman Sachs offenbar als ihr Vorbild an, als Benchmark, an der sie ihre eigenen Geschäftspraktiken ausrichten können. Banker aus dem Haus Goldman Sachs scheinen hoch professionell zu arbeiten.

Aber warum ist die New Yorker Bank so berüchtigt wie berühmt? Der Siegeszug von Goldman Sachs beruht auf drei Grundvoraussetzungen. Zum einen profitiert die New Yorker Investmentbank von ihrer eigenen Erfolgsgeschichte und einer Reputation, die fast mythischen Charakter besitzt. Zum zweiten folgt die Bank der klaren Mission, mehr als andere verdienen zu wollen. Der dritte Erfolgsfaktor der Bank ist ihr Personal. Die drei Faktoren Reputation, Mission und Personalwesen sind eng verbunden. Ihr Renommee und ihre Erfolge verdankt die Investmentbank der Professionalität ihrer Mitarbeiter und deren Hingabe an die Firmenmission. Das Ansehen und das hohe Zielniveau der Bank spornen die angestellten Frauen und Männer dazu an, sich ganz ihrer Bank zu verschreiben, ihr Privatleben zu opfern, ständig um die Welt zu reisen, jederzeit erreichbar zu sein und in wechselnden Teams bis zur körperlichen und geistigen Erschöpfung zu arbeiten.

Im Investmentsektor zu arbeiten gilt als cool, die Branche verspricht den Ehrgeizigsten Geld und Prestige. Einserabsolventen von den besten Hochschulen bewerben sich auch deshalb bei Investmentbanken. Sie streben in die Handelsetagen, zu den Zahlen, wo sie sich messen und vergleichen können. Hier schlagen sich Erfolge und Misserfolge unmittelbar in Kennzahlen nieder, in Geldeinheiten, Jobtiteln, Büroquadratmetern sowie in Größe und Gewicht des sozialen Netzwerks. Wer für eine Investmentbank arbeitet, kann sich einordnen und die eigene Leistung permanent taxieren. Banker kämpfen nach klaren Regeln in klarem Rahmen. Sie agieren im Sinne des Firmenzwecks, wenn sie tatsächliches oder fiktives Kapital vermehren. Sie wenden bewährte Strategien an oder konzipieren neue und erfinden bis zur Unverständlichkeit komplexe Finanzprodukte, um noch mehr Einnahmen aus noch mehr bisher unentdeckten Quellen zu saugen und dafür Boni und Anerkennungspunkte aus der Bankenclique einzuheimsen.

Banker schätzen es, unter ihresgleichen zu sein. Sie sind kompetitiv und genießen den Wettbewerb. Dabei orientieren sie sich an Kollegen, die professioneller, schneller, schlauer, vernetzter und reicher sind als sie selbst. Sie versuchen, den Besten nahe zu sein. Sie kopieren deren Auftritt und deren Vorgehen, um sie eines Tages zu übertrumpfen. Diese Erotik des Vergleichens und Angleichens befeuert das Bankenspiel, in das sich überwiegend Männer voller Lust hineinwerfen. Nach der offiziellen Arbeitszeit geht das Kräftemessen weiter. Gestandene CEOs angesehener Institutionen steigen in kindliche Miniautos und geben Gas, um Praktikanten beim Kart-Rennen zu besiegen. Wenn sie gewinnen, finden sie sich attraktiv. Anders als Vertreter anderer Berufssparten erzählen Banker Frauen oder Fremden in einer Cocktailbar stets sofort, dass sie Banker sind. Sie sind stolz darauf, in einer Haifischbranche zu arbeiten, mehr als andere zu verdienen und einer Gruppe vermeintlich Auserwählter anzugehören. Nicht wenige Banker halten sich für eine Elite oder für »Masters of the Universe«.

Goldman-Sachs-Mitarbeiter prahlen eher nicht mit Geld und Erfolg. Das 44-stöckige Bürohaus *Goldman Sachs New World Headquarters*, direkt gegenüber von *Ground Zero New York*, schlicht *West Street 200* genannt, kommt ohne Firmenschild aus. Die Namenlosigkeit der Goldman-Zentrale ist an Understatement kaum zu überbieten. Ihrer Immobilie entsprechend benehmen sich Goldman-Banker. Sie verhalten sich dezent und meiden den Kontakt zu Journalisten, Buchautoren oder Bloggern. Doch hinter verschlossenen Türen lassen sie ihrer Überheblichkeit offenbar freien Lauf. Auf den Goldman-Fluren hießen Kunden *muppets* (Deppen), verriet der einstige Goldman-Mitarbeiter Greg Smith in seinem Artikel für die *New York Times.*[208] Kredite für die ärmsten Kunden, diejenigen ohne Einkommen, Arbeit und Vermögen, nennen sie wie auch andere Investment-Banker »Ninja-Kredite«. Ninja ist die Kurzform der englischen Sentenz *no income, no job or assets.*

Goldman-Angestellten geht es nicht primär um Geld, sondern um Herausforderungen. Sie wollen ganz vorne mitspielen, wenn das Spiel besonders schnell, kompliziert und nervenaufreibend wird. Die Hochachtung, mit der Kunden und Konkurrenten die Arbeit von Goldman Sachs kommentieren, deutet darauf hin, dass diese Bank das anspruchsvolle Bankenspiel über alle Felder hinweg am besten beherrscht. Goldman-Vertreter wissen, dass sie gut sind. Dass sie sich für die Besten halten, verriet der Goldman-CEO, Lloyd Blankfein, 2009 in einem Interview für die Londoner Zeitung Sunday Times. Er ließ wissen, seine Bank verrichte »God's work« (göttliche Arbeit). Entsprechend übermenschlich lässt Blankfein sich honorieren. 2013 strich der Goldman-Chef ein Honorar von 23 Millionen US-Dollar inklusive Boni ein. Das machte ihn zum bestbezahlten Bankmanager der Welt. In Anspielung an das Blankfein-Zitat von 2009 fragte der US-Komiker Stephan Colbert im März 2012 in seiner Fernsehshow *The Colbert Report*, welchen Gott Goldman Sachs eigentlich verkörpere, einen guten Gott oder Shiva, den hinduistischen Gott der Zerstörung.[209]

Trickserteam

Sogenannte *Chinese walls* sollen den Informationsaustausch zwischen verschiedenen Unternehmensabteilungen blockieren, um Interessenkonflikte auszuschalten. Diese Mauern der Verschwiegenheit werden nicht nur bei Goldman Sachs hin und wieder im Boden versenkt. Auch andere internationale Banken oder beratende Firmen, wie Consulting- und Wirtschaftsprüfungsgesellschaften oder Anwaltskanzleien, ignorieren diese *walls* häufig. Goldman-Sachs-Vertreter neigen jedoch dazu, alle Geldabschöpfungsmöglichkeiten voll auszuschlachten. Sie sind bekannt dafür, besonders aggressiv und auf mehreren Seiten eines Deals zu spielen. Dabei helfen schon mal ein Blick über die interne chinesische Mauer oder alte Seilschaften. Bei der Fusion der Wertpapierbörse *New York Stock Exchange*

(NYSE) und der elektronischen Handelsplattform *Archipelago Holdings Inc.* im Jahr 2005 beriet Goldman Sachs gleich beide Parteien. Im Jahr zuvor, 2004, unmittelbar nach seinem Abgang bei Goldman Sachs, wurde John Thain zum CEO der NYSE ernannt. Thain war noch immer Besitzer von Goldman-Aktien im Wert von mehreren Hundert Millionen US-Dollar. Überdies hielt die Goldman Sachs Group 21 der 1366 NYSE-Sitze, die es einer Bank gegen Zahlung von 4 Millionen US-Dollar pro Sitz erlaubt, an der NYSE direkt Aktien zu handeln. Goldman gehörten über eigene Aktien außerdem 15,5 Prozent der Firma *Archipelago* und weitere Anteile – dank Aktien der Firma *General Atlantic LLC*, die ebenfalls an Archipelago beteiligt war.[210] Indem die vermittelnde Bank Goldman Sachs diese Fusion als eine Art 360-Grad-Geschäft betrieb, sprangen für sie insgesamt über 100 Millionen US-Dollar heraus. »Sie sehen Informationen, die sie bei Geschäften für ihren Kunden eingesammelt haben, als frei verfügbar für ihren eigenen Handel. (…) Sie nutzen diese Insiderinformationen, um am Markt zu handeln, und nennen das ›Managementrisiko‹. Das ist Bullshit. Das ist verdammtes Insidertrading«, kritisierte ein wütender Wettbewerber den Goldman-Deal gegenüber dem US-Journalisten William D. Cohan, der das Zitat ohne Namensnennung in sein Buch *Money and Power: How Goldman Sachs Came to Rule the World* von 2011 aufgenommen hat.[211] Nicht immer erkennen Außenstehende die *Chinese walls* bei Goldman Sachs. Doch manche Partner wollen sie übersehen, um selbst vom Insiderwissen, vom Know-how und von den Verbindungen dieser gewieften und vernetzten Bank zu profitieren.

Auch bei den Börsengängen von Onlinefirmen vor der Internetblase oder beim Handel von Hypothekenpapieren vor der Finanzkrise könnten Goldman-Banker ihr Spiel gelegentlich von mehreren Positionen aus gespielt haben. Es ist möglich, dass sie Insiderinformationen nicht allein im Sinne ihrer Kunden oder für ihre Kunden und Geschäftspartner genutzt haben, sondern auch für eigene Geschäfte. Der Chicagoer Investor Samuel Zell sprach das Goldman-Führungsduo Robert Rubin und Stephan Friedman einst direkt auf deren Vielgesichtigkeit an: »Sagen Sie mir einfach, ob Sie mein Agent oder mein Wettbewerber sind. Ich bin glücklich mit jeder Position, nur bitte nicht beide.«[212] Ein anonymer Trader, der bis um die Jahrtausendwende für Goldman arbeitete, erklärte dem Buchautor William Cohan: »Ich habe gesehen, was die ihren Kunden angetan haben. (...) Sie haben sie bestohlen, ausgeplündert, alles, was sie machen konnten.«[213] Ein namenloser Finanzierungspartner, mit dem Cohan für sein Buch sprach, bezichtigte Goldman-Vertreter der Heuchelei: »Sie sind auf ihre Art enorm mittelmäßig. (...) Sie machen alles genauso wie die meisten Firmen, sie sagen das eine und machen das andere. (...) Es liegt nicht in ihrer DNA, sich [für andere] zu engagieren. (...) Sie sind *slam-bam-thank-you-ma'am*, aber präsentieren das als verbindliche Beziehung.«[214]

Ex-Mitarbeiter, Kunden, Geschäftspartner und Konkurrenten verurteilen Goldman-Banker für ihr unfaires und rücksichtsloses Vorgehen. Doch selbst schärfste Goldman-Kritiker wollen nicht beim Namen genannt werden. Sie zeigen die Bank auch trotz offensichtlicher Vergehen nicht an. Mit den Leuten von der Prestigebank will es sich keiner verscherzen. Nicht einmal Archipelago- oder NYSE-Anwälte prozessierten, als die Goldman'schen Seitenwechsel und -sprünge bei deren Zusammenschluss bekannt wurden. »Sie holen ihre Nadelstreifen raus und schüchtern andere Leute allein dadurch ein, dass sie auftreten«,[215] erklärte ein weiterer anonymer Gesprächspartner dem Journalisten William Cohan. Goldman Sachs besitzt Geld und Macht und setzt beides ein, um mehr von beidem zu erhalten. Offenbar jagen die unbedingte Entschlossenheit und der wiederkehrende Erfolg von Goldman Sachs vielen in der Branche Angst ein. Wie schaffen es Goldman-Sachs-Banker, zugleich Ehrfurcht und Furcht bei den Profis auszulösen?

Elitezüchtung

Der gebürtige Deutsche Marcus Goldman gründete die Bank 1869 in New York. Später nahm er seinen Schwiegersohn Samuel Sachs und seinen Sohn Henry Goldman ins Geschäft auf. Doch nicht die Namensgeber der Bank, sondern deren Chef von 1930 bis zu seinem Tod 1969, Sidney Weinberg, prägte die bis heute fortwirkende Kultur von Goldman Sachs. Die Person Weinberg steht für die absolute Hingabe zur Firma. Der Schulabbrecher aus Brooklyn stieg 1907 als Hausmeisterassistent bei Goldman Sachs ein. Er arbeitete sich zum Partner, Seniorpartner und Vorstandsvorsitzenden der Bank hoch. Auf die Erfolgsschiene brachte Weinberg seine Bank nicht allein mit Know-how und Erfahrung, sondern über durchkalkuliertes Beziehungsmanagement. Mit dem US-Präsidenten Franklin D. Roosevelt war Weinberg befreundet und mit weiteren Politikern und CEOs der Vereinigten Staaten gut bekannt. Weinberg, der »Mr. Wall Street« genannt wurde, saß im Aufsichtsrat zahlreicher Blue-Chip-Firmen seiner Zeit, darunter *Sears Roebuck*, *General Electric* und *Ford Motor Company*.

Als die Bank infolge des Börsencrashs im Jahr 1929 einen Reputationsverlust erlitt, verschob Weinberg ihren Fokus vom Trading hin zum Investmentbanking. Er baute Eigenkapital auf, statt sich preisgünstig zu verschulden. Hinter *Merrill Lynch*, *Wertheim & Co.*, *Loeb, Rhoades & Co.*, *Lehman Brothers* und *Bear Stearns* stieg der einst kleine Player Goldman Sachs nach dem Zweiten Weltkrieg in die Riege der kapitalstärksten Investmentbanken auf. Heute existiert von den damaligen Goldman-Konkurrenten nur noch Merrill Lynch. Mitverantwortlich für den Nichterhalt der infolge der Finanzkrise um 2008 illiquiden Banken Lehman Brothers und Bear Stearns war der damalige US-Finanzminister Henry »Hank« Paulson. In seiner früheren Funktion als Goldman-CEO hatte Hank Paulson den NYSE-Archipelago-Deal 2005 verantwortet. Die Machtstrategien von Weinberg und Paulson illustrieren, wozu ein Goldman-Boss fähig ist.

Als Goldman Sachs 1956 den Zuschlag für den Börsengang der Ford Motor Company erhielt, den bis dahin größten IPO der Vereinigten Staaten, stieg Goldman zu einer der Top-Wall-Street-Banken auf. Weinberg netzwerkte strategisch weiter. Obwohl er als Spendensammler bislang höchst erfolgreich für die Demokratische Partei unterwegs war, sammelte er 1952 auf einmal Gelder für den Republikanerkandidaten Eisenhower ein, um 1964 wieder den Demokraten Lyndon B. Johnson zu unterstützen. Die Partei seiner Gönner interessierte Weinberg nicht. Er solidarisierte sich mit jedem, der ihm wichtige Kontakte in die US-Wirtschaft und -Politik, insbesondere ins Finanzministerium, vermitteln konnte. Weinberg lebte vor, was seine Nachfolger bei Goldman Sachs nachleben sollten. Dazu gehört das Primat der Bank vor Familie und Privatleben, permanentes Netzwerken zum Nutzen der Bank, die Fixierung auf Höchstprofite und unorthodoxes Taktieren auf mehreren Seiten einer Transaktion.

Beide Weinberg-Söhne, John L. und Sidney J. »Jim«, stiegen als Partner bei Goldman Sachs ein. Vater Sidney, »der Politiker«, gab seine Macht jedoch nicht ab. Er führte Goldman Sachs weiterhin und peitschte sein Personal Richtung Ertragswachstum. Hatten die Partner des Bankenchefs Schwierigkeiten, neben ihm zu bestehen, suchten sie sich Nischen. Walter Sachs etwa zog im Hintergrund die Fäden, indem er dafür sorgte, dass die Bank nicht mit Kartellgesetzen in Konflikte geriet. Außerdem ergänzte Sachs die Goldman-Philosophie der Gewinnfixierung um das Prinzip der Innovationsbereitschaft: »Wir haben in unserer Institution Mitglieder, die sich fast ausschließlich dem Ausloten neuer Geschäftschancen widmen, und ich würde sagen, dass es natürlich die Aufgabe der meisten unserer Partner […] ist, neue Geschäftsideen zu entwickeln oder aufzuspüren und neue Geschäfte anzukurbeln.«[216] Auch Gus Levy, Sidney Weinbergs Nachfolger als Goldman-Chef ab 1969, ergänzte die Goldman-Philosophie. Er formulierte die bis heute viel zitierte Goldman-Maxime *long-term-greedy*, die verlangt, langzeit- und nicht kurzzeitgierig zu handeln. Ihrer Langzeitfokussierung hat die Bank ihren Aufstieg trotz aller Widrigkeiten und Krisen zu verdanken.

Mit dem Harvard-Absolventen John Whitehead kam ein Marketingmann an die Firmenspitze. Mit ihm änderte sich einiges, das die Firma erneut weiterbrachte. Whitehead setzte auf Expansion und baute zu dem Zweck eine eigene Verkaufssparte auf. Dass man die Produktions- von der Distributionsabteilung trennen kann, schaute sich Whitehead bei einem Konsumgüterkonzern ab. »Nachdem er einen Verkauf getätigt hatte, setzte ein *Procter & Gamble*-Verkäufer seine Runde fort, um noch einen zu tätigen. Er hatte ein Auge auf alle seine Kunden und sorgte dafür, dass sie glücklich waren, aber nicht bis zu dem Punkt, dass er sich in die Herstellung der Seife eingemischt hätte. Wir machten dann dasselbe bei Goldman Sachs«,[217] erzählte Whitehead dem Autor des Goldman-Sachs-Porträts *Money and Power*, William Cohan. Verkaufsorientierung war ein Novum im Bankenbusiness. Der Mann aus Illinois mit dem Einser-Harvard-MBA heuerte vier besonders freundliche, kontaktfreudige Männer an und schulte sie darin, Bankprodukte bei ausgesuchten potenziellen Kunden anzupreisen. Whitehead wollte Goldman Sachs amerika- und weltweit bekannt machen. »Viele sind nie zuvor von einem Investmentbanker der Wall Street angerufen worden«,[218] erinnerte er sich. Zusätzlich zu seinem Verkaufsengagement feilte Whitehead pedantisch an der internen Firmenkultur und am Außenimage der Bank. »Die Methode, um Geschäfte an Land zu ziehen, bestand darin, glanzvoll und wichtig aufzutreten – irgendwie würde das schon den besseren Teil der Kundschaft von Investmentbanken ködern.«[219] Whitehead sah voraus, dass mit zunehmender Firmengröße die Firmenkultur erodieren kann. Um eine einheitliche Linie vorzugeben, bemühte er sich daher, Goldman Sachs ein erstklassiges Image zu verpassen. Zur Motivation der Firmenangestellten stellte er in den 1960er-Jahren zudem Ethikrichtlinien auf. Das war damals ein Unikum. Heute kann jede seriöse Institution einen solchen Wertekanon vorweisen.

Die Bank setzt noch heute auf die vierzehn »Goldman Sachs Business Principles« von John Whitehead. Damit sein Prinzipienkatalog nicht wie ein Dekalog aussah, ergänzte Whitehead seine ursprünglich zehn Leitlinien um zwei weitere. Und auch die Goldman-Anwälte fügten zwei hinzu. Den ersten Glaubenssatz, »Die Interessen unserer Kunden stehen stets an erster Stelle«, zitierte das Führungspersonal der Bank, beispielsweise der Goldman-Chef Lloyd Blankfein, nach 2008 besonders häufig. Im Zuge der Hypothekenkrise war immer wieder der Verdacht aufgekommen, Goldman ordne die Kundeninteressen den Eigeninteressen der Bank unter. Prinzip Nummer zwei definiert die Goldman-Kernwerte: »Unser Vermögen besteht aus unseren Leuten, unserem Kapital und unserer Reputation.« Dazu notierte Whitehead vor fünfzig Jahren eine hellsichtige Warnung: »Sollte einer der Werte jemals geschwächt sein, so ist der letzte am schwersten wiederherzustellen.« Neben seinen innenpolitischen Aufgaben widmete Whitehead sich überdies dem Netzwerken. Als Vertreter des Führungskomitees der Bilderberg-Konferenz und Mitglied auf der geheimen Liste des konservativen Politikforums *Council for National Policy* betrieb Whitehead aktive Image- und Kundenpflege sowie Kundenakquise.

Bei dem Whitehead'schen Katalog fällt auf, dass nur vier Prinzipien Geschäftliches betreffen. Alle übrigen kreisen um Menschen, Kunden, Mitarbeiter oder Geschäftspartner. Die wichtigsten drei Prinzipien in Bezug auf das Goldman-Personal lauten: »Wir betreiben einen außerordentlichen Aufwand, um für jeden Job die beste Person einzustellen.« »Wir legen bei allen Tätigkeiten Wert auf Teamwork.« Und: »Die Hingabe unserer Mitarbeiter an die Firma und ihr intensiver Einsatz für den Job sind stärker, als es in den meisten anderen Organisationen zu finden ist.«[220] Neben der Fokussierung auf Marketing, Personal und Reputationspflege führte der Harvard-Abgänger Whitehead bei Goldman Sachs zudem die Gewohnheit ein, den Nachwuchs fast ausschließlich an Top-Universitäten zu rekrutieren. Bis heute gehen Goldman-Sachsler bei der Personalsuche proaktiv vor. Um sich vor Fluten minderwertiger Bewerbungen zu schützen, präsentieren sie die Firma an Ivy-League-Hochschulen wie an der Harvard, Yale oder Princeton University oder sie besuchen Top-Wirtschaftshochschulen, beispielsweise in

Deutschland die privaten Hochschulen WHU – Otto Beisheim School of Management und *European Business School* (EBS), um dort Studierende zu einer Bewerbung zu ermuntern. Außerdem nutzt man Personalempfehlungen aus dem Freundes- oder Geschäftsfreundeskreis. Laterale Einstiege, das Rekrutieren von Quereinsteigern oder von ehemaligen Mitarbeitern der Konkurrenz, kommen bei Goldman Sachs selten vor. Man setzt auf die Prinzipien Bekanntschaft und Ähnlichkeit. Dennoch werden Kinder aus wohlhabenden Familien ungern eingestellt. Das offenbarte der Autorin ein Goldman-Partner aus London. Man hält diese für nicht hungrig genug, um sich im Geschäft der Geldvermehrung durchzubeißen. Statt Familienangehörige stellt Goldman Sachs aber gern ehemalige Militärangehörige ein, deren Kampfbereitschaft und Disziplin geschätzt wird.

2013 meldete das Wall-Street-kritische Finanzblog *zerohedge.com*, es sei dreimal leichter, von der Harvard University angenommen zu werden, als bei der renommiertesten Bank der Welt ein Sommerpraktikum zu ergattern.[221] Wie beim Unternehmen Google steigert auch bei Goldman Sachs ein erfolgreich absolviertes Praktikum die Chance auf ein späteres Jobangebot.

John Whitehead führte bei Goldman Sachs auch die Idee des Diversity-Managements ein. Als Anhänger der Episkopalkirche gehörte er unter den jüdischen Partnern selbst zu einer Minderheit. Offiziell bedeutet *diversity* bei Goldman Sachs seither, Mitarbeiterinnen und Mitarbeiter unabhängig von Herkunft, Hautfarbe, Geschlecht, Alter, sexueller Neigung und körperlicher Beeinträchtigung einzustellen – allein aufgrund ihrer Fähigkeiten oder Ambitionen. Der Diversity-Grundsatz wurde nicht in die vierzehn Richtlinien aufgenommen. Wie ein Aushängeschild für das Prinzip fungiert jedoch seit 2011 die Goldman-Partnerin und -Personalchefin Edith W. Cooper. Als einzige Frau, Mutter und Afroamerikanerin in der Position des *Executive Vice President* gehört sie dem elfköpfigen Goldman-Leitungsteam an. Dabei unterscheidet sich Cooper ansonsten kaum vom Rest der Goldman-Spitzencrew. Cooper hat an der Harvard University studiert und wie die anderen Mitarbeiter leistet sie an einem normalen Arbeitstag 12 Stunden für die Bank ab. Der *Forbes*-Journalistin Lisa Endlich berichtete Cooper 2007: »Von einer breiteren Perspektive aus betrachtet, weiß man, dass es Zeiten gibt, zu denen man eine phänomenale Mutter sein wird, auch wenn es am Abend oder am Wochenende ist. Aber man weiß auch, dass man, wenn man bei der Arbeit herausstechen will, 150 Prozent dessen geben muss, was man hat, die Arbeit hat nun mal zu gewissen Zeiten Priorität.«[222] In ihrem Gespräch sprach Cooper nicht einmal das Wort »ich« aus, als gebe es nur die Identität der Firma.

Dem mit Ausnahme von Cooper wenig divers gestalteten Management-Komitee der Bank steht seit 2006 der Mehr-als-150-Prozent-Mann, Lloyd Blankfein, als CEO vor. Als Vorbild in Bezug auf Hingabe für die Firma geht Blankfein allen Goldman-Mitarbeitern voran. Einem Goldman-Trader, der gerade den begehrten Partner-Status der Firma erworben hatte, vertraute Blankfein 1998 etwas Persönliches an: »Erzähle das nicht meiner Frau, aber Partner zu werden war der größte Moment meines Lebens.«[223] Der damalige Goldman-CEO, Henry »Hank« Paulson, erkannte die Leidenschaft Blankfeins für die Firma. Als er seine Nachfolge regeln wollte, boten sich ihm zwei ehrgeizige Alpha-Männer an, John Thornton und John Thain, der später zur NYSE wechselte. Beide Goldman-Führungskräfte hatten ihrem früheren Goldman-Mentor Jon Corzine die Gefolgschaft zugunsten von Paulson versagt, als Corzine einst an die Goldman-Spitze wollte. Dennoch ließ Paulson die beiden Johns auflaufen. Er bewog sie sogar zum Verlassen der Firma und erhob den Seiteneinsteiger und Aufsteiger Blankfein in den Goldman-CEO-Posten. »… er aß, schlief und trank das Geschäft und die Märkte. Er liebte sie. Er war von Natur aus schnell und sehr intelligent. […] Und ich sah, wie Lloyd immer besser und besser wurde«,[224] so Hank Paulson gegenüber dem Buchautor Cohan. Seine Begeisterung für Goldman Sachs hat Blankfein nie verhehlt. In einem Interview für den US-Fernsehkanal *CNBC* im Jahr 2012 schwärmte Blankfein: »Das ist ein fantastischer Job, er ist interessant, man lernt viele verschiedene Branchen kennen. Ich habe mit den smartesten Leuten zu tun und verhandle mit großartigen Kunden über elementare Probleme, die für die ganze Welt viele Konsequenzen haben können.«[225] Bei Goldman Sachs wird vollster Einsatz à la Blankfein erwartet. »Our people« sollen ihre Arbeit lieben und ganz darin aufgehen.

Gold-Star-Typen

Ein ausgeklügeltes Leitungs-, Leistungs- und Motivationssystem sorgt dafür, dass Mitarbeiter rund um die Uhr nur Goldman Sachs im Sinn haben. Nichts soll sie ablenken, kein Privatleben, keine Geldsorgen und keine Haushaltspflichten. Den Wäsche-Concierge, bei dem Angestellte ihre Schmutzwäsche zur Reinigung abgeben können, soll ein Goldman-Mitarbeiter erfunden haben. Zu den Führungsmaximen zählen Spitzengehälter, insbesondere für das Top-Management, das Prinzip der doppelten Führungsspitze und die Teamarbeit. Bei Goldman Sachs werden hohe Positionen selten mit einer Einzelfigur besetzt. Seit dem Tod von Gus Levy regieren die Bank in der Regel zwei Senior-Partner gemeinsam. Ab 1976 lenkten John C. Whitehead und Sidney Weinbergs Sohn John. L. Weinberg gemeinsam die Goldman-Geschicke, bis 1990 die nächste Doppelspitze aus Robert Rubin und Stephen Friedman übernahm. Solche Paare haben Vorteile, die sich für die Bank auszuzahlen scheinen. Wenn zwei Personen den Konzern leiten, ergänzen und addieren sich ihre Fähigkeiten und Talente. Zwei Personen können sowohl Repräsentationspflichten als auch Verantwortlichkeiten teilen. Ein Duo kann sich operativ ins Geschäft einbringen und gleichzeitig strategische Planungsaufgaben wahrnehmen. Man lernt voneinander, steht aber auch im Wettbewerb und spornt sich daher gegenseitig an. Der sechste Vorteil der Zweier-Führung liegt darin, dass bei einem Personalwechsel kein Vakuum entsteht.

Dass sich aber nicht jeder mit jedem paaren lässt, erfuhr man bei Goldman Sachs während der 1990er-Jahre, ausgerechnet als der

Börsengang bevorstand. Nach dem Abgang von Robert Rubin in die Politik zwang der übrig gebliebene Goldman-Chef Stephen Friedman die beiden Einzelgängertypen, Jon Corzine und Hank Paulson, in eine qualvolle Doppelführung. Anders als die Vorgängerpaare kamen sie nicht nur nicht miteinander klar. Sie fochten zudem einen mehrjährigen Machtkampf um die Alleinherrschaft aus. Daraus ging Hank Paulson 1999 als Sieger und als CEO von Goldman Sachs hervor. Obwohl sein Kontrahent Jon Corzine den Börsengang von Goldman Sachs wesentlich mit vorangetrieben und vorbereitet hatte, musste er die Firma einen Tag vor dem IPO verlassen. Jon Corzine trat als Multimillionär ab und begab sich, wie viele Goldman-Leute vor und nach ihm, in die Politik. Corzine wurde Senator und Gouverneur von New Jersey. Auch Paulson, der 1999 den Goldman-Börsengang gesteuert hatte, ging nach Verlassen der Bank 2006 direkt in die Politik. Er wechselte ins Finanzministerium. Seit 2006 führt Paulsons Nachfolger als CEO, Lloyd Blankfein, das Leitungskomitee von Goldman Sachs in einer problematischen Zweierbeziehung mit dem Goldman-President und -COO, Gary D. Cohn.

Wie die Doppelspitze wirkt auch die Teamorientierung in zwei Richtungen gleichzeitig. Einerseits helfen Teammitglieder sich untereinander. Andererseits steht im Team jeder mit jedem im Wettbewerb. Man beobachtet sich gegenseitig. Die Wachsamkeit gegenüber den anderen kann im positiven Fall in nützliche Kritik, im negativen Fall aber in gegenseitiges Ausbooten münden. Wie andere Firmen setzt auch Goldman Sachs zur Bewertung des Personals das 360-Grad-Feedback ein. Diese von der deutschen Wehrmacht entwickelte Methode fördert den Gemeinsinn und stachelt zugleich den Eigennutz an. Jährlich muss jeder Goldman-Mitarbeiter von etwa 15 höher, niedriger und gleich positionierten Kollegen Berichte über die eigene Person einholen. Darüber erreichen Arbeitgeber, was sie erreichen wollen. Sie lassen ihre Leute gegeneinander antreten, damit sie einander an Leistung übertreffen können und um festzustellen, wer im internen Wettbewerb die stärkste Kraft darstellt und sich für einen Führungsposten eignet. Zugleich sorgt das 360-Grad-Feedback dafür, dass dieser Überlebens- und Auslesekampf zivilisiert abläuft. Da wohl jeder Mitarbeiter ein positives Feedback von den Kollegen anstrebt, macht die wiederkehrende Bewertungsandrohung aus erfolgsgierigen Personen zugleich solidarische Kollegen. Während sie um ihren Vorteil kämpfen, unterstützen Mitarbeiter einander. Im Hinblick auf die kommende Bewertung informieren sie die anderen. Sie sind stets für die Anliegen der Vorgesetzten und Kollegen offen und sogar samstags nachts noch gegen 4 Uhr erreichbar, hellwach und verbindlich, wenn es der Firma dient.

Aus Nutzenerwägungen spielen alle das Zwitterspiel *Coopetition* mit. Sie verhalten sich kooperativ und zugleich kompetitiv. In einem Dienstleistungsunternehmen bedeutet besser als andere zu spielen, weder kooperativer noch kompetitiver, sondern in der Summe besser als der Rest zu spielen, um insgesamt besser bewertet zu werden. Für den Goldman-Fachmann für Unternehmenskultur, John Whitehead, gehörte zu »den Besten«, wer die Kombination aus »Köpfchen, Führungspotenzial und Ambition zu etwa gleichen Anteilen« mitbringt, berichtet der Buchautor Cohan.[226] Beim 360-Grad-Feedback zählt das Gesamtergebnis in Bezug auf das Team. Die Güte einer Arbeitskraft ergibt sich hier nur im Vergleich. Sie ist ein relativer Wert und also dynamisch, etwas unerreichbar Vages, das dennoch stets angestrebt werden muss. Genauso soll es sein. Personalleiter haben beobachtet, dass das diffuse, mehrschichtige Vergleichen untereinander Mitarbeiter anstachelt. Die 360-Grad-Berichte spiegeln die fachlichen, menschlichen und machtpolitischen Qualitäten einer Arbeitskraft wider. Anhand der Berichte können Vorgesetzte Talente entdecken, ungeeignete Mitarbeiter aussortieren sowie Personal- und Vergütungsstrategien planen.

Goldman-Sachs-Führungskräfte fordern nicht nur nicht wenig, sondern alles von ihrem Personal. Die schon häufig erzählte Geschichte von Anthony Scaramucci und 39 weiteren Neulingen in der Bank demonstriert, wie bei Goldman ohne Worte, ohne Peitsche und ohne finanzielle Sanktionen Dienstbarkeit hergestellt wird. An einem Freitag vor einem langen Wochenende im Jahr 1991 bat ein

Goldman-Partner 40 Nachwuchsmitarbeiter, sich um 17 Uhr in einem Konferenzraum einzufinden. Alle kamen, nur der Partner ließ sich nicht blicken. Es wurde 7, es wurde 8 Uhr. Niemand kümmerte sich um die Wartenden. Schließlich standen drei Kandidaten auf, da sie ins Wochenende fahren wollten. Um 22 Uhr betrat der Partner den Raum. Er ließ die Anwesenden einen Bogen unterschreiben und sagte beiläufig: »Ohne die richtige Haltung sind sie nicht die Richtigen für Goldman Sachs.« Die drei ungeduldigen Weggänger wurden in der Folgewoche gefeuert.[227]

Vier Erfolgsfaktoren kennzeichnen die Personalführung von Goldman Sachs. Die Bank setzt auf eine starke Eigenmotivation der Angestellten, auf deren Wettbewerb untereinander, auf die Wirkung von Vorbildern aus der Führungsetage und auf individuelle Personalförderung. Im Jahresbericht von 1999 beschrieb Hank Paulson die Haltung seiner Firma gegenüber dem Personal: »Wir wollen, dass Goldman Sachs ein Magnet für die allerbesten Leute der Welt ist – von frisch Graduierten hin bis zu Führungskräften. Gleichzeitig konzentrieren wir uns darauf, die vielen talentierten Leute bei uns zu fördern und unser Können zu verbessern und auszuweiten.«[228]

Mit dem Börsengang der Bank löste sich das bisherige Goldman-Führungssystem von finanziell beteiligten und verantwortlichen Goldman-Partnern auf. Hank Paulson fürchtete, dass die Erfolgskultur der Bank ohne das Partner-Prinzip verloren gehen könnte. Um einem Motivationsverlust der Führungskräfte vorzubeugen, gründete Paulson 2000 das Leadership-Institut *Pine Street*. Über Frontalunterricht, Mentoren- und Coachingprogramme sollten Firmenverantwortliche von nun an gezielt auf die Goldman-Kultur eingeschworen werden. »Unsere Leute sind das, was meine Frau Gold-Star-Typen nennt. Sie wollen den Goldstern, um beim Test eine Eins zu erhalten. (…) Den Leuten hier ist es wirklich wichtig, Dinge richtig zu machen und gut zu sein. Das macht aus uns keine schlechten Leute. Es ist nun mal unser Charakterzug«, erklärte Paulson anlässlich der Gründung der Führungsakademie. Pine Street wurde später um die *Goldman Sachs University* (GSU) ergänzt.[229]

Um die Jahrtausendwende soll Goldman Sachs außerdem eine interne Spionagetruppe aus ehemaligen Privatdetektiven und CIA-Kräften unterhalten haben. Eine sogenannte »Reputationsrisiko-Einheit« soll das Privatleben von Goldman-Neulingen auf deren Systemtauglichkeit und auf Schwachstellen hin durchleuchtet haben. Derlei intime Informationen über aktuelle und potenzielle Partner hätte die Bank jederzeit in strategische Werkzeuge umwandeln können. Ein führender Goldman-Mitarbeiter erklärte dem Journalisten William Cohan: »Das war im Grunde eine interne Polizeieinheit, die sich auch der Außenwelt annehmen würde, falls diese der Firma bedrohlich würde. So ähnlich wie ein Mob. Da war eine Aura über denen, die war ziemlich angsteinflößend.«[230] Diese Goldman-Einheit blieb von der Öffentlichkeit unbemerkt.

Goldmine Sachs

The Goldman Sachs Group Inc. erwirtschaftete 2013 einen Umsatz von 34,2 Milliarden und einen operativen Vorsteuergewinn von rund 12 Milliarden US-Dollar. Die Ergebnisse signalisieren, dass die Bank wieder in der Erfolgsspur läuft. Nach Gewinneinbußen im Kontext der europäischen Schuldenkrise um 2010 und 2011 stiegen die Umsätze und Gewinne erneut an. Rund 33.000 Personen arbeiteten 2013 für die weltweit operierende Investmentbank. Der Umsatz pro Mitarbeiter belief sich 2012 auf über 1 Million US-Dollar. Das Durchschnittsjahresgehalt bei Goldman lag Ende 2013 bei 433.000 Dollar. Noch wurde das Vorkrisenniveau von 622.000 US-Dollar 2006 nicht wieder eingeholt. Die Aktien von Goldman Sachs befinden sich zu etwa zwei Dritteln im Streubesitz. Der weltgrößte Vermögensverwalter *BlackRock Inc.*, der als »neues Goldman Sachs« oder »neue Wall-Street-Macht« gilt, gab 2010 an, rund 6,2 Prozent der Goldman-Aktien zu besitzen.[231] Der gemäß der *Forbes*-Liste von 2014 drittreichste Mann der Welt,[232] der Großinvestor Warren Buffett, kaufte Anfang Oktober 2013 ein Goldman-Aktienpaket im Wert von 2,15 Milliarden US-Dollar. Er löste damit seine auf dem Höhepunkt der Finanzkrise im Jahr 2008 mit Goldman ausgehandelte Zukaufsberechtigung ein. Mit dem Kauf wurde Buffett zum sechstgrößten externen Investor der Bank. Seine Investmentholding *Berkshire Hathaway Inc.* kontrolliert insgesamt 13,1 Millionen Anteile und damit etwa 3 Prozent von Goldman Sachs.[233] Zu den Kunden von Goldman Sachs gehören die Großkonzerne BP, Ford oder Google, außerdem Regierungen wie die USA, China oder Russland sowie institutionelle Investoren wie Banken und Versicherungen. Goldman Sachs betreut keine Privatkunden, es sei denn, sie sind *High-net-worth individuals* (HNWI), Vermögensmillionäre, die mehr als eine Million zu investieren haben.

»Ihre Mission lautet: die beste, meistverdienende und allen überlegene Bank zu sein«, sagte Goldman-Kenner und Ex-Banker William Cohan 2011 in einem Interview für das Magazin *Vanity Fair*. Einst drang aus dem Bankhaus Goldman Sachs das Diktum: »Es reicht nicht, dass wir Erfolg haben, andere müssen scheitern.«[234] Der Handel mit faulen Hypothekenpapieren im Vorfeld der Finanzkrise beruhte darauf, dass Goldman Sachs Gewinne einfuhr, weil die Gegenseite Verluste einsteckte. Verkaufen die Bankiers von Goldman Sachs Finanzinnovationen, so nutzen sie teilweise Gesetzeslücken. Stets bedienen sie sich strategischer Cliquenwirtschaft und sie sichern sich bei allen Deals gleich mehrfach ab, um reich, siegreich und ungestraft aus dem Wettbewerb hervorzugehen.

2010 warf man Goldman Sachs vor, der griechischen Regierung 2002 beim Drücken ihrer Schulden geholfen zu haben. Über ein heimliches, papierloses *Over the Counter*-Geschäft (OTC) soll Goldman Sachs einen »Devisenswap« durchgeführt und dabei die Griechenschulden um 2 Prozent und damit um rund 3 Milliarden US-Dollar gesenkt haben. Das statistische Amt der Europäischen Union Eurostat überprüft die amtlichen Statistiken europäischer Staaten. Hier war man seit Ende der 1990er-Jahre über die miesen Finanzwerte Griechenlands informiert. Ob Eurostat-Mitarbeiter überdies von Griechenlands Geschacher mit Goldman gewusst haben, bleibt im Dunkeln. Zum Zeitpunkt des Swaps war es halbwegs legal, den Goldman-Kredit nicht als solchen auszuweisen. Der Deal fiel zwischen die damals gültigen Gesetze.

Von 1994 bis 2002 leitete der ehemalige Ökonomieprofessor, der ehemalige Chefvolkswirt der *Federal Reserve Bank* in Boston, der Ex-Vizepräsident der EZB und der Ex-Kurzzeitministerpräsident von Griechenland, Loukas Papadimos, die griechische Notenbank als Gouverneur. In dieser Phase, die zugleich die Übergangszeit der griechischen Drachme zum Euro darstellte, arbeitete Papadimos mit Petros Christodoulou zusammen. Der frühere Goldman-Sachs-Banker Christodoulou arbeitete von 1998 bis 2010 für die private *National Bank of Greece* (NBG). Die Rollen von Loukas Papadimos und Petros Christodoulou beim griechischen Verschleierungsspiel sind ebenso wenig aufgeklärt wie die Frage, ob Eurostatler von den Swap-Geschäften wussten. Die US-amerikanische Zentralbank untersuchte die Geschäfte von Goldman Sachs New York in Zusammenhang mit der griechischen Schuldenreduktion. 2010 enthüllte sie interessante Verbindungen.[235] Der NBG-Banker Petros Christodoulou soll 2009 gemeinsam mit Goldman Sachs London die Gesellschaft *Titlos* gegründet haben. Sie soll dazu gedient haben, Teile des Schuldenbergs der griechischen Regierung zur Griechischen Nationalbank zu transferieren. Man nahm an, dass Goldman Sachs New York für die griechische Regierung als Beraterbank fungiert und mit den Schulden der Nation spekuliert hat.

Die Bank Goldman Sachs überlässt wenig dem Zufall, aber vieles den Teilnehmern ihres weit gespannten Netzwerks. Seit 2006 arbeitet Otmar Issing als Berater für *Goldman Sachs International.* Als Goldman-Berater gab Issing sich jedoch nicht eindeutig zu erkennen, als er im Februar 2010 seinen Kommentar zur Griechenlandkrise in der *Financial Times* platzierte.[236] Darin richtet das frühere Direktoriumsmitglied der Europäischen Zentralbank (EZB) sich entschieden gegen jede Art eines EU-Rettungsplans für Griechenland.

Kreativität bewies die Eigenhandelsabteilung von Goldman Sachs mit ihrer Auflage von »synthetischen CDOs«, *collateralized dept op-*

ligations. In CDOs werden keine hypothekengesicherten Wertpapiere, sondern allein die mit diesen verknüpften Risiken, gebündelt. Obwohl er selbst in Goldman Sachs investiert hat, nannte Warren Buffett derartige Finanzderivate »finanzielle Massenzerstörungswaffen«.[237] Chuzpe gehört dazu, die verbrieften Waffen auch noch einzusetzen. Goldman-Trader verkauften die Kreditausfallversicherungs-CDOs an ihre Kunden. Während Goldman darüber Sicherheit erzielte, bekamen die Kunden nichts als Risiken. Im Auftrag des New Yorker Hedge-Fonds-Managers John Paulson kreierten die Goldman-Mitarbeiter Fabrice Tourre und sein Boss Jonathan Egol 2007 das CDO *Abacus-2007AC1*. Der Gründer der Investmentfirma *Paulson & Co. Inc.*, nicht verwandt mit Hank Paulson, war davon überzeugt, dass die Immobilienblase in den USA platzen würde. Er half dabei, für das neue Portfolio besonders riskante Subprime-Kredite herauszusuchen, um dann auf deren Wertverfall zu spekulieren. Ab 2007 rieten Goldman-Mitarbeiter zum Kauf der Abacus-CDOs. So entfachten sie auf dem Markt einen trügerischen Hype. Der basierte auf falschen oder fehlenden Unterschriften von vorwiegend Arbeitslosen, alleinstehenden Frauen, armen oder alten Leuten unter Hypothekenverträge, die sie niemals oder nur sehr, sehr langfristig würden zurückzahlen können.

Als der Handel mit den unsicheren Hypothekenkrediten durch die Decke ging, bewerteten die Ratingagenturen *Standard & Poor's*, *Moody's* und *Fitch* diverse Produkte in dem Bereich der Hypothekenkredite mit Top-Noten. Da die drei den Weltmarkt dominierenden Agenturen mit den Informationen ihrer Kunden arbeiten und sich über ihre Kunden finanzieren, genau über die emittierenden Unternehmen, Banken oder Länder, die sie bewerten, fielen sie als warnende Instanzen aus. Dank Abo-Gebühren lief diese Cliquenfinanzwirtschaft wie geschmiert. Weil Goldman Sachs über die Anlagerisiken der Abacus-CDOs unzureichend informierte, wurde darüber nichts bekannt. So konnten die Goldman-Händler ihre Monstrositäten an gierige Kollegen in aller Welt verhökern, etwa an die niederländische *ABN Amro*, die *Royal Bank of Scotland* oder die *IKB*

Deutsche Industriebank in Düsseldorf. Parallel wetteten der Hedge-Fonds-Manager Paulson und die Bank Goldman Sachs auf deren Ausfall. Während es die toxischen Papiere anbot, sicherte sich Goldman Sachs über *Credit Default Swaps* (CDSs) bei der Versicherung *American International Group Inc.* (AIG) gegen einen Ausfall der Papiere ab. Obendrein begab sich Goldman auf die Metaebene und jonglierte als Makler mit beiden Papieren. Die Bank handelte mit faulen Kreditrisiken und mit den Versicherungen gegen diese. So strich sie entspannt und vor allen anderen sofort und krisensicher Provisionen ein.

Goldman hatte bereits abkassiert, als andere Banken und die Welt die Auswirkungen der Kreditausfälle zu spüren bekamen. »Das Nettoergebnis der Hypotheken-Abteilung 2007 war ein Rekordjahr. Bedenke die Feststellung: Geldbeträge in Rekordhöhe in einem Jahr zu verdienen, in dem alle anderen ihre Hemden verlieren«,[238] skizzierte der Goldman-Sachs-Trader Josh Birnbaum die Lage an seinem Handelsplatz. Der Chief Financial Officer (CFO) der Bank, David Viniar, hatte ab einem bestimmten Zeitpunkt auf Nummer sicher für die Bank gesetzt. Unter seiner Losung, »näher nach Hause kommen«,[239] wies er seine Trader an, die Massen an Hypothekenpapieren im Goldman-Bestand so schnell wie möglich auf den Markt zu werfen. Mit seinem Team verkaufte Birnbaum unter Hochdruck und im Höchsttempo faule CDOs an Kunden, welche die Folgen der Goldman'schen Gewinnsucht zu tragen hatten. Obwohl oder vielmehr indem Goldman Sachs über CDOs und CDSs das Finanzfiasko der Jahre 2007 bis 2009 mit ausgelöst hatte, profitierte die Bank am stärksten von der sogenannten Subprime-Krise. Alle anderen US-Institute schrieben Rekordverluste, insbesondere Bear Stearns und der Versicherer AIG, sowie europäische Banken, wie die deutsche IKB, die intensiv mit Goldman Sachs Handel getrieben hatten. Im Fiskaljahr 2007 verzeichnete Goldman Sachs mit rund 88 Milliarden US-Dollar ein immenses Umsatzplus im Vergleich zum Vorjahr. Die Bank verdiente 2007 vor Steuern 17,6 Milliarden US-Dollar und damit 3 Milliarden US-Dollar mehr als 2006. Aus dem Gewinn bediente sich die Chefetage großzügig. CEO Lloyd Blankfein erhielt 70,3 Millionen, COO Gary Cohn 72,5 Millionen und CFO David Viniar 58,5 Millionen US-Dollar.[240] Den Spiritus Rector des Abacus-Papiers, John Paulson, machte der Absturz des Immobilienmarktes, auf den er gewettet hatte, zum Multimilliardär. Paulson, der als Student der Harvard Business School einst von einem Sidney J. Weinberg/Goldman-Sachs-Stipendium profitiert hatte, wurde 2008 vom Investmentmagazin *Alpha* zum »King of Cash« gekürt. Die *Financial Times Deutschland* ernannte ihn, etwas passender, zum »Subprime-Krösus«.[241]

Der Kollateralschaden der Hypothekenpapierblase traf Banken und ihre Kunden hart. Durch den Kauf fauler Kredite sollen die Kunden der IKB und der ABN Amro zusammen über 1 Milliarde US-Dollar verloren haben. Die US-Investmentbank Lehman Brothers Inc. meldete 2008 Insolvenz an. Dank einer Risikoübernahme durch die US-amerikanische Notenbank Federal Reserve (Fed) konnte die andere ehemalige Spitzenbank The Bear Stearns Companies 2008 vom Konkurrenten JPMorgan Chase & Co. übernommen werden. Auch der US-Versicherungsriese AIG wurde 2008 von der Fed unterstützt. Mit einem Kredit von 85 Milliarden US-Dollar, bezahlt mit Steuergeldern, konnten die 16 Forderungsparteien bedient werden, die sich bei AIG gegen die Ausfälle von Hypothekenzahlungen versichert hatten. Nach der französischen *Société Générale* sahnte Goldman Sachs den höchsten Betrag ab. Goldman erhielt 14 Milliarden US-Dollar der vom Staat querfinanzierten AIG-Gelder. Goldman profitierte nicht nur direkt geschäftlich von der Finanzkrise, sondern obendrein vom Wegfall des Wettbewerbers Lehman Brothers und nochmals, als die staatlich geförderten AIG-Zahlungen überwiesen wurden.

Das Bekanntwerden der Zahlungen an Goldman Sachs verursachte 2009 einen Aufschrei in der amerikanischen Öffentlichkeit. Man raunte, Goldman sei aufgrund enger Beziehungen zur Politik besonders gut versorgt worden. Der Vorwurf der Cliquenwirtschaft ist keineswegs aus der Luft gegriffen. Während und nach der Finanzkrise saßen ehemalige Goldman-Sachs-Mitarbeiter in wichtigen Schlüsselpositionen der US-Finanzpolitik.

2008 stand der einstige Goldman-CEO Hank Paulson dem Finanzministerium vor und bekämpfte die Folgen der Krise von hier aus. Steve Friedman, ehemaliges Vorstandsmitglied von Goldman Sachs, saß 2008 im Vorstand der New Yorker Dependance der Fed. Der Ex-Goldman-Partner Josh Bolten, der Hank Paulson ins Finanzministerium geholt und ihn dem US-Präsidenten George W. Bush vorgestellt hatte, fungierte damals als Bushs Generalstabschef. Die britische Zeitung *The Sunday Times* schrieb 2009, Goldman Sachs sei »der beste Bankautomat, den der globale Kapitalismus je hervorgebracht hat, und, wie einige sagen, eine politische Kraft, die mächtiger als Regierungen ist«.[242]

Beim brutalen Goldman-Hockey auf den Subprime-Märkten verlor außerdem eine Einzelperson, Fabrice Tourre. Im Frühjahr 2010 erreichte die Bank Goldman Sachs und ihren aus Frankreich stammenden Angestellten Fabrice Tourre eine Anklage der US-Börsenaufsicht *United States Securities and Exchange Commission* (SEC). Die SEC vermutete Verstöße gegen das Wertpapiergesetz. Tourres Vorgesetzter Jonathan Egol und andere, ebenfalls ins Hypothekengeschäft involvierte Goldman-Kollegen konnten ihre Köpfe aus der Schlinge ziehen. Die beiden Super-Verkäufer an Tourres Seite, Josh Birnbaum und Daniel Sparks, verließen Goldman Sachs ohne offizielle Begründung. Jonathan Egol blieb bei der Bank. 2011 soll er sich ein 8-Zimmer-Appartement mit Blick auf den New Yorker Central Park geleistet haben. Allein der aus Frankreich stammende 31-jährige Fabrice Tourre musste sich für die Goldman-Fehltritte verantworten. Die Bank hat ihr Personal stets mit allen Mitteln gegen die Justiz verteidigt, sie aus gerichtlichen Verfahren herausgekauft oder anders vor Schuldzusprechungen bewahrt und so ihr Gelöbnis der Teamorientierung eingelöst. Im Falle von Fabrice Tourre übernahm die Bank zwar die Anwaltskosten für ihren Angestellten. Doch gleichzeitig ließen Goldman-Kollegen offenbar die Mails von Tourre an seine Freundin ins Englische übersetzen und den Behörden zukommen. Tourre musste daher vor Gericht erklären, warum er sich seiner Freundin, die bei Goldman Sachs in London arbeitete, gegenüber »als fabelhafter Fab, einzig Überlebender der Krise«[243] präsentiert hatte, während er seinen Kunden zugleich riskante Hypothekeninvestments empfahl. Gefragt wurde Tourre auch, wieso er der jungen Frau geschrieben habe, die von ihm verkauften Papiere seien »wie Frankenstein, der sich gegen seinen Erfinder wendet«. Im Sommer 2013 wurde »Fabulous Fab« dafür für schuldig erklärt, dass er seinen Wertpapierkunden elementare Informationen verschwiegen hatte. Als Tourre 2014 zu einer Geldstrafe von über 825.000 US-Dollar verurteilt wurde, hatte Goldman Sachs sich längst, schon Mitte 2010, mit 550 Millionen US-Dollar von allen weiteren Vorwürfen des Wertpapierbetrugs freigekauft. Dank der schnellen, hierarchieübergreifenden Informationsflüsse in der Bank Goldman Sachs würde es verwundern, wäre höhergestelltes Goldman-Personal nicht stets über die Grundzüge und das Ausmaß der Geschäfte von Tourre und Co. im Bilde gewesen. So dürfte auch die SEC denken. Dennoch ließ die SEC die Verantwortlichen im Hintergrund laufen. Sie verhängten über Goldman Sachs allerdings die höchste Geldstrafe, welche die Kommission jemals einer Bank auferlegt hatte, und setzten damit ein Warnzeichen.

Was ist von der Entscheidung des Goldman-Managements zu halten, der Öffentlichkeit ein Bauernopfer zum Fraß vorzuwerfen und sich selbst freizukaufen? Wurde damit der Abschied von klassischen Goldman-Prinzipien wie Loyalität und Teamgeist eingeläutet? Offensichtlich konnte die Leitung von Goldman Sachs ihre dezente Omertà-Linie im Umgang mit Vertretern der Medien oder Behörden seit dem Weltfinanzdebakel nicht länger aufrechterhalten. Möglicherweise wollte sie der Öffentlichkeit mit Fabrice Tourre einen Schuldigen liefern, da Journalisten und Kritiker nun damit begannen, die dunklen Seiten der Prestigebank auszuleuchten. Goldman Sachs geriet ins Rampenlicht. Die Bank wurde zur Metapher für alle Übel der Finanzkrise.

Auf einmal war eingetreten, was John Whitehead als gefährlichste

Erschütterung vorausgeahnt hatte. Der Ruf der Bank war angekratzt. Goldman Sachs stand dafür am Pranger, die weltweite Krise über unfaire Geschäfte mit verursacht zu haben. In dieser Zwangslage brach der CEO der Bank, Lloyd Blankfein, mit der Goldman-Tradition, die Medien zu meiden. Blankfein stellte sich der Presse und trat vor laufende Kameras. In Interviews und gerichtlichen Anhörungen beteuerte Blankfein, dass seine Bank die Kunden und die Kundenwünsche in den Mittelpunkt des Tagesgeschäfts stelle. Goldman Sachs wolle »in Dingen wie Ethik führend sein, darin, Kunden an die allererste Stelle zu setzen. […] Wir wollen nicht, dass die Leute Goldman Sachs o.k. finden. Wir wollen, dass sie damit prahlen, dass sie ihre Konten bei Goldman Sachs haben«,[244] versicherte der Goldman-CEO 2010 in einem Interview für das *Wallstreet Journal*. Blankfein, wegen seiner Schlagfertigkeit »das Messer« genannt, erklärte 2012 bei CNBC, Goldman Sachs »hätte seine Kunden nicht, wären wir anti-Kunden«.[245] Einem ermittelnden Senatskomitee erklärte Blankfein 2010 allerdings auch, Kunden hätten Goldman Sachs beauftragt, Risiken einzugehen, »und das haben sie jetzt davon«.[246] Auf die Frage, ob die Bank ihren Kunden ein Produkt verkauft hätte, das auf ein Scheitern hin gestaltet worden sei, konterte Blankfein: »Es wäre für uns unakzeptabel, ein Investitionspapier zu gestalten, das irgendjemanden im Markt scheitern ließe.«[247] Zwei Jahre später, im Fernsehinterview für CNBC, klang Blankfein dann wieder ganz nach sich selbst und wie vor der Krise: »Nicht die Konflikte, sondern wie man die Konflikte managt, verrät die Qualität und den Charakter. Ich denke, wir waren ziemlich gut darin.«[248]

Von Blankfein hörte man kein Eingeständnis, keine Entschuldigung, nur den Rückzug auf die Position, seine Bank habe alles getan, um Kundenwünsche zu befriedigen. Der Goldman-Nimbus soll ein Magnet sein und bleiben. Er soll Kunden und Kapital gleichermaßen anziehen. Deshalb bemühte sich Blankfein um Schadensbegrenzung und schwor seine Kollegen auf äußerste Zurückhaltung ein. Es galt, den von allen Goldman-Werten am schwersten wiederherzustellenden Wert, das Renommee als Prestigebank, zu verteidigen. Um die konzerneigene Cliquenwirtschaft zu schützen, zahlte man hohe Millionensummen und bediente sich einer Klaviatur rhetorischer Taktiken. Man verschwieg, stritt ab, verwies auf Dritte und verdrehte die Fakten. Auch die Vertreter konkurrierender Investmentbanken hielten sich mit übler Nachrede zurück. Sie hüteten sich, den Primus Goldman Sachs anzuschwärzen. Der Imageschaden einer Bank könnte schließlich der gesamten Branche, somit auch ihnen, schaden. Daher sah die Konkurrenz kommentarlos zu, als Goldman einmal mehr gewann, die anderen übertrumpfte und ungeschoren davonkam.

Government Sachs

Unternehmen, Regierungen und Banken aller Länder hängen am Tropf der internationalen Investmentbanken, die Geld leihen und verleihen. Das zeigte sich spätestens 2008, als die Finanzkrise in eine Wirtschaftskrise umschlug. Banken kontrollieren die Finanzflüsse und bestimmen darüber das Geschick der Wirtschaft, Politik und Gesellschaft weltweit. Die Führungskräfte der 13 größten Investmentbanken sind einflussreich. Aber keine anderen Banker nutzen ihren Einfluss so effektiv wie ehemalige oder aktuelle Angestellte von Goldman Sachs. Goldman-Sachs-Vertreter haben wirtschaftliche und politische Macht und ein gewichtiges Netzwerk. Das Netzwerk von Goldman Sachs unterscheidet diese Bank von anderen systemrelevanten Banken. Goldman Sachs verlässt sich ungern auf Externe. Dazu besteht auch kein Grund. Für ihren Machtfeldzug kann die Bank auf Eigengewächse zurückgreifen. Sobald Goldman-Mitarbeitern der Bankjob zur Routine wird und sie ermüdet, weil das Bankkonto überläuft, der Sinn darin verschwimmt oder kein Aufstieg mehr möglich ist, suchen sich einige von ihnen neue Herausforderungen. Sie nehmen schlechter bezahlte Positionen anderswo an, um sich in neuen Gefilden zu bewähren, in einer anderen Firma, in einer anderen Wirtschaftsbranche, im Bereich Wohltätigkeit oder in der Politik. Manche Goldman-Sachsler haben den Willen und das Talent dazu, sich politisch zu betätigen. Von der Investmentbank aus navigieren sich ehemalige Goldman-Mitarbeiter bis an die Spitzen internationaler Konzerne oder der internationalen Politik. Dabei verlassen Ehemalige ihre Bank niemals ganz. »Leute, die aufgrund anderer wirtschaftlicher Tätigkeiten weiterziehen, identifizieren sich häufig noch lange nach Verlassen der Firma damit, einst Goldman-Sachs-Angestellte gewesen zu sein. Ehemalige macht es sehr stolz, einmal hier gearbeitet zu haben«, erklärte Lloyd Blankfein anlässlich der Eröffnung der Goldman-Kaderschmiede Pine Street. Heraus klingt sein eigener Stolz auf die Strahlkraft des Goldman'schen Glorienscheins. Als CEO profitiert Blankfein vom Glanz der Bank und davon, dass der EZB-Chef Mario Draghi und andere ehemalige Goldman-Sachsler nur einen Anruf entfernt sind. Über ihr Wirtschaftswissen, ihre Marktkenntnis, ihr Kapital und ihre Kontakte bahnen Goldman-Leute sich den direkten Zugang zur Machtelite der Welt. Nicht nur Kunden wissen das Potenzial der Investmentbank zu schätzen. Auch Konkurrenten, Konzernmanager oder Politiker nehmen die Dienste der Goldman Sachs Group in Anspruch. »Goldman Sachs anzupissen wäre, wie sich herausgestellt hat, schlecht fürs Geschäft«,[249] schreibt William Cohan in seinem Buch *Money and Power* von 2012. Nur jemand mit der Geschichte, Finanzkraft und Unabhängigkeit eines Rothschilds erlaubt es sich, Goldman Sachs abzusnobben. Der Vorstandsvorsitzende der Bankenholding *Rothschilds Continuation Holdings AG* und der Bank *N M Rothschild & Sons Limited*, Baron David de Rothschild, verriet 2012 in einem Interview für das *Manager Magazin*, er frage zu allererst: »Bist du ein Mensch or not?. (…) Ich habe einfach keine Lust, mit Leuten zu arbeiten, die unangenehm sind.«[250]

Mit den härtesten Bandagen kämpfen Goldman-Sachs-Mitarbeiter, wenn Geld oder Macht locken. Für ihre Partner agieren sie nicht immer berechenbar. Aber Vertreter der Wirtschaft und der Politik, Kunden, Konkurrenten, Aufseher oder Gesetzeshüter respektieren Goldman Sachsler. Geht es um ein internationales Finanzgeschäft in großem Umfang, scheint heute kaum ein Konzern, eine Regierung oder eine öffentliche Institution um die New Yorker Investmentbank herumzukommen. Vermutlich kooperieren sie weniger aus Sportsgeist und Vergnügen als aus Notwendigkeit mit Goldman Sachs.

Meister der Cliquenwirtschaft

Der Goldman-Präsident der 1930er-Jahre, Sydney Weinberg, war ein Meister der strategischen Cliquenwirtschaft. Er unterhielt enge Beziehungen zu Politikern, die der Bank zuträglich waren. Zu den mächtigsten Personen baute er besonders enge Bande auf. Als freiwilliger Helfer des *Democratic Party's National Campaign Finance Committee* wirbelte Weinberg in den Kreisen wohlhabender Leute herum und brachte mehr Geld zusammen als jedes andere Mitglied des demokratischen Spendenkomitees. Als 1933 Franklin D. Roosevelt zum US-Präsidenten gewählt wurde, beauftragte dieser seinen Freund Weinberg mit der Zusammenstellung eines Beraterstabs aus CEOs. Dieser Brückenclub zwischen der US-amerikanischen Wirtschaft und Politik sollte den Präsidenten bei seinem *New Deal*, einer Reihe umwälzender Sozial- und Wirtschaftsreformen, unterstützen. Damit schuf sich der Goldman-Sachs-Chef Sydney Weinberg zugleich ein Einfallstor in die Politik.

Auch die Karriere von Robert Rubin ist die eines Vorzeige-Goldman-Sachs-Mitarbeiters. Der Mann aus New York schloss sein Wirtschaftsstudium am Harvard College mit Prädikat ab. Er besuchte anschließend die Harvard Law School, sammelte internationale Erfahrungen beim Studium an der London School of Economics, um dann an einer weiteren Ivy-League-Uni, an der Yale Law School, sein juristisches Examen abzulegen. Von einer New Yorker Anwaltskanzlei aus wechselte er 1966 als 28-Jähriger zu Goldman Sachs. Vier Jahre später, 1971, wurde Rubin Partner und 1980 ins Management-Komitee der Bank berufen. 1987 machte man Robert Rubin zum COO der Bank. Ab 1990 lenkte er Goldman Sachs als Co-Chairman and Co-Senior-Partner im Duett mit Stephen Friedman. 1993 ging

Rubin, im noch immer vielversprechenden Alter von 55 Jahren, in die Politik. Den Weg dahin ebneten ihm seine Seilschaften und sein zehnjähriges Engagement für führende demokratische Politiker parallel zu seiner Arbeit für Goldman Sachs.

Als Boss von Goldman Sachs förderte Rubin einen jungen Goldman-Trader, den Harvard-Law-School-Abbrecher Jacob Goldfield, den er für brillant hielt. Über Goldfield lernte Rubin 1986 den Harvard-Wirtschaftsprofessor Lawrence Summers kennen. Bis 1983 hatte der Demokrat Summers Ronald Reagans erstem *Council of Economic Advisers* (CEA) als Wirtschaftsberater angehört. Zwischen 1991 und 1993 fungierte er als Chefökonom der Weltbank. Rubin gewann den gut vernetzten Ausnahme-Ökonomen als Berater für Goldman Sachs. Larry Summers' und Robert Rubins Kollege bei Goldman Sachs, der einstige US-Finanzminister Henry Fowler, waren beide Demokraten wie Rubin. Sie weckten Rubins Interesse an der Politik. Politiker hatten umgekehrt ein Interesse an Rubin. Als Bankier bei Goldman Sachs hatte er Zugang zu den hohen Finanzsummen, die Politiker für ihre Kandidaturen benötigten. Deshalb gehört es in den USA zum politischen Procedere, dass ein Präsidentschaftskandidat bei gut vernetzten Konzernvorständen à la Robert Rubin vorspricht. Nach dieser Art Schaulauf können Wirtschaftsmagnaten sich dann überlegen, wen sie mit ihren Sponsoraktivitäten unterstützen wollen. Unter den demokratischen Präsidentschaftsanwärtern suchte sich Robert Rubin 1984 Walter Mondale aus. Der Goldman-Banker Rubin versorgte den Demokraten mit ökonomischem Rat und mit Wahlkampfgeldern von Geschäftspartnern und -freunden. Dass Mondale gegen Ronald Reagan verlor, wird kaum an Rubin gelegen haben. »Bob ist die fähigste Person, die ich je getroffen habe«,[251] erinnerte sich Walter Mondale. Vier Jahre später setzte sich Rubin zusammen mit Summers als Politikberater und Geldeintreiber für den demokratischen Kandidaten Michael Dukakis ein. Auch er verlor den Wahlkampf. 1992 entschied Rubin sich nach mehreren Begegnungen mit demokratischen Kandidaten für Bill Clinton. Diesmal zeigte Rubins Kampagneneinsatz Erfolg.

Bill Clinton wurde 1993 zum Präsidenten der Vereinigten Staaten vereidigt.

Clinton überzeugte den Noch-Co-Chairman und Co-Senior-Partner von Goldman Sachs schließlich davon, die Bank zugunsten der Politik zu verlassen. Nach 26 Jahren bei Goldman Sachs ging Rubin als reicher Mann. Clinton ernannte Rubin zu seinem Assistenten für wirtschaftliche Angelegenheiten und zum Chef seines neu eingerichteten *National Economic Council* (NEC) (Nationales ökonomisches Komitee). Als Finanzminister von 1995 bis 1999 betrieb Rubin eine Wirtschaftspolitik, die auf ein ausgeglichenes Staatsbudget abzielte und später *Rubinomics* getauft wurde. 2009 wurde Robert Rubin auch in den wirtschaftspolitischen Beraterkreis des demokratischen Präsidenten Barack Obama aufgenommen. »Einige mögen die Oper, andere Basketball. Ich mag Politikkonzepte und Politik«,[252] erläuterte der ehemalige Leiter von Goldman Sachs Rubin sein Politikengagement. Dennoch gab er selbst zu, wie sehr er sich als Goldman-Mann empfand. In einem Abschiedsmeeting mit seinem Ko-Geschäftsführer Stephen Friedman und anderen Goldman-Partnern bekannte Robert Rubin: »Ich realisiere immer mehr – normalerweise bin ich keine besonders emotionale Person –, wie viel mir Goldman Sachs und seine Leute bedeutet haben.« Im Hause Goldman Sachs wurde Rubins Weggang sehr bedauert. »Das war eine außergewöhnliche Partnerschaft. (…) Ich werde ihn sehr vermissen«,[253] entgegnete damals Stephen Friedman. Nicht immer meint ein Goldman-Sachsler einen Abschiedssatz so ehrlich wie Friedman. Normalerweise dient er der langfristigen Bindung an die Firma. Man sichert sich darüber die Loyalität eines Ex-Goldman-Angestellten, der womöglich in politische oder wirtschaftliche Top-Positionen weiterzieht. Kein Ehemaliger wird vollständig aus der Bank entlassen, nicht einmal der Hypothekenpapier-Jongleur Daniel Sparks oder der von Hank Paulson an eine Hochschule in Peking abgeschobene CEO-Anwärter John Thornton. Als diese Männer die Bank verließen, rief man ihnen die standardisierte, gleichwohl verbindliche Formel hinterher: »Er wird vermisst werden.«

Doch zum Vermissen kommt man bei Goldman Sachs gar nicht. Ehemalige Angestellte bleiben ideell mit der Bank verhaftet oder werden über Beraterverträge dauerhaft an Goldman Sachs gebunden, so wie John Thornton.

Goldman'sche Drehtürgänger

Anders als (noch) in Deutschland ist es in den USA geläufig, zwischen der Privatwirtschaft und öffentlichen Ämtern hin und her zu wechseln. Die Drehtüren sind ständig in Bewegung, insbesondere für gut verdrahtete Goldman-Sachsler. So übernahm der Verfasser der Goldman-Prinzipien, der einstige Co-Chairman und Co-Senior-Partner der Bank John Whitehead, 1985 unter Ronald Reagan den Posten des US-Vizeaußenministers. Das Mitglied der Atlantik-Brücke Joshua »Josh« Bolten, der fünf Jahre lang bei Goldman Sachs als Rechtsspezialist gearbeitet hatte, ging 2001 in die Politik. Unter Präsident George W. Bush fungierte der Republikaner Bolton als Stabschef des Weißen Hauses und leitete zwischen 2003 und 2006 Bushs Haushaltsbehörde. In diesem Zeitraum fädelte er ein heimliches Treffen zwischen seinem derzeitigen Chef George Bush und seinem Ex-Chef bei Goldman Sachs, Hank Paulson, ein.

Der Republikaner Henry »Hank« Paulson hatte eine ähnlich stringente Karriere wie Robert Rubin vorzuweisen. Als Harvard-Student hat er sich außerordentliche Verdienste als studentischer Ringkämpfer und Footballspieler und als Forscher erworben. So wie die ehemaligen Goldman-Mitarbeiter Robert Rubin, Jon Corzine und Robert Zoellick, wie US-Präsident Bill Clinton oder der Fed-Chef Ben Bernanke, wurde auch Paulson in den renommierten Akademikerzirkel *Phi Beta Kappa* aufgenommen. Dem Chinakenner, der es zum Goldman-CEO gebracht hatte, bot George W. Bush den Posten als US-Finanzminister an. 2006 ließ Paulson sich als solcher vereidigen. Zwei Jahre später hatte der Ex-Banker Hank Paulson über das Leben und Sterben amerikanischer Finanzinstitutionen zu entscheiden. Zusammen mit dem Fed-Vorsitzenden Ben Bernanke und dem Vorsitzenden der New Yorker Fed, Paulsons späterem Nachfolger als Finanzminister, Timothy Geithner, beschloss Paulson im September 2008 unter anderem darüber, ob der CEO von Lehman Brothers, Richard »Dick« Fuld, staatliches Rettungsgeld für seine Bank bekommen sollte oder nicht. Aufgrund hoher Investments im Subprime-Sektor war Lehman Brothers, ein Konkurrent von Goldman Sachs, hoch verschuldet. Trotz der Rivalität mit dem auch »Gorilla« genannten Lehman-Boss, Dick Fuld, dürfte es Paulson keineswegs leichtgefallen sein, Lehman Brothers untergehen zu lassen. Ein *yes or no* in puncto Lehman würde nicht nur die Bankenwelt, sondern die Weltwirtschaft beeinflussen, doch inwieweit, war unklar. Selbst ein Spitzenfinanztrio wie Paulson, Geithner und Bernanke konnte die Auswirkungen einer Lehman-Insolvenz nicht voraussehen. Zu viele Unwägbarkeiten waren im Spiel. Vor seiner Entscheidung wird Finanzminister Paulson gebetet haben. Als Anhänger der Glaubenslehre *Christian Scientists* verlässt er sich sogar im Krankheitsfall nicht auf Medikamente oder ärztliche Hilfe, sondern auf sein Bewusstsein und das Gebet. Während der Entscheidungsfindung über die Zukunft krisengeschädigter US-Finanzfirmen verließ Paulson sich außerdem auf seine Vertrauten von Goldman Sachs. Im Finanzministerium saßen um ihn herum die ehemaligen Goldman-Mitarbeiter Neel Kashkari, Dan Jester, Steve Shafran, Edward Forst, Robert K. Steel und kurzeitig auch Reuben Jeffrey. Sie berieten ihren Ex-Chef und Jetzt-Chef Paulson beim Umgang mit den von der Hypothekenkrise gebeutelten Konzernen.

Am 14. September 2008 war klar, dass keine Privatbank Lehman unterstützen wollte. Auch das Finanzministerium und die Fed boten keine Geldspritzen an. Am Tag darauf meldete Lehman Brothers Insolvenz an. Während das Trio Bernanke, Geithner und Paulson zusah, wie Lehman pleiteging, unterstützte man die Bank Bear Stearns, die Hypothekenbanken Fannie Mae und Freddie Mac sowie die Versicherung AIG mit Milliardensummen aus dem Staatshaushalt. An die Finanzhilfen waren allerdings hohe Auflagen geknüpft. AIG wurde zu hohen Strafzinsen von 14 Prozent verpflichtet und dazu, sämtlichen Kundenverträgen nachzukommen. Von der Regelung profitierte, wie oben beschrieben, besonders Paulsons ehemaliger Arbeitgeber Goldman Sachs. 2009 deckte die *New York Times* auf, dass Hank Paulson sich während der AIG-Rettungsphase mit vielen Wall-Street-Bankern beraten hat.Seine Kalendereinträge bewiesen, dass Paulson mit keinem so häufig gesprochen hatte wie mit seinem Nachfolger bei Goldman Sachs, dem CEO Lloyd Blankfein. 24 Mal sollen die beiden sich ausgetauscht haben, allein am 17. September 2008 fünfmal. Das war der Tag, nachdem die Fed der Versicherung AIG ein Sofortdarlehen über 85 Milliarden US-Dollar zugesagt hatte, das später auf 123 Milliarden aufgestockt wurde.[254] Diese Zahlung war die größte Staatsrettung eines Privatunternehmens in der Geschichte der Vereinigten Staaten. Dank des Hilfsbeschlusses der Verantwortlichen erhielt Goldman Sachs von AIG eine Summe in Milliardenhöhe. Die Goldman-Seilschaft hat sich finanziell ausgezahlt. Für alle sichtbar war das Vertrauen in Goldman Sachs nach der Krise komplett wiederhergestellt, als Warren Buffett der Bank Ende September 2008 einen Kredit über 5 Milliarden US-Dollar gewährte. Für sein Engagement ließ Buffett sich Zukaufsmöglichkeiten von 43,5 Millionen Goldman-Aktien oder einen 9-prozentigen Anteil zum Bezugspreis von (nur) 115 US-Dollar pro Aktie zusichern. Lange nachdem Goldman Sachs die Zinsschuld bei Buffett beglichen hatte, zog dieser 2013 seinen Vertragsjoker und erwarb zum günstigen Preis Goldman-Anteile.

2008 gelang es Henry Paulson, den Manager Ed Liddy, den er 2003 in den Aufsichtsrat von Goldman Sachs geholt hatte, als CEO von AIG zu installieren. Damit schaffte sich auch Paulson einen Joker. Die von Blankfein behauptete »göttliche Arbeit« verrichtete Mitte September 2008 der Ex-Goldman in seiner späteren Funktion als US-Finanzminister. Hank Paulson hielt 2008 nicht nur die wirtschaftliche Zukunft des eigenen Landes in der Hand, sondern auch die von Banken und Bankkunden in aller Welt. Ob er wollte oder nicht, Paulson musste für die Wirtschaftswelt Gott spielen. Im Vertrauen auf die eigene Einsicht und die seiner Ratgeber entschied

Paulson sich dafür, Lehman Brothers sterben und andere Pleitiers leben zu lassen. In solchen Momenten geht die Firmenphilosophie von Goldman Sachs auf. Ein Goldman sitzt im Cockpit. Er hört sich die Meinung Dritter an, vor allem die eng vertrauter Fachleute. Er gibt sich konziliant und lernfähig, überzeugt aber letztlich alle anderen von der richtigen allgemeinen Flughöhe und Flugrichtung. Als US-Politiker bewies Hank Paulson, dass ein Goldman-Sachs-Mann in die Rolle des Weltwirtschafts-Sheriffs gelangen und sich darin bewähren kann. Doch dazu brauchte er eine bewährte Entourage, Leute, die ihr Handwerk beherrschen und seine Sprache sprechen.

Ein weiteres Beispiel für einen Goldman'schen Drehtürgänger ist Gary Gensler. 1978 kam er zu Goldman Sachs und blieb 18 Jahre. Im Alter von 30 wurde Gensler zum damals jüngsten Goldman-Partner ernannt. Lange vor Hank Paulsons Zeit als Finanzminister bekleidete der ehemalige Goldman-Sachs-Mann Gensler ab 1997 hohe Posten im Finanzministerium. Seit 2009 leitet Gary Gensler mit der *Commodity Futures Trading Commission* (*CFTC*) die US-Behörde, welche die Future- und Optionsmärkte in den USA reguliert. Gensler hat sich von Goldman Sachs so weit abgenabelt, dass er als CFTC-Chef zum harten Verfechter strenger Regeln für Investmentbanken geworden ist. Es kann keinesfalls behauptet werden, alle ehemaligen Goldman-Sachs-Angestellten seien lebenslängliche Marionetten der Bank. Viele weitere einstige Goldman-Leute nehmen Einfluss auf die US-Finanzwirtschaft, etwa als Präsidentenberater in der Runde des National Economic Council (NEC), in der schon Robert Rubin saß. Für NEC arbeitete von 2009 bis 2011 zum Beispiel die Ex-Goldman-Frau Diana Farrell unter Lawrence Summers, bevor sie von da zurück in die Privatwirtschaft, zu McKinsey & Company, wechselte. Auch Steven Elmendorf arbeitete für Goldman Sachs, bevor er die Politik für sich entdeckte. Für den demokratischen Präsidentschaftsanwärter John Kerry fungierte Elmendorf als Kampagnen-Manager. Heute führt er seine eigene Lobby-Firma *Elmendorf Ryan LLC*. Seinen Mitarbeiter Robert Cogorno übernahm er von Goldman Sachs. Goldman Sachs zählt auch zu Elmendorfs Kunden. Der ehemalige

Goldman-Sachsler William C. Dudley folgte Timothy Geithner 2009 als Präsident der New Yorker Fed nach. Zugleich ist er Vizevorsitzender des wichtigsten Gremiums des *Federal Reserve Systems*, des Offenmarktausschusses *Federal Open Market Committee*. Dieses Komitee verantwortet die Geld- und Währungspolitik der Vereinigten Staaten. Der Demokrat Robert Hormats kam in den 1980er-Jahren aus dem Staatsdienst zu Goldman Sachs. Aus dem einstigen Staatssekretär für Wirtschaftsangelegenheiten Hormats wurde der Vizevorsitzende von Goldman Sachs International. 2009 berief Barack Obama den wirtschaftspolitischen Fachmann in sein Ministerium für Wirtschaftswachstum, Energie und Umwelt. Mark Patterson wurde 2004 Lobbyist für Goldman Sachs. 2008 verließ er die Bank, um sich für Obamas Wahlkampf einzusetzen. 2009 erhielt er dann den Posten des Stabschefs im US-Finanzministerium unter Timothy Geithner. Auch der 1980 geborene Adam Storch folgte einem Ruf von Barack Obama. Der ehemalige Vize-Präsident des Bereichs *Business Intelligence Group* bei Goldman Sachs arbeitet seit 2009 in leitender Position für die Security and Exchange Commission (SEC), die Börsenaufsichtsbehörde der Vereinigten Staaten zur Kontrolle des Wertpapierhandels.

Spenden und Sponsoring

Eine US-Bank kann Parteien und Politiker mit Personal, mit Expertise oder mit Geldern versorgen. Unternehmensspenden für die Politik sind in den USA per Gesetz verboten. Hier können nur Individuen spenden. »Spenden werden von einzelnen Angestellten gemäß ihren eigenen Anschauungen getätigt«,[255] versicherte ein Goldman-Sprecher 2012 gegenüber dem *Wallstreet Journal*. Kein US-Großkonzern – beziehungsweise keine Konzernangestellten und deren Familien oder Freunde – vergab 2008 mehr Geld an Barack Obamas Wahlkampfteam als die Bank Goldman Sachs. Über 1 Million US-Dollar flossen über Goldman-Mitarbeiter und -Angehörige in die Kampagne des Demokraten. Vier Jahre später, bei den Präsidentschaftswahlen von 2012, investierte das Goldman-Personal unter demselben CEO, Lloyd Blankfein, nur magere 136.000 US-Dollar in Barack Obama. Der Republikanerkandidat Mitt Romney wurde hingegen mit über 1,8 Millionen US-Dollar gesponsort. Die Goldman-Leute zählten damit zu den Top-Spendern des Mormonen. Sie zeigten sich sogar großzügiger als die Beteiligungskapitalfirma *Bain Capital LLC*, die Romney im Jahr 1984 mitgegründet hatte. Den Kontakt hatte Jim Donovan hergestellt. Er hatte einst für Goldman Sachs die Geschäftsbeziehungen zu Bain Capital gemanagt und war mittlerweile für Romneys Privatinvestitionen zuständig. Dem *Wallstreet Journal* berichtete Donovan 2012: »Als langjähriger Freund von Mitt und Ann [Romney] kann ich bestätigen, dass seine Überzeugung und Stärke, die US-Wirtschaft zu stabilisieren, so überzeugend sind wie seine Werte. Deshalb gab es aus allen Branchen eine Welle der Unterstützung für Mitt.«[256] Obwohl Romney den Präsidentschaftswettlauf verlor, gehörte Goldman Sachs auch mit Obamas Wiederwahl 2012 wieder zu den Gewinnern. Goldman Sachs kooperierte bereits seit Längerem mit Barack Obama. Die Bank arrangiert sich seit Sydney Weinberg mit jeder Regierung – oder vielmehr diese sich mit ihr.

Es gibt das Gerücht, eine US-Regierung ginge am Gängelband der Banker. Dem dritten Präsidenten der Vereinigten Staaten und Hauptverfasser der Unabhängigkeitserklärung, Thomas Jefferson, wird das Zitat zugeschrieben: »Ich glaube, Banken sind gefährlicher für unsere Freiheit als Armeen.«[257] Der Gründer der Ford Motor Company Henry Ford soll sich ebenfalls kritisch geäußert haben: »Das Hauptziel der Finanzwelt ist die Kontrolle der Welt durch die Herstellung unbezahlbarer Schulden.« Es sei daher begrüßenswert, so Ford, dass »die Menschen der Nation unser Banken- und Finanzsystem nicht verstehen, denn falls doch, glaube ich, gäbe es noch vor morgen früh eine Revolution«.[258] Die Revolution blieb aus, und später entschlossen sich Fords Erben dazu, mit einer Bank zu kooperieren. 1956, zehn Jahre nach Henry Fords Tod, beauftragten diese die Bank Goldman Sachs mit dem Börsengang ihres Automobilkonzerns. »Wir sind gegen (…) Bestimmungen, [die] unser Noten- und Kreditsystem in private Hände legen«,[259] soll Theodore Roosevelt, der 26. Präsident der USA von 1901 bis 1909, verkündet und vor der Macht der Wall-Street-Banker gewarnt haben. Sein entfernter Cousin, der spätere Präsident Franklin D. Roosevelt, wusste ebenfalls, »dass ein finanzielles Element die größeren Zentren der Regierung seit den Tagen von Andrew Jackson beherrscht.«[260] Er kooperierte gleichwohl mit den Bankenchefs von Goldman Sachs und dem *House of Morgan*, dem Vorläufer der Bank J.P. Morgan & Co, wohl weil ihm gar nichts anderes übrig blieb.

Als Oskar Lafontaine, von 1998 bis 1999 für ein halbes Jahr deutscher SPD-Finanzminister, den weltweiten Kapitalverkehr kontrollieren wollte, wurde er gleich zweifach abgewatscht. »Du glaubst doch wohl nicht, du könntest gegen die internationalen Finanzmärkte regieren«,[261] teilte ihm seinerzeit Außenminister Joschka Fischer mit. In den USA erging es ihm nicht anders. »Als ich als deutscher Finanzminister Ende der 90er-Jahre der US-Administration Vorschläge zur Regulierung der Finanzmärkte machte, sagte der damalige Finanzstaatssekretär Larry Summers: ›Sie glauben doch nicht ernsthaft, dass die US-Regierung diesen Vorschlägen nähertritt. Schließlich hat die Wall Street den Wahlkampf Clintons finanziert‹«, berichtete Lafontaine 2013 bei einem Kongress der *DAB Bank AG*.[262] Die Kritik von Politikern und Unternehmern an Bankern ist leiser geworden. Schwingt sich heute außer Journalisten und Bloggern jemand zum Banken-Bashing auf, hält man ihn für einen enttäuschten Ex-Banker oder Außenseiter des Systems. Noch immer gilt der Ausspruch, der Mayer Amschel Rothschild zugeschrieben wird, welcher um 1800 die Bank *Haus Rothschild* gründete: »Lass mich das Geld einer Nation ausgeben und kontrollieren, und ich schere mich nicht darum, wer die Gesetze macht.« Er bringt den Zusammenhang zwischen Geld und Macht auf den Punkt. Doch nicht jedem gelingt es, Kontrolle über Finanzen zu gewinnen und daraus politischen Nutzen zu ziehen, um auch andersherum von politischer Macht für die Geldvermehrung zu profitieren. Dazu bedarf es außer finanzwirtschaftlichem Know-how auch des Talents, strategisch mit Seilschaften zu operieren.

Über das Sammeln hoher Geldsummen für Präsidentschaftsanwärter bugsieren sich einige Goldman-Männer ins Weiße Haus, in die Zentralbank oder in regulierende US-Behörden. Andere sammeln sich in den diplomatischen Dienst hinein. Der Demokrat Philip Murphy war von Goldman Sachs an die Seite Obamas gewechselt und gelangte über das Anhäufen hoher Spendensummen 2009 in den Botschaftersessel in Berlin. Auch Murphys Nachfolger kommt aus dem Finanzsektor. Der Ex-Präsident des Privatkundengeschäfts der kalifornischen Investmentgesellschaft *The Capital Group Companies Inc.* John Emerson warb beim Präsidentschaftswahlkampf 2012 über 500.000 US-Dollar für Obama ein und wurde ebenfalls mit dem Botschafterposten in Berlin belohnt. 2013 berief Präsident Obama den ehemaligen Goldman-Sachs-Banker und Geldeintreiber Bruce Heyman zum Botschafter Kanadas. Seit 2007 hatte er zusammen mit seiner Frau rund 750.000 US-Dollar an Spenden aufgebracht. Wurden 1975 nur 39 Prozent Nicht-Diplomaten in US-Botschaftsämter berufen, so waren es 2012 bereits 76 Prozent, gab eine Vertreterin der *American Foreign Service Association* (AFSA) 2013 bekannt.[263] Mitarbeiter von Banken wie Goldman Sachs können von althergebrachten Gepflogenheiten wie dem Drehtür- und dem Spendenprinzip profitieren, wenn sie ihre Wirtschaft und Politik übergreifenden Netzwerke spinnen.

(Un-)heimliche Welteroberung

In jüngster Zeit stellen ehemalige Goldman-Sachsler die Mehrzahl der US-Finanzminister, der Fed-Chefs, der Wirtschaftsberater des Präsidenten und darüber hinaus diverse Kabinettsmitglieder. Doch vielen Goldman-Sachs-Leuten ist es nicht genug, die Wirtschafts- und Finanzpolitik der Vereinigten Staaten mitzubestimmen. Sie verlassen sich weder auf irgendeinen US-Präsidenten noch auf die

Vormachtstellung der Vereinigten Staaten in der Welt. Ihr Horizont reicht über den amerikanischen Kontinent weit hinaus. Mit geradezu erschreckender Dezenz arbeiten ehemalige Goldman-Mitarbeiter still, aber stetig auf ihr Lieblingsziel zu, die Kontrolle über den internationalen Finanzsektor. Dabei darf man ihnen nicht unterstellen, sie verfolgten einen Welteroberungsplan. Politiker gewordene Goldman-Leute nutzen vielmehr ihre günstigen Ausgangsbedingungen, ihr reichhaltiges Human-, Sozial- und Finanzkapital, um sich neuen Herausforderungen zu stellen. Diese finden sie häufig darin, wirtschaftspolitische Schlüsselpositionen zu besetzen. »Networking macht alles effizienter. Das ist ein shortcut«,antwortete ein ehemaliger Goldman-Partner der Autorin in einem Telefonat auf die Frage, ob der Goldman-Cliquenwirtschaft eine Strategie zugrunde liege.[264] Goldman-Sachs-Alumni kommt es gelegen, dass ihr Netzwerk weltweit gestreut ist. Zu den Goldman-Aufsichtsräten zählen Harvard-Professoren und CEOs internationaler Großkonzerne, die ihre Kontakte genauso wie ihr Wissen einbringen.

Der Einfluss von Goldman Sachs reicht in internationale Unternehmen und in öffentliche Finanzinstitutionen hinein. Der ehemalige Goldman-Mitarbeiter und Ex-US-Vizeaußenminister Robert Zoellick amtierte von 2007 bis 2012 als Präsident der *Weltbankgruppe* und bestimmte als solcher die Politik in gering entwickelten Staaten mit. Nachdem er 2013 bei der Weltbank ausgeschieden war, kehrte er, um Wissen, Kontakte und Kompetenzen reicher, als internationaler Berater zu Goldman Sachs zurück. Gegen hohe Gagen kauft Goldman Sachs in aller Welt Berater ein. Tito Mboweni leitete von 1999 bis 2006 die *Zentralbank von Südafrika*, bevor ihn Goldman Sachs zum fürstlich bezahlten internationalen Berater machte. Auch den ehemaligen Präsidenten der *Zentralbank von Australien* Ian Macfarlane kaufte die Bank als Berater ein. Mario Monti agierte von 2005 bis 2011 als Goldman-Berater. Zu der Zeit war er europäischer Vorstand der Trilateralen Kommission und saß im Leitungskomitee der Bilderberg-Konferenz. Von 2011 bis 2013 fungierte er als italienischer Regierungschef.

Bevor Romano Prodi Ministerpräsident Italiens wurde, führte er von 1990 bis 1993 ein eigenes Beratungsunternehmen namens *Analisi e Studi Economici.* 1,4 Millionen Pfund soll er mit Beratungen vor allem der Bank Goldman Sachs verdient haben. Die britische Zeitung *The Telegraph* berichtete 2007 unter der Überschrift »Italiener behaupten, ihr Land werde von Goldman Sachs geführt«, dass Prodi 1990 zum Senior-Berater von Goldman Sachs International in Italien ernannt worden sei.[265] Vor und nach seiner Beratertätigkeit, erstmals von 1989 bis 1989 und erneut von 1993 bis 1994, war Prodi hauptamtlich als Präsident des *Istituto per la Ricostruzione Industriale* (IRI) tätig. Diese größte staatliche Holding Italiens war 1933 von der faschistischen Regierung gegründet worden, um die drei bedeutendsten italienischen Banken, *Banca Commerciale Italiana, Banco di Roma* und *Credito Italiano,* vor dem Bankrott zu retten. Hier hatte Prodi den kompletten Einblick in die italienische Finanzpolitik. Während seiner zweiten IRI-Amtszeit war Prodi für die Privatisierung öffentlicher Vermögenswerte großer Volumina verantwortlich. An zwei Fusionen, die das IRI unter Romano Prodi abwickelte, soll Goldman Sachs mitgewirkt haben. Der Fall wurde später gerichtlich untersucht. Doch Prodi wurde zunächst 1996 und nochmals 2006 zum italienischen Ministerpräsidenten gewählt. Zwischenzeitlich, von 1999 bis 2004, war der umtriebige Finanzpolitiker Präsident der *Europäischen Kommission.*

Ein weiterer Italiener, Massimo Tononi, war zwischen 1988 und 1993 bei der Investmentsparte von Goldman Sachs London angestellt. Anschließend ging er zum IRI, um hier ein Jahr lang als persönlicher Assistent des IRI-Chefs Romano Prodi zu arbeiten. Nach Prodis Abgang wechselte er zurück zu Goldman Sachs London, um schließlich von 1999 bis 2005 für Goldman Sachs in Mailand tätig zu sein. Zwischen 2006 und 2008 war Tononi Vizefinanzminister im Kabinett von Romano Prodi. Während dieser Zeit, im Februar 2007, soll die Polizei bei einer Razzia des Mailänder Büros von Goldman Sachs ein Dokument namens »MTononi/memo-Prodi02.doc« beschlagnahmt haben. Es beinhaltete Informationen über die Zusammenhänge des Wirkens von Tononi und Prodi. Darüber berichtete 2007 *The Telegraph*.[266]

Charles de Croisset leitete die französische Privatbank *Crédit commercial de France* (CCF), bevor diese in die Bank *HSBC France* einging. Bis 2004 fungierte er als Vizepräsident von *Goldman Sachs Europe* und steht Goldman seither als Berater zur Verfügung. De Croisset ist Mitglied der Finanzaufsicht des Wirtschafts- und Finanzministeriums von Frankreich, *Inspection générale des finances* (IGF). Auch Guillermo de la Dehesa, Mitglied des mächtigen Finanzgremiums *Group of Thirty* (G30), zählt zum Beraterstab von Goldman Sachs. Er war spanischer Finanzminister und stellvertretender Chef der spanischen Zentralbank. Heute führt er den Lenkungsausschuss der spanischen *Banco Santander S. A.*, einer der drei größten Banken der Eurozone.

In der internationalen Politik und Finanzpolitik haben sich Goldman-Sachsler ebenfalls festgesetzt. Der ehemalige Leiter der australischen Goldman-Sachs-Filiale und Goldman-Partner Malcolm Turnbull stieg später zum Generalsekretär der Liberalen Partei Australiens und 2013 zum australischen Kommunikationsminister auf. Der irische Jurist Peter Sutherland war Präsident von Goldman Sachs International. Er sitzt seit 1995 bei Goldman Sachs im Vorstand. Bis 1995 war er Generaldirektor der *Welthandelsorganisation* (WTO) und arbeitete in verschiedenen Funktionen für die UN. Sutherland ist Mitglied der Bilderberg-Konferenz, der Trilateralen Kommission und des European Round Table. Sutherland saß bei der *ABB Group*, bei *BP* und bei der Royal Bank of Scotland im Vorstand. Er stieg zum engen Berater des irischen Premierministers Enda Kenny auf und war als EU-Kommissar einer der Strippenzieher des irischen Rettungsschirms. Seit 2006 berät Peter Sutherland obendrein die Güterverwaltung des Apostolischen Stuhls (APSA). Als Finanznetzwerker auf höchstem Niveau agiert auch der amerikanische Harvard-Absolvent Michael Cohrs. Nach zehn Jahren bei Goldman Sachs wechselte er zur Bank *S. G. Warburg & Co*, bis sie vom *Schweizerischen Bankenverein* (SBV) übernommen wurde. Von da ging

Cohrs zur Deutschen Bank AG und saß von 2009 bis 2010 in deren Vorstand. Ab 2009 lehrte er außerdem an der Universität Peking, wo bereits der Ex-Goldman-Sachs-Mitarbeiter John Thornton dank Hank Paulsons Empfehlung als Dozent tätig war. 2011 berief man Cohrs in den Vorstand der Bank of England, der britischen Zentralbank. Ihm folgte ein weiterer ehemaliger Goldman-Banker. Das kanadische G30-Mitglied Mark Carney leitete nach seinen Jahren bei Goldman Sachs seit 2008 die Bank of Canada als ihr Präsident. 2013 zog er nach London, um hier als erster Nicht-Brite die Bank von England zu führen.

Dass sich, wie einst die US-Bankenkrise, auch die Eurokrise für Goldman Sachs zum Guten wendet, hat Mario Draghi mit in der Hand. Auch Draghi stammt aus Italien, dem Land der katholischen Kirche, der Mafia und der Goldman-Sachs-Freunde. Der italienische Jesuitenschüler, Harvard-Abgänger und Ex-Weltbanker war von 2002 bis 2005 Vizepräsident von Goldman Sachs International. Anschließend, von 2006 bis 2011, saß er der Italienischen Nationalbank als ihr Präsident vor. In diese Zeit fiel die Razzia in der Mailänder Goldman-Sachs-Filiale und das Auffinden des Dokuments »MTononi/memo-Prodi02.doc«.[267] Damals bestimmte Draghi die italienische Wirtschaftspolitik mit. Heute lenkt er die finanzwirtschaftlichen Geschicke Europas. Seit 2011 sitzt »Super« Mario Draghi im Chefsessel der Europäischen Zentralbank (EZB) in Frankfurt. Dass er zusätzlich zu seinen übrigen Verpflichtungen auch noch dem Leitungskomitee der mächtigen Bankerlobby G30 angehört, macht ihn für die Bankenwelt und Goldman Sachs besonders wertvoll. Hier sitzt er regelmäßig mit dem Ex-Goldman-Kollegen Mark Carney, Finanzfachleuten wie Paul Volcker, Paul Krugman, Kenneth Rogoff, Lawrence Summers, Jean-Claude Trichet, Timothy Geithner oder Gerd Häusler an einem Tisch. Der Deutsche Häusler kann Stationen beim *Internationalen Währungsfonds* (IWF), der *Deutschen Bundesbank* und der damaligen *Dresdner Bank AG* sowie der *Bayerischen Landesbank* aufweisen.

Auch Deutschland bekommt regelmäßig seine Goldman-Injektionen. Der österreichische Harvard-Absolvent und Finanznetzwerker Paul Achleitner arbeitete zunächst für den Unternehmensberatungszweig von Mitt Romneys Firma *Bain & Company*, bevor er bei Goldman Sachs einstieg. Hier war er für Fusionen und Übernahmen (M & A) zuständig. Ab 1994 leitete er die deutsche Goldman-Sachs-Niederlassung. Von 2000 bis 2012 fungierte er als Vorstand der *Allianz SE*, vormals *Allianz AG*. Er wechselte von da als Aufsichtsratsvorsitzender zur Deutschen Bank AG und ließ sich dazu in die Aufsichtsräte der *Bayer AG*, *Daimler AG* und *RWE AG* berufen. Der Bankennetzwerker kann sich jederzeit mit seiner sachkundigen Frau Ann-Kristin Achleitner beraten. Die Professorin für Betriebswirtschaftslehre an der TU München und ehemalige McKinsey-Beraterin ist im deutsch-europäischen Konzernapparat kein geringerer Machtfaktor als ihr Mann. Sie sitzt unter anderem im Verwaltungsrat der Schweizer Privatbank *Vontobel Holding AG* und im Aufsichtsrat der Rückversicherung *Munich Re*.

Bankenlobbyisten versuchen, auch auf die deutsche Kanzlerin Angela Merkel einzuwirken. Auf Anfrage der Partei Die Linke veröffentlichte die Bundesregierung Anfang 2013 einen Bericht, der die Kontakte der Bundeskanzlerin zur Bankenwelt abbildet. Die Lektüre verrät, dass die prominentesten Ratgeber der Legislaturperiode von der Deutschen Bank und von Goldman Sachs kamen. Seit Oktober 2009 soll der Goldman-Sachs-Partner Christoph Brand nahezu 50 Regierungsbesuche absolviert haben. Der seit 1994 Goldman-Zuständige für den öffentlichen Sektor war einst Mitglied der CDU-Nachwuchsgruppe Ring Christlich-Demokratischer Studenten (RCDS). Die Hälfte seiner 50 Gespräche habe Brand mit dem Staatsminister im Kanzleramt Eckart von Klaeden geführt, bevor dieser als Lobbyist zur Daimler AG gewechselt war. Brand habe auch Bundesfinanzminister Wolfgang Schäuble und das SPD-Mitglied Jörg Asmussen getroffen.[268] Asmussen, ab 2008 Staatssekretär im Finanzministerium, gehörte als solcher dem Aufsichtsrat der *IKB* und der *KfW* an und saß dem Verwaltungsrat der *Bundesanstalt für*

Finanzdienstleistungsaufsicht (BaFin) vor. Die BaFin ist dazu da, riskante Wertpapiergeschäfte zu verhüten, wie sie die IKB mit ihrem Ankauf von US-amerikanischen Hypothekendarlehen betrieben hat. 2012 wechselte Asmussen als Direktoriumsmitglied in Mario Draghis Europäische Zentralbank.

Die Kontakte zu Bankenvertretern seien eine »notwendige Begleiterscheinung« der Euro-Rettung, deutete Angela Merkel 2013 an.[269] Eine Chefpolitikerin wie die deutsche Kanzlerin ist kontinuierlich und insbesondere in Krisensituationen auf das Know-how und die Unterstützung von Finanzfachleuten und Bankern angewiesen, um wirtschaftspolitische Entscheidungen vorzubereiten. Das muss nicht immer zwingend zu privatbankenfreundlichen Beschlüssen führen. Im Notfall zwingt die Politik Großbanken zur Kooperation und lässt sie beispielsweise Anteile maroder Firmen aufkaufen. Die Goldman-Abgesandten Otmar Issing und Alexander Dibelius haben einen ganz besonderen Draht zu Merkel. Dem Berater von Goldman Sachs, einstiges Direktoriumsmitglied der Deutschen Bundesbank und Chefökonom der EZB, Otmar Issing, übergab Angela Merkel 2008 den Vorsitz ihrer Expertengruppe *Neue Finanzmarktarchitektur*. Diese sollte Konzepte zum Umgang mit der damaligen Finanzkrise und möglicher neuer Krisen entwickeln. Auch das Mitglied der Atlantik-Brücke, der Goldman-Sachs-Geschäftsleiter für die Bereiche Deutschland, Österreich, Russland und Zentral- und Osteuropa, Alexander Dibelius, zählt zum Beraterstab der Kanzlerin. 2010 berichtete das deutsche Wirtschaftsmagazin *Capital*, der Goldman-Sachs-Banker Alexander Dibelius habe bereits »lange vor ihrer Nominierung als Kanzlerkandidatin« Kontakt zur CDU-Parteichefin Angela Merkel aufgenommen. »Für die Politikerin arrangierte er mehrere Dinner mit Unternehmenschefs, damit sie besser und schneller mit Personen aus der Wirtschaft ins Gespräch kam. Immer wieder steht er der Kanzlerin bei Fragen zur Verfügung.«[270] Sollten die Herren ausfallen, findet Merkel in unmittelbarer Reichweite des Kanzleramts die US-Botschaft vor, wo man in Sachen deutsch-amerikanischer Finanzfreundschaft gerne vermittelt. Bis 2013 residierte hier der Harvard-Absolvent und das Mitglied des 1952 zur Völkerverständigung gegründeten deutsch-amerikanischen Elitenetzwerks *Atlantik-Brücke e.V.* Philip Murphy. 23 Jahre war Murphy im Dienst von Goldman Sachs. 2006 wechselte er als Finanzchef ins Democratic National Comittee, die geschäftsführende Abteilung der Demokraten, und wurde 2009 zum US-Botschafter in Deutschland ernannt. Pikanterweise kam 2010 heraus, dass der in Deutschland beliebte Murphy die Kanzlerin nicht nur unterstützte, sondern sie auch diskreditierte. Die durch Chelsea, damals noch Bradley, Manning per *WikiLeaks* veröffentlichten Depeschen von US-Botschaften an das US-Außenministerium enthielten unschöne Bemerkungen von Philip Murphy über die Kanzlerin und ihren Außenminister Guido Westerwelle. Die deutsche Kanzlerin Angela Merkel erfuhr 2010 über WikiLeaks, dass der US-Botschafter Philip Murphy hinter ihrem Rücken über sie als »Angela Teflon Merkel« sprach.

Die politische Macht der Privatbank Goldman Sachs spiegelt ihre selbstbewusste Drohgebärde auch gegenüber der britischen Regierung wider. Die *Frankfurter Allgemeine Zeitung* berichtete Ende 2013 darüber, dass die New Yorker Bank drohe, den Standort ihres Europageschäfts von London nach Frankfurt zu verlagern, sollte Großbritannien aus der EU austreten. »Das wäre ein wichtiger Wendepunkt und ein großer Negativfaktor für London als Finanzzentrum«, soll Michael Sherwood, der Co-Vorstandschef von Goldman Sachs International, gesagt haben, so die *FAZ*.

Taktik statt Ethik

Ehemalige Goldman-Sachs-Leute besetzen Posten in einflussreichen Firmen, Gremien oder Institutionen. Sie dienen Staaten oder Staatengemeinschaften und sitzen oft auf mehreren Stühlen gleichzeitig. Feedbackschleifen führen sie zu ihrem Ex-Arbeitgeber zurück. Die Finanzprofis im Dienste der Investmentbank Goldman

Sachs betreiben Networking auf höchstem Niveau und in höchsten Kreisen. Pflichttermine sind nationale Meetings der Finanzbranche und internationale Konferenzen wie die Bilderberg-Konferenz, das World Economic Forum oder die Treffen der Group of Thirty (G30). Da über die dortigen Besprechungen Stillschweigen gewahrt wird, lassen sich hier ungestört folgenschwere Beschlüsse und Aktionen vorbereiten. Während die internationale Öffentlichkeit beklagt, dass ein elitärer Kreis die Geschicke der Welt bestimmt und sie nicht darüber informiert, laufen die Geschäfte wie gewohnt weiter. Dank inniger Beziehungen zu nationalen und internationalen Partnern überlebte Goldman Sachs nicht nur diverse Krisen, die Kriege, die Wirtschaftskrisen der 1920er- und 1990er-Jahre, die Spekulationsblase um das Jahr 2000 und die Finanzkrise um 2008. Sie ging sogar immer wieder gestärkt aus ihnen hervor. Das bringt der Bank in der internationalen Geschäftswelt und in der Politik Respekt ein, schürt jedoch auch Neid oder erweckt Zorn.

In der Branche der Gier und Amoral erweist sich Goldman Sachs oft als den Konkurrenten überlegen. Um die reichste und erfolgreichste Investmentbank zu bleiben, setzt Goldman Sachs auf hochprofessionelles, pflichtgetreues Personal. Dank der eindimensionalen Gewinnfixierung ihrer Mitarbeiter, deren Leidenschaft für und völligen Hingabe an ihre Bank ist Goldman Sachs so erfolgreich. Zudem betreibt die Bank groß angelegte Außenpolitik. Goldman Sachs unterhält ein strategisches Netzwerk aus loyalen Experten, das sich über den Globus erstreckt. Hier wird nicht über sechs Ecken, sondern direkt kommuniziert. Ein Anruf, eine E-Mail genügen, um über aktuelle Lagen, Fragen, Krisen und Chancen in Tokio, Sydney, London, Berlin oder Brüssel im Bild zu sein. Dem dicht gewebten Netzwerk aus Verbündeten entgeht wenig. Neueste Wirtschaftsdaten, Gesetze, Gesetzesvorlagen, Kontroversen, Machtgefüge, formelle und informelle Absprachen im weltweiten Wirtschafts- und Finanzsektor sind Goldman Sachs so meist bekannt. Verbündete Banker, Finanz- und Wirtschaftsberater, Wissenschaftler, Politiker, Juristen, Vertreter nationaler Ministerien und internationaler Institutionen, von Gerichtsbarkeiten und Ratingagenturen sowie aus den Medien helfen mit Rat und Tat, wenn jemand von Goldman Sachs anfragt. Im Bestfall haben Partner und Adlaten einst für die Bank gearbeitet und sind mit ihren Prinzipien, Zielen und Gepflogenheiten vertraut.

Im Team, nie im Alleingang, werden bei Goldman Sachs Geschäftsgelegenheiten sondiert, analysiert und Maßnahmen kurzfristig eingeleitet. Externe Sekundanten werden kontaktiert, informiert und auf die Goldman-Schiene in Aktion gesetzt. Wie am Berghang arbeitet man mit Seilschaften und hierarchieübergreifend. Man hält sich gegenseitig und hält zusammen. Goldman-Leute setzen sich hohe Ziele. Sie bedenken Querverbindungen und Kontexte und agieren als belastbare Taktiker. Selbst unter komplexesten Bedingungen geben sie nicht auf. Ein nicht festgeschriebenes, aber augenscheinliches Goldman-Prinzip liegt in der Gewohnheit, Interessenkonflikte geradezu zu suchen und auf vielen Seiten einer Transaktion zu agieren. Widersprüche seien für Goldman der »Beweis einer gesunden Spannung zwischen Firma und Kunden. Die Argumentation lautet, wenn man Konflikte nicht begrüßt, ist man nicht aggressiv genug, um Geschäfte zu machen«, so die *New York Times* 2010 über die Prestigebank.[271] In Geschäftssituationen, in denen es zwischenmenschlich brenzlig wird, fühlt sich das Goldman-Personal in seinem Element. Stets aufs Neue beweisen Goldman-Leute mehr Willenskraft, mehr Geschick und einen längeren Atem als die Konkurrenten. Sie kämpfen weiter, wenn alle anderen aufgeben. Goldman-Sachsler denken und handeln langzeitgierig. Sie vollbringen strategische Meisterleistungen zum Vorteil der Bank. Bei Bedarf stellen Goldman-Leute Dritten Vorteile in Aussicht oder nutzen ihre Machtposition aus, bis Konkurrenzbanken kooperieren, Ratingagenturen ihre Augen zudrücken, Politiker Gesetze lockern, Finanzregulatoren und Aufsichtsbehörden tolerant reagieren und Staatsanwälte Goldman-Personal freisprechen oder eine symbolische Geldstrafe fordern.

Bei ihren Manövern schrammt die Bank nicht selten hart an der Moralität oder Legalität entlang. Ex ante zur gezielten Ausnutzung von Gesetzeslücken und ex post zur Verteidigung braucht die Bank branchengeschultes und weitsichtiges Anwaltspersonal. Goldman-Sachs-Juristen und Anwälte wie die der *White shoe*-Anwaltskanzlei *Sullivan & Cromwell* (S&C) achten darauf, dass die Fälle nie eindeutig sind, Geschäfte allenfalls nur fast illegal sind. Um den Anwälten von S&C die Goldman-Linie nahezubringen, praktizieren die Investmentbank und ihre Traditionskanzlei ein Anwaltsausleihverfahren. Über dieses *secondment*, zu Deutsch »Abordnung«, arbeiten S&C-Anwälte für drei bis vier Monate in den Büros von Goldman Sachs. So lernen sie die Menschen und Geschäftsprozesse ihrer Auftrag gebenden Bank gründlicher kennen als über eine reine Kanzlei-Klienten-Beziehung.

Die Komplexität vieler Goldman-Deals machte es Kongressabgeordneten, Untersuchungskommissionen und Gesetzeshütern wie dem ehemaligen Staatsanwalt und Gouverneur von New York, Eliot Spitzer, bisher schwer, der Bank illegale Handlungen nachzuweisen. Auch fehlen die Gesetze, um im Branchensektor hart durchgreifen zu können. Zwar wurde in Reaktion auf die Finanzkrise Ende der 2000er-Jahre die *Dodd-Frank Wall Street Reform* zum Schutz der Bankkunden verfasst. Doch von diesen Regelungen wurden aufgrund effizienter Lobbyarbeit der US-amerikanischen Finanzindustrie nur 40 Prozent in Gesetze gegossen. Dem US-Finanzmarkt-Wächter und Chef der SEC bis 2009, Christopher Cox, wird nachgesagt, mit Wall-Street-Firmen zu nachlässig umzugehen. Doch auch zum Durchgreifen fest entschlossenen Regulatoren gelang es noch nicht, einer der Wall-Street-Banken ernsthaft zu schaden. Womöglich sind in den USA eine sorgfältige Aufarbeitung selbst großer Ereignisse wie der Hypothekenkrise und eine Finanzmarktregulierung politisch unerwünscht oder die Behörden bedienen sich voreingenommener Berater. Reiche Banker haben mächtige Freunde. Schließlich finanzieren sie die Wahlkämpfe der staatlichen Spitzenkräfte. Die Behörden scheinen sich darauf zu verlassen, dass der Markt das Geschehen in New Yorks Bankendistrikt schon regeln wird, etwa indem Kunden oder Konkurrenten harte Player à la

Goldman Sachs eines Tages des (Finanz-)Platzes verweisen. Da die Investmentbank Goldman Sachs ihre Krakennäpfe an den entscheidenden Stellen der Finanzpolitik festgesaugt hat, wird es wohl am allerlängsten dauern, diese Bank aus dem System herauszulösen.

Über gezielte Cliquenwirtschaft hat die Goldman Sachs Group sich an die Spitze der Weltpolitik vorgearbeitet. Allein mit Geld wäre ihr das niemals gelungen. Wie man Mitarbeiter eines Wirtschaftsunternehmens zu Höchstleistungen motiviert und extern tragfähige Seilschaften spinnt, zeigt auch das Beispiel Google Inc. Der Technologiekonzern mit Sitz im kalifornischen Silicon Valley strebt ebenfalls eine weltpolitische Machtposition an. Dazu setzt er sein Kapital strategisch ein. Das wichtigste Kapitalgut der Firma Google ist neben ihrem Finanzkapital, ihrem technologischen Wissen und ihren Daten ihr Personal.

5
Google: Die Digitalelite gibt sich egalitär

Die außerordentlichsten technologischen Innovationen entstehen, wenn kleine Teams von Menschen die Freiheit haben, die äußeren Grenzen ihrer Vorstellungskraft zu erkunden.

Eric Schmidt

Ist Google Inc. ein weiterer Vampirtintenfisch, der sich um das Gesicht der Menschheit schlingt? Danach fragten 2011 gleich zwei US-Journalisten: Laurie Bennett, die Gründerin der Onlineplattform *muckety.com*, wo Machtbeziehungen zwischen Organisationen und Personen aufgezeigt werden, und Agustino Fontevecchia, der für das *Forbes Magazine* schreibt. Beide bedienten sich des Vergleichs von Matt Taibbi im *Rolling Stone Magazine*.[272] Taibbi hatte die Goldman Sachs Group mit dem schleimigen, achtarmigen Wassertier verglichen. 2014 rangierte der angebliche Krake Google dann auf Platz eins der beliebtesten Marken weltweit. Gemäß der Studie »BrandZ« des US-Marktforschungsunternehmens *Millward Brown* verdrängte Google die Konkurrenzmarke Apple von ihrem langjährigen Spitzenplatz.[273]

Informations- und Intelligenzbestie Google

Dass man die Firmen Goldman Sachs und Google für die Vampirtintenfische ihrer jeweiligen Branchen hält, ist eine ambivalente Auszeichnung. Sie verweist gleichermaßen auf ihre Laster wie auf ihre herausragenden Fähigkeiten. Offenbar greifen die Arme von Goldman Sachs und von Google gieriger und weiter aus als die ihrer Konkurrenten. An Strategie und Raffinesse scheinen diese Konzerne ihre Wettbewerber zu übertreffen. Doch in einem wichtigen Punkt unterscheidet sich Google von Goldman Sachs: Während Goldman Sachs auf die Geld- und Machtelite abzielt, gibt sich Google volksnah. Anders als bei Goldman Sachs bemüht man sich bei Google darum, beim breiten Publikum beliebt zu sein. Darin gleicht der Technologiekonzern Google der katholischen Kirche. Doch besser als bei Kirche, Mafia und Goldman Sachs weiß man im Unternehmen Google, dass sich aufgrund der Möglichkeit digitaler Datenaufzeichnung auf Dauer wenig verheimlichen lässt. Daher wirbt Google mit Transparenz und Inklusion, während die anderen drei Organisationen stärker auf Geheimhaltung und geschlossene Seilschaften setzen. Google-Vertreter zeigen sich auskunftsbereit und offen für Kritik und Diskussionen. Aber auch Googler kommen nicht um Cliquenwirtschaft herum. Verhandeln Google-Führungskräfte mit Kunden, Konkurrenten, Regierungen, Geheimdiensten oder Repräsentanten des Militärs, begeben sie sich mehr oder weniger gewollt in etablierte oder neue, selbst mit aufgebaute, abgeschottete Seilschaften.

Das Vampirfischengagement von Google beschränkt sich nicht auf Bits und Bytes. Die Google'schen Fangarme reichen weit über die digitale Welt und weit über die aktuellen Zielgruppen hinaus – und in die ferne Zukunft. Wie die katholische Kirche, die Cosa Nostra und Goldman Sachs besticht auch Google durch eine eigenwillige kultische Aura und durch hochfliegendere Visionen als alle anderen. Die Firma Google begeistert Angestellte und externe Partner mit ihrer offenen Kultur und ihrer Experimentierfreude. Angestellte identifizieren sich mit den Google-Zielen und arbeiten deshalb leidenschaftlich daran, sie zu verwirklichen. Um den Konzern wirtschaftlich zum Erfolg zu führen, verlässt sich die Google-Geschäftsführung im Inneren auf loyale, bestqualifizierte Mitarbeiter und im Außen auf Kooperationen und eine starke Marke. Die Chefs von Google gefallen sich darin, als Pioniere angesehen zu werden, als Verwirklicher von Science-Fiction-Fantasien und als wichtigste Macht des Internetuniversums. Google ist vieles in einem: Suchmaschinengigant, Werbeplattform, Wirtschaftsunternehmen, Roboterproduzent, Politikberatung, Wissensmonopolist, Datenausspäher, -verknüpfer und -weiterleiter, Spielwiese und Zukunftslabor.

Wer Google als Online-Werbevermarkter abstempelt, unterschätzt die Ambitionen der Konzernbosse Larry Page, Sergey Brin und Eric Schmidt und das Potenzial ihrer Angestellten. Andere Technologiekonzerne mögen mehr Finanzkapital und höhere Angestelltenzahlen als Google aufweisen. Doch Google besitzt den weltweit größten Datenschatz und die, laut Firmenwebsite, »cleversten und zielstrebigsten« Mitarbeiter. Rund 900.000 Server soll Google mittlerweile in über dreizehn über den ganzen Erdball verstreuten Datenzentren betreiben, schätzte 2011 der Google-Konkurrent Microsoft.[274] Inzwischen veröffentlicht Google eine eigene Karte, die einige Standorte der Rechenzentren zeigt.[275] Diese Datenspeicher bedeuten Wissensmacht. Alle Bürger, so der Google-Wunsch, sollen ihre digitalen Angelegenheiten über die Dienste von Google abwickeln. So wie die katholische Kirche beansprucht auch Google, im Alltagsleben möglichst vieler Menschen stets gegenwärtig zu sein. »Wir wollen sicherstellen, dass das, was sie suchen, bei Google zu finden ist – 100 Prozent ihrer Zeit«, sagte Eric Schmidt zu Beginn seiner Amtszeit, 2002, gegenüber dem Computerportal *PCWorld.com*. Der damalige CEO von Google äußerte 2010: »Wir wollen, dass die Leute noch mehr bei Google eingeloggt sind.«[276] Um Datenmacht aufzubauen, zu erhalten und zu erweitern, bemüht sich Google um das Vertrauen der Nutzer. Vertrauensselige Bürger, welche die Webangebote von Google denen der Konkurrenz vorziehen, befördern die Durchdringung der Kultur von Google. Sie tragen zur »Googlisierung« der Weltgesellschaft bei. Alles sei googlisiert, schreibt Siva Vaidhyanathan in seinem Buch von 2011, *The Googlization of Everything (And Why We Should Worry)*. »Wir vertrauen zu viel. Wir haben blindes Vertrauen in die Fähigkeit [von Google], große Probleme mithilfe von unsichtbaren Technologien zu lösen«,[277] schreibt der Medienforscher. Er warnt vor »Googles Einwirken auf unsere persönlichen Informationen, Gewohnheiten, Meinungen und Urteile«.[278] Bei allen Vorbehalten gegenüber Google fasziniert Vaidhyanathan der breit gefächerte Anspruch des Konzerns aus dem kalifornischen Mountain View. Google sei »weit mehr als nur das interessanteste, erfolgreichste Internetunternehmen aller Zeiten«.[279]

Google hat Macht, weil Menschen sich an die bequemen Google-Funktionen gewöhnt haben, sie mögen und brauchen. Allein der Suchmaschine Google vertrauen Nutzer mehr an als ihren Geliebten, Freunden, Eltern, Kindern, Ärzten oder Psychoanalytikern. Zu allen Tages- und Nachtzeiten und in aller Welt tippen Menschen Suchanfragen zu jeglichen Aspekten des Lebens ins Suchfenster ein. Sie teilen mit Google ihre geheimsten Fragen und schenken der Datenkrake ihre Daten. Google ist die am häufigsten genutzte Suchmaschine der Welt, weil die meisten Nutzer sie für die beste halten. Dank des Suchdienstes und vieler anderer Dienste, die den Alltag der Menschen erleichtern und sie begleiten, gelangt Google an immer mehr und immer genauere Informationen über sie. Über seinen streng geheim gehaltenen Suchalgorithmus besitzt Google Meinungsmacht. Wissensmacht besitzt der Konzern dank seines riesigen Datenschatzes. Google soll sechs Datenzentren in den USA und drei in Europa unterhalten. Drei Zentren in Asien und ein Zentrum in Südamerika befänden sich im Aufbau, mutmaßte im Oktober 2012 Cade Metz in seinem Artikel für das Technologiemagazin *Wired*.[280] Wahrscheinlich betreibt Google die größten Serverfarmen der Welt. Der Zugang ist nur Mitarbeitern erlaubt, die Geheimnisträger sind. Wer bei Google für den Bau oder die Wartung von Servern zuständig ist, muss eine Stillschweigevereinbarung unterschreiben, die auf unbestimmte Zeit gilt. Das Geheimprojekt, eigene Serverfarmen zu bauen und zu betreiben, ständig deren Effizienz zu verbessern und dabei Kosten zu senken, lief bei Google anfangs unter dem Codenamen *Willpower*, »Willenskraft«.

Nomen est omen. Der Name unterstreicht die Zähigkeit der Google-Chefs, ihre Firma unter Ausschluss der Öffentlichkeit zum Datenmonopolisten auszubauen. Der gebürtige Schweizer und ehemalige Informatikprofessor, Urs Hölzle, kam 1999 zu Google. Heute gehört er dem dreizehnköpfigen Leitungsteam der Firma an. Als Betreuer des physischen, mehrere Milliarden teuren Datenspeichernetzwerks verantwortet Hölzle Herz und Seele von Google. Der Senior Vice President ist ein Geheimnisträger. Er schweigt zur Bauart der Server. »Wir versuchen, so offen wie möglich zu sein – ohne unseren Wettbewerbsvorteil aufzugeben. Wir kommunizieren die Idee, aber nicht die Umsetzung«, erklärte Urs Hölzle dem Journalisten Cade Metz.[281]

Google organisiert die »Informationen der Welt«, macht sie »für alle zu jeder Zeit zugänglich und nützlich« und verdient als Wirtschaftskonzern daran. Das ist seit Jahren auf der Konzernwebsite zu lesen. Kein Googler hat je behauptet, sein Arbeitgeber sei eine soziale Einrichtung. Doch als der Google-Slogan »Don't be evil« im Jahr 2000 aufkam, beruhigte er nicht, sondern schürte Verdacht. Journalisten und Google-Kritiker kehrten Googles Sei-nicht-böse-Motto gegen den mächtigen Datenkonzern. Siva Vaidhyanathan hält Google zumindest für potenziell böse. »… Google ist nicht konstant und eindeutig gut für uns. Es ist sogar auf viele subtile Weisen gefährlich. Es ist gefährlich aufgrund unseres zunehmenden unkritischen Vertrauens in und unserer Abhängigkeit von Google und aufgrund der Weise, wie es fast jeden Markt oder jeden Bereich, in den das Unternehmen eintritt, aufbricht oder sprengt – gewöhnlich zum Besseren, aber manchmal zum Schlechteren.«[282]

Für seinen *New York Times-Artikel* von 2005 mit dem Titel »Relax, Bill Gates; It's Google's Turn as the Villain« (Entspann dich, Bill

Gates; diesmal ist Google der Bösewicht) sammelte Gary Rivlin viele Originalstimmen, die den scharfen Wind andeuteten, den Google im Silicon Valley ausgelöst hatte. Den Googlern aus Mountain View wurden Arroganz und ein Hang zu aggressivem Wettbewerb nachgesagt. Der Risikokapitalgeber Reid Hoffman erklärte damals: »Google fügt der Innovationskraft des Valley derzeit mehr Schaden zu, als es Microsoft je getan hat.«[283] Google werbe die talentiertesten Leute ab und verderbe die Preise für Programmierer. Außerdem kaufe der Konzern junge Unternehmen und arbeite an vielfältigen Innovationen, wodurch er kaum noch Raum für Start-up-Firmen ließe. Auch ein einst enger Mitarbeiter der Google-Gründer Sergey Brin and Larry Page übte Kritik. »Google ist das neue, böse Imperium, weil sie so eine mächtige Kontrollposition haben. Sie haben eine potenziell monopolistische Kontrolle über den Zugang zu Informationen.«[284] Nur den Anführer von PayPal, den erfolgreichen Investor und Cliquenwirtschaftler Peter Thiel verwunderte der Höhenflug der Firma Google nicht. Er verriet Gary Rivlin: »Hybris ist bei jedem erfolgreichen Silicon-Valley-Unternehmen ein Thema. Ich weiß nicht, ob es bei Google schlimmer ist als bei anderen extrem erfolgreichen Technologiefirmen.«[285]

Google – ein überheblicher, böser Konzern? Google – ein alles verschlingender Vampirtintenfisch? Wer Informationen so gewaltigen Ausmaßes wie das Unternehmen Google auf geheimen Servern hortet, ist nicht bloß ein ökonomisches Schwergewicht, da es den Daten Werbeanzeigen zuschalten und darüber reich werden kann. Mit seinem Wissen über Welt und Weltbevölkerung ist Google auch ein politischer und gesellschaftlicher Machtfaktor.[286]

Larry Page und Sergey Brin, die beiden Informatiker und Google-Gründer, zählen laut der *Forbes*-Milliardärsliste zu den 20 reichsten Menschen der Erde.[287] Trotzdem geben sie sich nicht als Magnaten, sondern als freundliche, etwas entrückte und geniale Visionäre aus. In einem seiner seltenen Interviews, Anfang 2013 für das Magazin *Wired*, sagte Larry Page: »Wenn du nicht ein paar Dinge machst, die verrückt sind, dann machst du die falschen Dinge.«[289] Experimente gehören für Larry Page und Sergey Brin zum Unternehmensalltag. Dabei ist das Experimentieren bei ihnen nie zum Selbstzweck geraten. Ihre Forschung findet nun einmal im Wirtschaftskontext statt. Von Beginn an arbeiteten Brin und Page mit Freunden, Kollegen und externen Partnern daran, Wissen zu sammeln, das sich praktisch nutzen und vermarkten lässt. Den Amerikanern ist gelungen, was Mary Shelleys Romanfigur Viktor Frankenstein missraten ist. Brin und Page haben einen Weltkonzern aufgebaut, der sich, anders als die Kreatur von Frankenstein, wahrscheinlich nicht gegen seine Erfinder richten wird. Page, Brin und der Rest des Google-Führungsteams scheinen ihr Monster fest im Griff zu haben. Sie entwickeln es ehrgeizig weiter, um der Welt eine viel monströsere Maschinerie als Frankensteins Kreatur vorzusetzen.

Mehr Seilschaft als Garagengang

Für ihr Unternehmenswachstum profitieren Larry Page und Sergey Brin von der Loyalität ihrer Freunde, von denen sie einige zu Kollegen machten, und von ihrem Standort im Technologieparadies Silicon Valley. Als 1998 die ersten Investitionsgelder geflossen waren und Google als Unternehmen angemeldet war, stellten Page und Brin den Harvard-Absolventen und Stanford-Mitdoktoranden Craig Silverstein als ersten Mitarbeiter ein. Der dritte Googler, der seit seinem ersten Arbeitstag »Geschäftsführer der technischen Abteilung« bei Google war, verließ die zum Weltkonzern mutierte Garagenklitsche erst 2013. 1998 kam Heather Cairns als vierte Googlerin und Personalmanagerin zum Konzern und viele Software-Ingenieure wurden eingestellt. Googler Nummer acht war Urs Hölzle, der bis heute für Google arbeitet. Das erste Google-Büro befand sich in der Garage des Hauses der Literaturwissenschaftlerin, die auch noch Wirtschaft am Harvard College studiert hatte, Susan Wojcicki, – in Menlo Park im Silicon Valley, südlich von San Francisco. Freunde und Familienmitglieder gingen hier ein und aus. Die Mitglieder der

Clique um Larry Page, Sergey Brin und Susan Wojcicki waren technologieaffin und in Google-Reichweite. Bei ihren Treffen geriet die Arbeit an der Suchmaschine und an neuen Google-Anwendungen nie aus dem Fokus. Ihre Firma wuchs, indem Page und Brin Freunden, Verwandten und auserlesenen Programmierern Jobs anboten. Von den 21 ersten Angestellten arbeiten heute noch sieben für Google. Nach dem Umzug in ein größeres Büro ins benachbarte Palo Alto wurde weiteres Personal rekrutiert. Als 16. Angestellte kam 1999 auch die 30-jährige Garagenvermieterin von Brin und Page, Susan Wojcicki, zu Google. Sie war bei *Intel*, Bain & Company und diversen Start-ups beschäftigt, bevor sie bei Google die Vermarktung von Onlinewerbung und damit die Cashcow des Konzerns verantwortete.

Susan Wojcicki begeisterte auch ihre Eltern und ihre beiden jüngeren Schwestern für Google. Ihrer Schwester Anne, die Gründerin der Biotechnologiefirma *23andMe*, stellte Susan bereits 1998 deren späteren Ehemann und Geschäftspartner, Sergey Brin, vor. Gregor, der Mann der dritten Schwester Janet, ist ein ehemaliger Googler. Mutter Esther Wojcicki, eine Journalistin und Pädagogin, arbeitete zwischen 2005 und 2006 als Google-Beraterin. Auch Susan Wojcickis Mann, der Vater ihrer vier Kinder, Dennis Troper, arbeitet für Google. Susan Wojcicki half wesentlich mit, aus der Nerd-Gruppe in ihrer Garage einen Milliardenkonzern zu machen. Sie hatte die Idee, die Google-Werbelinks nicht nur über die eigenen Webseiten zu vermarkten, sondern über Partner-Webseiten und so über das ganze World Wide Web hinweg zu verteilen. Für ihren Einsatz erhielt Susan Wojcicki als eine der ersten Googler den 2005 neu aufgelegten Preis *Google Founders Award*. Das *Forbes*-Magazin erkannte Wojcicki den 16. Platz auf der Liste »World's 100 Most Powerful Women« von 2011 zu.[289] Susan Wojcicki, die sich 2006 für den rund 1,3 Milliarden Euro teuren Kauf der Videoplattform YouTube stark gemacht hatte, wurde Anfang 2014 von Larry Page zur YouTube-Chefin ernannt. Vermutlich wollte er damit eine Abwanderung seiner treuesten Mitarbeiterin verhindern.

Die Stanford-Absolventin im Fach Informatik und das spätere »öffentliche Gesicht« der Firma, die Googlerin Nummer 21, Marissa Mayer, war 2012 als Geschäftsführerin (CEO) zum Google-Kontrahenten Yahoo gewechselt. Das ließ Zweifel an der Personalpolitik bei Google aufkommen. Schließlich war Mayer eine begeisterte Googlerin. Für die CNBC-Dokumentation *Inside the Mind of Google* wurde Mayer 2009 gefragt, warum sie damals bei der Minifirma von Page und Brin angeheuert hatte. »Es gab zwei Schlüsselfaktoren bei meiner Entscheidung. Man sollte mit den smartesten Leuten arbeiten, die man finden kann, und man sollte Dinge tun, für die man noch gar nicht bereit ist«, sagte Mayer damals.[290] Und sie ging offenbar, als sie bei Google keine Aufstiegschancen mehr sah. Mayer erreichte auch nicht, was Wojcicki, wenn auch spät, 2014 glückte, als einzige Frau in den kleinen, feinen Leitungskreis »Larry's Team« aufgenommen zu werden. Andere Mitglieder des »L-Teams« rund um den Google-Boss Larry Page sind etwa der Werbefachmann Sridhar Ramaswamy und der einstige Android-Boss und aktuelle Leiter der Google-Robotik-Sparte, Andy Rubin.[291] Ein weiterer erwähnenswerter Langzeit-Googler ist der studierte Historiker und Jurist David Drummond. Um 1998 beriet er die Google-Gründer als Anwalt der in Palo Alto ansässigen Kanzlei *Wilson Sonsini Goodrich & Rosati* (WSGR), die sich auf Technologiefirmen spezialisiert hatte. Drummond begleitete Brin und Page bei der Firmengründung und kümmerte sich um die Grundfinanzierung von Google. 2002 stieg er bei Google ein und fungiert heute unter der Stellenbeschreibung Senior Vice President, Corporate Development and Chief Legal Officer gleichzeitig als Rechtsberater, Chefstratege und Außenminister von Google.[292]

Wachstum durch Kapital und Köpfe

Von den beiden führenden Risikokapital-Firmen aus dem Silicon Valley, *Sequoia Capital* und *Kleiner Perkins Caufield & Byers*, erhielt Google 1999 eine Finanzspritze von insgesamt 25 Millionen US-Dollar. Die Konkurrenten Michael Moritz von Sequoia und John Doerr von Kleiner Perkins stiegen zu gleichen Teilen in das ein Jahr junge Unternehmen Google ein. Dafür bekamen sie jeweils die gleiche Anzahl an Aufsichtsratssitzen, was sehr ungewöhnlich war. Doch damit wollten die Google-Gründer Page und Brin verhindern, dass ein einzelner Kapitalgeber ihr Unternehmen zu stark beeinflusst. Als dritter Investor kam Ram Shriram hinzu, der CEO des später von *Amazon* gekauften Datenbankspezialisten *Junglee*. Der Amazon-CEO, Jeff Bezos, stieg für nur 250.000 US-Dollar bei Google ein. Aber wie die Anteile aller frühen Google-Investoren sind auch die von Bezos mittlerweile Milliarden wert. Bis heute sitzen John Doerr und Ram Shriram im Google-Aufsichtsrat. Sie standen Page und Brin von Anfang an beratend zur Seite. Es schadet Google auch nicht, dass Doerr außer bei Google auch Aufsichtsratssitze bei Apple und Amazon innehat und somit auch deren Geschäfte von innen kennt. Zwei weitere einflussreiche Veteranen der Technologiebranche sitzen im Google-Aufsichtsrat, der Ex-Präsident von Intel, Paul S. Otellini, und die einstige Finanzchefin von *Pixar Animation*, Ann Mather, die auch in den Vorständen des Filmkonzerns *MGM*, des Filmstreaming-Anbieters Netflix und des Zahlungsdienstleisters *MoneyGram* vertreten ist. Larry Page und Sergey Brin hatten mächtige und fähige Leute hinter sich gebracht. John Doerr von Kleiner Perkins, der außer Google auch Unternehmen wie *Netscape, Symantec, Sun Microsystems,* Amazon oder *Zynga* mit Startkapital versorgt und deren Erfolgswege begleitet hat, riet den Google-Gründern dazu, einen erfahrenen Manager in die Geschäftsleitung aufzunehmen. Er empfahl den ehemaligen CEO von *Novell* und Ex-Technologiechef von Sun Microsystems. Eric Schmidt war ein erfahrener Manager mit Ingenieurshintergrund. Obwohl er nahezu 20 Jahre älter als Brin und Page war, konnte er mit den Techies auf Augenhöhe kommunizieren. 2001 trat Eric Schmidt dem Google-Aufsichtsrat als Vorsitzender bei. Sechs Monate später fungierte er bereits als CEO der Firma. Bis zum Börsengang von Google im Jahr 2004 bestand Schmidts Hauptaufgabe darin, »die Unternehmensinfrastruktur aufzubauen, die dem schnellen Wachstum der Firma Google gerecht wird, und einen hohen Qualitätsstandard zu gewährleisten, während sich die Phasen der Produktentwicklung auf ein zeitliches Minimum verkürzen«.[293] Google wuchs, indem spezialisierte Firmen gekauft und Schlüsselpositionen mit hochkarätigem Fachpersonal besetzt wurden. 2003 zog Google nach Mountain View, südlich von Menlo Park, wo noch heute der Hauptsitz der Firma liegt. Man nannte die neue Unternehmenszentrale *Googleplex* und taufte das gesamte Areal *Google Campus*, um auf die inspirierende, zum Experimentieren einladende Atmosphäre hinzuweisen, die auch an Universitäten herrscht.

»Einen Monat vor dem Börsengang haben wir vereinbart, dass wir 20 Jahre lang zusammen arbeiten werden«, verriet Eric Schmidt 2008 in einem Interview für das *Fortune Magazine*[294], vier Jahre nach dem Gang an die Börse. Mit der Verpflichtung zur Zusammenarbeit bis 2024 garantierte das Google-Dreigestirn, Page, Brin und Schmidt, den Investoren Kontinuität an der Firmenspitze. Den Google-Managern war klar, dass erfahrene Silicon-Valley-Investoren, Männer wie John Doerr, Michael Moritz oder Peter Thiel, in erster Linie auf von ihrer Idee besessene Führungskräfte setzten und erst in zweiter Linie auf die Idee selbst. Daher warb Larry Page 2004, kurz vor dem Börsengang, in seinem öffentlichen Anschreiben »Founders' IPO Letter« mehr für sich selbst als für die Firma: »Indem Sie in Google investieren, setzen Sie in einer ungewöhnlich langfristigen Wette auf das Team, insbesondere auf Sergey und mich.«[295] Der Aktienkurs von Google stieg bereits am ersten Handelstag um rund 20 US-Dollar. Über Nacht wurden Page und Brin, die je um die 38 Millionen Google-Aktien hielten, zu Papiermilliardären. Zehn Jahre später, 2014, lag Larry Page mit einem Eigenkapital von 32,3 Milliarden US-Dollar auf Platz 17 und Sergey Brin mit 31,8 Milliarden auf Platz 19 der *Forbes*-Liste »The World's Billionaires«.

Schmidt fungiert erfolgreich als Außenminister des Konzerns. Damit Menschen die Google-Dienste nutzen, wirbt er um das Vertrauen der Nutzer und argumentiert gegen alle Barrieren, welche die Bewegungsfreiheit der Google-Nutzer einschränken könnten. In der *Brian Lehrer Show* des Radiosenders *WNYC* erläuterte Eric Schmidt 2009, warum seine Firma jede Art der Regulierung ablehnt: »Im Informationssektor spielt Google eine wichtige Rolle. [...] Wenn Sie also darüber besorgt sind, dass Google reguliert werden sollte, [...]. Eine Sache, die Sie wirklich beunruhigen sollte, ist, dass eine Kombination aus Sonderinteressen plus ungewollter Regulierung die Arten von Nutzervorteilen verhindern, die wir so hart durchzusetzen versuchen.«[296] 2008 unterstützte der Google-CEO Barack Obama bei seinem ersten Präsidentschaftswahlkampf. Außerdem bekleidete Schmidt zwischen 2006 und 2009 einen Aufsichtsratssitz beim Konkurrenten Apple. Um Interessenkonflikte zu vermeiden, lehnte Schmidt jedoch das Angebot der Regierung Obama ab, ihr als Sonderbeauftragter für die Technologiebranche zu dienen. Wegen zunehmender geschäftlicher Überschneidungen gab Schmidt 2009 auch sein Mandat bei Apple auf. 2011 trat Eric Schmidt als Google-CEO zurück. Er verließ den Konzern aber nicht, sondern wurde die Karriereleiter nach oben entlassen und zum Chairman und Hauptmanagementberater von Google ernannt. Die Rechnung von John Doerr, Eric Schmidt an die Spitze des Suchmaschinenriesen zu setzen, ist voll aufgegangen. Mit seinen markigen Verteidigungsreden hat Schmidt bewiesen, dass er gänzlich zum Googler geworden war. Eine Kostprobe seines rhetorischen Talents lieferte er im April 2014 im Artikel »Die Chancen des Wachstums« für die *Frankfurter Allgemeine Zeitung*. Der Text forderte den Vorstandsvorsitzenden der Axel Springer AG Mathias Döpfner dazu heraus, nur wenige Tage später mit einer Art Gegendarstellung und einem Geständnis zu kontern. In seinem ebenfalls von der *FAZ* publizierten »Offenen

Brief an Eric Schmidt« gab der Springer-Chef zu: »Wir haben Angst vor Google.«[297] Womöglich nutzten Schmidt und Döpfner die Gelegenheit zum persönlichen Austausch bei der Bilderberg-Konferenz im Mai 2014.[298] Die Rekrutierung von Eric Schmidt, das Zwei-Generationen-Führungsmodell und der strikt hierarchische Unternehmensaufbau haben sich für Google bewährt. Die Firma hat den Übergang vom Kleinunternehmen zum Weltkonzern gemeistert, ohne ihr Start-up-Image aufgeben zu müssen. Seit dem Rücktritt von Eric Schmidt als CEO im Jahr 2011 steht der Google-Gründer Larry Page wieder an der Firmenspitze. Als CEO ist er für alle Unternehmensbereiche verantwortlich.

Club der Visionäre

Innerhalb von nur drei Jahren, zwischen 2010 und 2013, verdoppelte sich die Zahl der Google-Angestellten von rund 24.400 um 22.000 Neuzugänge, genannt *Nooglers*, auf 46.400. Mitte 2014 arbeiteten rund 52.000 Menschen für Google.[299] Das Unternehmen Google punktet nicht nur bei den Konsumenten, sondern auch bei Mitarbeitern und Möchtegern-Mitarbeitern. Seit vier Jahren in Folge belegt Google den ersten Platz auf der Liste des Magazins *Fortune* der »100 Best Companies to Work For«.[300] Doch nicht bloß junge Techies aus aller Welt fühlen sich bei Google wohl. Auch weltweit führende Wissenschaftler streben unter das Dach von Google. Keine andere Firma fordert sie anscheinend intellektuell genügend heraus.

Das geheime Forschungslabor *Google X Labs* ist das Lieblingsprojekt von Larry Page. Seit 2010 forschen hier Physiker, Biologen, Soziologen und andere Top-Wissenschaftler an den Technologien der Zukunft, die bei Google *moonshots* (Mondschüsse) heißen. Aufgebaut wurde Google X von dem in Solingen geborenen Informatiker und Ökonomen Sebastian Thrun. Parallel zu seiner Tätigkeit für Google lehrte Thrun bis 2011 als Professor für künstliche Intelligenz an der Stanford University, bis er sich gänzlich Google anschloss. Sebastian Thrun darf sich »Google Fellow« nennen, so wie Urs Hölzle oder Amit Singhal und nur wenige andere Spitzen-Googler.

»Wir zählen zu den größeren Firmen der Welt und ich würde uns gerne mehr Dinge machen sehen – nicht das, was schon andere gemacht haben, sondern etwas Neues,«[301] sagte Larry Page im Interview für das US-Magazin *Wired* 2013. Neues zu initiieren, und Ideen, die aus Science-Fiction-Büchern stammen könnten, in Produkte zu verwandeln, traut Larry Page offenbar Astro Teller zu. Astro, bürgerlich Eric Teller und Enkel von zwei Nobelpreisträgern, trägt den Jobtitel »Captain of Moonshots«. Die Tätigkeitsbeschreibung des Informatikers und ehemaligen Stanford-Absolventen, der im Fach Künstliche Intelligenz promoviert wurde, spiegelt die Erwartungen wider, die an ihn gestellt werden. Seine Mission erklärte Teller 2013 Brad Stone von der *Bloomberg Business Week*: »Für alles, was ein riesiges Problem für die Menschheit darstellt, bewerben wir uns, falls wir einen Weg finden, es zu lösen.«[302] Larry Page verlangt von seinen Angestellten keine kleinen Schritte, sondern Sprünge bzw. Schüsse. Neue Google-Produkte sollen nicht 10 Prozent, sondern zehnmal besser sein als alle vorhandenen Angebote. Anders als in den meisten anderen Unternehmen genehmigt man sich bei Google abgehobene und kurzfristig betrachtet wenig ergiebige Visionen. 2012 ernannten Brin und Page den Futuristen Ray Kurzweil zum Director of Engineering.[303] Jemand, der seit Jahren an der Verlangsamung des Alterungsprozesses forscht, passt zu Google, zumal der Konzern seit 2013 die Forschungsfirma *Calico* finanziert. Calico erkundet Verfahren, die Alterskrankheiten und das Altern von Menschen erleichtern und sogar aufhalten können.[304]

Neben Ray Kurzweil und Astro Teller stehen weitere Gurus auf der Gehaltsliste von Google. Einer davon ist Vinton »Vint« Cerf. Er arbeitete zwischen 1976 und 1982 als Chefwissenschaftler für die Behörde des US-Verteidigungsministeriums, *Defense Advanced Research Projects Agency* (DARPA). Als einer der beiden »Väter des Internets« hat er zusammen mit Robert »Bob« Kahn Anfang der 1970er-Jahre Verbindungsprotokolle entwickelt, welche die Grundlage für die Internetübertragung bilden. Cerf war Gründer und President der *Internet Society* (ISOC). Von 1999 bis 2007 war er Teil des Aufsichtsrats und ab 2000 zudem Vorstand der gemeinnützigen Organisation *Internet Corporation for Assigned Names and Numbers* (ICANN), die weltweit die IP-Adressen zuteilt. Seit 2005 firmiert Vint Cerf bei Google als »Chief Internet Evangelist«. Er forscht nach neuen Methoden, um die Google-Funktionen zu verbessern, und repräsentiert die Google-Ideologie in der Öffentlichkeit. Der Wirtschaftswissenschaftler Hal Varian, der Professuren sowohl am Massachusetts Institute of Technology (MIT) wie an der Stanford University bekleidet und zwei Standardwerke für das Hochschulfach Volkswirtschaftslehre verfasst hat, fungiert seit 2007 als Google-Chefökonom. Der Mathematiker und Informatiker Alfred Spector, der Abschlüsse von der Harvard University und Stanford University besitzt, arbeitet seit 2007 als Google-Vice President des Unternehmensbereichs Forschung. Der im Vergleich zu den übrigen Forschern nur wenig »jüngere ältere Herr«, der Informatiker und Fachmann für künstliche Intelligenz, Peter Norvig, war von seiner früheren Arbeitgeberin NASA 2001 zu Google gewechselt. Arun Majumdar hatte als erster Direktor die *Advanced Research Projects Agency-Energy*, kurz ARPA-E, geleitet – eine Abteilung des US-Energieministeriums. Seit 2012 gehört er der Philanthropie-Sparte *Google.org* an. Laut einer Google-Mitteilung führt er »die Energieinitiativen von Google.org und berät Google in Bezug auf seine breitere Energiestrategie«. 2013 stieß der renommierte britische Computerwissenschaftler und Universitätsprofessor Geoffrey Hinton zu Google. Hintons Leidenschaft, Computer zu bauen, »die menschlich agieren«, führte ihn zum Projekt *Google Brain*. In diesem Kontext forschen Informatiker und Neurowissenschaftler daran, Maschinen möglichst menschenähnlich denken zu lassen.

Seit Larry Page das Unternehmen wieder als CEO führt, verdoppelten sich bei Google die Forschungsausgaben. 2013 steckte der Konzern 8 Milliarden US-Dollar in wissenschaftliche Projekte und in das passende Personal. Die Google-Spitzenwissenschaftler Sergey

Brin, Larry Page, Eric Schmidt, Ray Kurzweil, Vint Cerf, Hal Varian, Alfred Spector, Peter Norvig und Arun Majumdar sind alle gewählte Mitglieder der *American Academy of Arts and Sciences*. Diese prestigeträchtigste aller ehrenamtlichen Gesellschaften der USA existiert seit dem Unabhängigkeitskrieg 1780. Hier versammelten sich einst Wissenschaftler, Regierungsmitglieder, Wirtschaftsvertreter und Vertreter von Kunst und Kultur, um die Zukunft der jungen Nation zu planen. Heute betreibt diese US-Geisteselite unabhängige Politikforschung. Die hier bearbeiteten Projekte betreffen Themen wie Bildung, Forschung, technologischer Fortschritt oder Umweltfragen. Sie zielen auf die Weiterentwicklung der US-Gesellschaft ab. Google ist mittendrin, wenn die Intelligenzia der USA tagt, wissenschaftliche Preise und Stipendien vergibt, Konferenzen veranstaltet und Politikvorschläge entwickelt.[305]

Im Rahmen des weltweiten Wettbewerbs *Google Lunar X-Prize* stellt Google 30 Millionen US-Dollar für private Teams bereit, welche die Erkundung des Weltraums vorantreiben. Ausgerichtet wird der Wettbewerb von der *X Prize Foundation*. Zu deren Kuratorium gehören neben den Googlern Larry Page und Ray Kurzweil weitere Visionäre, darunter das PayPal-Mafia-Mitglied Elon Musk, der das Raumfahrtunternehmen *Space X* und den Elektroautohersteller *Tesla Motors* gegründet hat, der Biochemiker Craig Venter, der das Privatunternehmen *Celera Corporation* leitet, das die automatisierte Sequenzierung des menschlichen Genoms anbietet, James Cameron, der Filmemacher und Regisseur von Blockbustern wie *Terminator*, *Titanic* oder *Avatar*, Will Wright, der Computerspieleentwickler, und Arianna Huffington, die Gründerin der Onlinezeitung *The Huffington Post*.

Google lässt die eigenen Angestellten forschen, kooperiert aber auch mit der benachbarten Stanford University, der Harvard University oder dem Massachusetts Institute of Technology (MIT). In Deutschland arbeitet Google eng mit der Humboldt-Universität zu Berlin zusammen. Kritiker bemängeln die Vereinnahmung der Stanford University durch die benachbarten Technologiefirmen im

Silicon Valley. Für das US-Magazin *The New Yorker* analysierte Nicholas Thompson in seinem Artikel von 2013 »Stanford and Its Startups« die »verschwimmenden Grenzen zwischen Universität und der Technologieindustrie«.[306] Er beschreibt die Verflechtung zwischen Professoren und Wissenschaftlern mit der Start-up-Szene und die Gepflogenheit von im Valley Studierenden, ihr Studium zugunsten hoher Gewinnaussichten in der Industrie abzubrechen.[307] Google fädelt Partnerschaften mit Vertretern der Stanford University und mit Wissenschaftlern von Hochschulen der amerikanischen Ostküste ein. Zur Gestaltung der digitalen Lernplattform *Open EdX* stieg Google 2011 in das bis dahin von der Harvard University und MIT allein betriebene Projekt ein. Aus dem MIT, wo die Robotikforschung besonders weit fortgeschritten ist, ging 1992 als Spin-off die Firma *Boston Dynamics* hervor. Die Robotikfirma entwickelt autonome Laufroboter und Kriegsgeräte. Zu ihren Kunden zählt das US-Verteidigungsministerium. Um im Bereich Robotertechnik aufzurüsten, erwarb Google 2013 nicht nur Boston Dynamics, sondern noch sieben weitere Robotikunternehmen. Googles neue Zukunftssparte betreut der Robotikingenieur Andy Rubin, der Schöpfer des Betriebssystems *Android*. Rubin war 2013 von der Android-Sparte in die Sparte für Androiden gewechselt, wo er sich nun mit dem Bau menschenähnlicher Maschinen befasst.[308]

Coopetition, eine Mischung aus Kooperation (*cooperation)* und Wettbewerb (*competition*), betreibt Google mit der gemeinnützigen *Mozilla Foundation.* Für die Stiftung, die wie Google ihren Sitz im kalifornischen Mountain View hat, soll Google bis zu 300 Millionen US-Dollar jährlich und damit ca. 84 Prozent ihres Gesamtkapitals aufgebracht haben, so der Informationsdienst *allthingsd.com*.[309] Dieses Google-Engagement ist öffentlich derzeit kaum bekannt. Google wollte nicht damit auffallen, dass Google-Entwickler dank der Spenden ihres Arbeitgebers Einblicke in die Funktionen des Browsers *Firefox* von *Mozilla* erhielten und *Google Chrome* entwickeln konnten. Der Google-Browser konnte im Jahr 2008 live gestellt werden. 2013 verzeichnete er bereits weltweit einen Marktanteil von 42 Prozent, mehr als der Browser *Internet Explorer* von Microsoft mit 27 Prozent und viel mehr als der Browser *Firefox* mit nur 18 Prozent.[310]

Coopetition betrieb Google auch mit der Firma Apple. Ein E-Mail-Wechsel zwischen dem damaligen Google-CEO Eric Schmidt und dem Gründer von Apple Inc., Steve Jobs, brachte ans Licht, dass man sich offenbar darüber abgesprochen hatte, sich gegenseitig kein Personal abzuwerben. Im Frühjahr 2014 flog die Rekrutierungsklüngelei zwischen Google, Apple, Intel und Adobe auf. Die Parteien einigten sich mit den klagenden Angestellten auf Schadensersatzzahlungen.[311]

Über sogenannte »offene« Allianzen, die so offen aber nicht sind, entwickelt Google gemeinsam mit Unternehmen aus der Soft- und Hardwarebranche neue Produkte. Zur Einsparung von Kosten, zum Teilen von Wissen, zur Nutzung gemeinsamer Vertriebskanäle oder zum Lernen von den Strategien der Konkurrenz schließt sich Google mit Geschäftspartnern zusammen. 2007 wurde die *Open Handset Alliance* (OHA) und 2013 die *Open Automotive Alliance* (OAA) gegründet. Um im Mobilfunksektor kommerziell zu wachsen und die Möglichkeiten internetfähiger Telefone auszuloten, kooperierte Google in Form des Konsortiums Open Handset Alliance mit internationalen Endgeräteherstellern wie *HTC* und *Samsung*, mit Halbleiterproduzenten wie *Intel* oder *Nvidia*, mit Netzbetreibern wie *China Mobile* oder *T-Mobile* sowie mit Software- und Marketingfirmen. Mithilfe der OHA-Allianz, einer pragmatischen, vertraglich abgesicherten Version von Cliquenwirtschaft, wollte Google dem Siegeszug des Konkurrenten Apple Inc. mit seinem *iPhone* Einhalt gebieten. Das gelang. Sechs Jahre später, Ende 2013, waren 82 Prozent aller neu verkauften internetfähigen Mobilgeräte mit dem kooperativ erstellten Google-Betriebssystem Android ausgestattet. Zur Nutzung von Android in Fahrzeugen rief Google 2013 die Open Automotive Alliance (OAA) ins Leben. Unter dem Dach kooperiert der Konzern mit den Automobilkonzernen Audi, *General Motors, Honda* und *Hyundai*, um auch den Markt der smart vernetzten Automobile zu erobern. In diesem Sektor konkurriert Google auch wieder mit der Firma Apple, die Partner wie *Ferrari*, Mercedes und *BMW* sowie ebenfalls Audi als Partner gewonnen hat.

Die beiden Google-Allianzen sind keineswegs so »offen«, wie ihr Name demonstriert. OHA und OAA sind geschlossene Arbeitszirkel, die geschaffen wurden, um Wettbewerber zu verdrängen. Einen Coup auf dem Markt der vernetzten Autos landete Google 2013. Via *Google Ventures* erwarb der Konzern für 258 Millionen US-Dollar Anteile am 2009 gegründeten populären Luxus-Taxidienst *Uber*.[312] Mittels der Smartphone-App von Uber können Nutzer Autos der Luxusklasse oder Limousinen bestellen und den Service bargeldlos bezahlen. Die Investition in Uber, die Konkurrenz aller Taxiunternehmer, eröffnet Google reizvolle Nutzungsmöglichkeiten für Android. 2014 verkündete Google die Konstruktion selbstfahrender Autos – auch darüber lassen sich Bewegungsdaten sammeln.[313]

Mit permanenten Innovationen zielt Google darauf ab, wichtiger Bestandteil des Alltags der Menschen zu werden. Weltweit, rund um die Uhr und rundum sollen Menschen mit Google-Produkten versorgt werden. Sie sollen diese wie Luft zum Atmen benötigen. Die Google-Spitze beabsichtigt genau die Googlisierung, vor welcher der Medienforscher Siva Vaidhyanathan gewarnt hat.

Mit bunt und freundlich gestalteten, kinderleicht verwendbaren Diensten besticht Google die Nutzer. Da ihnen alles gratis geboten wird, sieht es für sie so aus, als freue Google nichts mehr, als sie zu beschenken. Der »Don't be evil«-Konzern braucht das Vertrauen der Netzgemeinde. Schließlich sichern die Google-Nutzer dem Unternehmen als Werbeadressaten die wichtigste Einnahmequelle. Die Beliebtheit der eigenen Dienste und das hohe Ansehen in der Öffentlichkeit dienen Google außerdem dazu, restriktive Gesetzesentwürfe abzuschmettern, die das bewährte Verdienstmodell gefährden könnten. Was für die Kirche der »Katholizismus« ist, heißt bei Google »Googliness«. Wie die Kirche profitiert auch der Konzern Google von seiner permanenten Präsenz im Alltag der Menschen. Je mehr Menschen weltweit die Google-Angebote schätzen und beansprüchen, desto weniger können Regierungen den Anliegen des US-Unternehmens trotzen.

Seinen herausragenden Erfolg verdankt das Unternehmen Google nicht allein straffer Führung, professioneller und visionärer Fachberater, sondern seinen über den Erdball hinweg verteilten Mitarbeitenden. Das Google-Management versucht nicht nur, die Nutzer und die breite Öffentlichkeit auf ihre Seite zu bringen. Es macht sich auch seine Angestellten zu guten Freunden. Zudem lässt es sie untereinander Freundschaften schließen, um auch davon wirtschaftlich zu profitieren. 2012 verzeichnete der Technologiekonzern Google mit 930.000 US-Dollar einen 170 Prozent höheren Umsatz pro Mitarbeiter als der Konkurrent Yahoo, dessen Wert nur rund 350.000 US-Dollar aufwies. Damit erzielte Google einen fast so hohen Umsatz pro Arbeitskraft wie die Investmentbank Goldman Sachs mit ihren über 1 Million Dollar. Um Googler in loyale, bestens gelaunte und fleißige Arbeitsbienen zu verwandeln, werden sie auf Basis statistischer Berechnungen von den Google-Personalprofis verwöhnt, gefördert und gefordert.

Googler im kalkulierten Glück

»Wir haben einen einfachen Geschmack: Wir sind immer mit den Besten zufrieden«, könnte das Motto der Personalleiter von Google in Abwandlung eines Oscar-Wilde-Zitats lauten. Damit sind nicht die Absolventen mit den besten Noten und von den besten Hochschulen gemeint. Google sucht nicht unbedingt die Besten auf dem Papier, sondern die intelligentesten, fachlich beschlagensten, loyalsten und sozial kompetentesten Bewerbungskandidaten. Sie müssen außerdem Führungskompetenz mitbringen und den »Googliness«-Faktor aufweisen, also zur Kultur des Konzerns sowie in ein bestimmtes Team passen. Und sie sollen die Firma am besten nicht so schnell wieder verlassen. Bei der Personalbeschaffung steht Google im Wettbewerb mit anderen Technologiefirmen, darunter Apple,

Facebook oder Yahoo. Herbe Personalverluste erlitt Google in der Liga der Top-Angestellten. 2008 verlor der Konzern seine Vizepräsidentin für die globalen Onlinegeschäfte, Sheryl Sandberg. Nach sieben Google-Jahren lief sie zu Facebook über, wo man sie zur Chief Operating Officer (COO) ernannte. 2012 wechselte Googles 21. Mitarbeiterin, Marissa Mayer, in die Chefposition des Google-Konkurrenten aus den Anfangsjahren, Yahoo. Google sah sich dazu genötigt, die Personalpolitik so umzugestalten, dass hochgestellte, engagierte Mitarbeiter mit geheimem Firmenwissen im Unternehmen gehalten wurden. Dennoch verließen drei führende Google-Mitarbeiter Mitte 2014 die Firma, darunter Vic Gundotra, der dem L-Team von Larry Page angehört hat.

Wie bei Kirche, Mafia und Goldman Sachs tragen strengste Auswahlkriterien dazu bei, Personal zu finden, das zum Rest der Belegschaft passt. Gesucht wird das Bewährte und Ähnliche, nicht das Andere und Fremde. Bei Google liegt aber die Ähnlichkeit der Angestellten genau darin, dass jeder und jede eine besondere Individualität aufweist. Der ehemalige Google-Praktikant Rohan Shah beschrieb die Kollegen am Standort Googleplex für das Online-Technologiemagazin *Business Insider*: »Was mich wirklich erstaunt hat, als ich bei Google gearbeitet habe, war, dass jeder einzelne Mitarbeiter extrem kreativ und extrem aktiv war.«[314] Über die Stimmung im Berliner Google-Büro, in dem die Räume nach Berliner Nachtclubs wie *Berghain* benannt sind, sagte eine ehemalige Mitarbeiterin im Gespräch mit der Autorin: »Jeder dort ist extrem intelligent und offen, total von Google überzeugt und begeistert. Man findet sehr schnell Anschluss.« Der Autor des Buches *Are You Smart Enough to Work at Google?*,[315] William Poundstone, erklärte gegenüber dem Magazin *Forbes*: »Google weiß sehr genau, was es will: extrem gescheite Extrovertierte.«[316] Besonders interessant für den Konzern sind junge, ungebundene Menschen, die kaum Verpflichtungen neben ihrer Arbeit kennen. »Wir wollen, dass sie die ganze Zeit arbeiten. Wenn sie gehen und sich mit anderen Dingen beschäftigen, haben wir ihre Aufmerksamkeit nicht«, erklärte Eric Schmidt 2009 im Interview für die *CNBC*-Dokumentation *Inside the Mind of Google*.[317]

Seit frühesten Garagentagen verlässt man sich für die Google-Zentrale auf Personalempfehlungen von Freunden und Bekannten, die dafür finanziell belohnt werden. Weitere von Google genutzte Rekrutierungswege sind Kooperationen mit Headhuntern und Stelleninserate. Die meisten Interessenten kommen von selbst auf Google zu. Obgleich Google den Mitarbeitern nur ein durchschnittliches Gehalt zahlt, das beispielsweise hinter dem der Microsoft Corporation liegt, erhält das kalifornische Unternehmen jedes Jahr über eine Million Bewerbungen. Nur 0,8 Prozent davon seien erfolgreich, verriet ein Mitarbeiter am Google-Standort Dublin der Autorin. Google-Bewerber müssten bis zu sechs Stufen durchlaufen. Dazu gehörten neben einem Telefoninterview in der Regel bis zu sechs persönliche Gespräche mit Personalverantwortlichen und zukünftigen Kollegen.[318]

Diese Zahl sechs ist keine Zufallszahl. Sie kam durch mathematische Analysen zustande. Wie es sich für ein von Informatikern geführtes und hauptsächlich aus solchen bestehendes Unternehmen gehört, verlässt man sich bei Google auf quantitative Daten zum menschlichen Verhalten. Google setzt auf eine Personalabteilung, die auf Basis statistischer Erkenntnisse entscheidet. Das HR-Team von Google besteht zu je einem Drittel aus klassischen Personalleitern, Strategieberatern und Statistikern, die experimentelle Designs entwickeln, durchführen und auswerten. Der ehemalige McKinsey-Mitarbeiter Laszlo Bock leitet seit 2006 die Google-Abteilung *Personal Operation*, kurz POP. Bocks Kollegen berechneten, dass vier bis sechs Bewerbungsgespräche die ideale Menge seien, um die besten Noogler auf effizienteste Weise zu finden. Sie stellten auch fest, dass Noten oder Einstellungstests wenig über die Qualität von Bewerbern aussagten. Mittels wissenschaftlicher Methoden filtert die Google-Personalabteilung die Kandidaten heraus, die mit hoher Wahrscheinlichkeit erfolgreich für die Firma arbeiten und diese nicht schon nach einem Jahr wieder verlassen werden. Der Fachpublikation *Human Resource Executive* gegenüber gab 2010 der Leiter des »People Analytics Teams« der Google-Personalabteilung, Prasad Setty, preis, dass die Leistungen aller Googler permanent ausgewertet würden: »Wir wollen sichergehen, dass die besten Performer bleiben und die schlechten identifiziert werden, damit ihnen Verbesserungschancen gegeben werden können, und wenn das nicht funktioniert, dass sie dann an andere Stellen versetzt werden, wo sie besser gedeihen können.«[319] Nach ausgiebigen Datenanalysen wurde auch festgestellt, dass der wichtigste Motivator für Googler deren direkte Vorgesetzte sind. Daraus hat man Coaching- und Förderungsmethoden abgeleitet, die Google-Angestellte der mittleren Managementebene zu besseren Bossen machen. Basis des Management-Verbesserungsprogramms ist das »Projekt Oxygen«. Im Rahmen dessen wurden 360-Grad-Befragungen, wie sie auch Goldman Sachs zur Personalbewertung verwendet, verschiedene Leistungskennzahlen, Berichte und Nominierungen für Managementpreise ausgewertet.[320] Das Ergebnis schilderte Laszlo Bock 2011 in einem Interview für die *New York Times*. »Innerhalb des Google-Kontextes haben wir immer gedacht, dass man gerade auf der technischen Seite jemanden bräuchte, der ein guter oder besserer Technologieexperte sein sollte als die Leute, die für dich arbeiten. Es stellte sich heraus, dass das der am wenigsten wichtige Faktor ist. [...] Viel wichtiger ist es, eine Verbindung herzustellen und ansprechbar zu sein.«[321] Bock und sein Team filterten eine Kriterienliste heraus, die gutes Führungspersonal kennzeichnen. Zu den Kriterien zählen Kommunikationsbereitschaft, Konsistenz im Führungsstil, Hilfe bei der Weiterentwicklung von Mitarbeitern sowie klare Visionen und Strategien. Auf derartige Faktoren würden wohl viele allein mit gesundem Menschenverstand stoßen. Doch bei Google sollen Personalentscheidungen nicht intuitiv, sondern auf der sicheren Basis von Daten getroffen werden. Auch der Erfolg von Führungstrainings, bei denen man Manager beispielsweise über den Sinn regelmäßiger persönlicher Gespräche aufklärte und ihnen beibrachte, wie diese zu führen sind, lässt sich in Zahlen ausdrücken. »Wir stellten eine statistisch signifikante Verbesserung der Managerqualität um 75 Prozent bei unseren am schlechtesten abschneidenden Managern fest«, erklärte Laszlo Bock.[322] In einem anderen *New York Times*-Interview von 2013 sagte Bock: »Wir sammeln Daten über jeden in der Firma, der eine Führungsfigur ist, und wie gut er bei 12 bis 18 verschiedenen Faktoren abschneidet. Zwei Mal pro Jahr wird seither die Qualität jeder Google-Führungskraft über eine Feedback-Umfrage geprüft. [...] Die Manager sollen selbst den sportlichen Ehrgeiz entwickeln, ihre Werte ständig zu verbessern.«[323] Normale Mitarbeiter müssen sich sogar jedes Quartal einem 360-Grad-Feedback stellen. Dazu können sie fünf Teammitglieder aussuchen, von denen sie bewertet werden wollen. Mitarbeiter können sich auch gegenseitig sogenannte Peer-Boni als positive Anerkennung zuteilen. Bei einem Bonus zahlt Google dem Kandidaten umgerechnet 100 Euro.[324] Im »PiLab« der Google-Personalabteilung werden die Motivationsmethoden auf ihren Effekt und auf ihre Kosteneffizienz hin getestet. Man sucht die besten Anreize für das Google-Personal, damit es auch in Zukunft steigende Produktivitätsraten und Gewinnzahlen abwirft.

Als exzellente Motivatoren für Google-Arbeitskräfte erwiesen sich neben dem Monatseinkommen die konzerneigenen Restaurants und Cafés mit einem breiten Angebot an gesunden, vielfältigen und kostenfreien Lebensmitteln und Erfrischungen. Zu den weiteren *perks* genannten Wohlfühlgaranten für Googler am Standort Googleplex in Mountain View zählen auch Gratis-Friseure, -Massagesitzungen, -Wäschedienste und -Autowaschdienste sowie Tischtennisplatten, Tischfußball- und Billardtische, Gymnastikräume, Fahrräder zur Fortbewegung über den Google-Campus sowie Busse, die das Personal von San Francisco zur Arbeit im Googleplex und wieder nach Hause fahren. Die Räder heißen hier G-Bikes und die Busse G-Busse, damit keine Missverständnisse über den Sponsor aufkommen. Es versteht sich, dass alle »Google-Angestellten selbst ein wenig wie in einem Kokon von Google-Produkten leben, meist Android-Telefone und -Tablet-PCs nutzen – mit nahezu perfekter Drahtlos- und Batterie-Versorgung«.[325] So urteilte jedenfalls Ben Fried, der von 2008 bis 2013 bei Google als Leiter der Abteilung Informationstechnologie arbeitete. Zur Googlisierung trägt bei, dass Googler firmeneigene Produkte nutzen und diese, wie beispielsweise einst das neue Nexus-Gerät, manchmal sogar gratis erhalten. Damit Angestellte sich neue Google-Produkte ausdenken, stehen ihnen informell 20 Prozent ihrer Arbeitszeit, etwa ein Tag pro Woche, zur sogenannten freien Verfügung. In der Zeit sollen sie Innovationen mit Google-Bezug entwickeln. Google-Angestellte, die ihre »Freistunden« kreativ genutzt haben, brachten Produkte wie *Google News*, *Gmail* und *AdSense* hervor oder die Idee, Gmail mit Werbeanzeigen zu verknüpfen.

Die Experimente im Personallabor ergaben, dass sich die Innovationsbereitschaft der Google-Angestellten erhöht, sobald deren tägliche Arbeit von Spaß, produktiver Gruppenarbeit und von Entdeckungs- oder Lernerlebnissen geprägt ist. Also sorgte das Google-Personalteam dafür, dass die drei Faktoren implementiert wurden. Der Spaßfaktor bei Google ist dementsprechend wesentlicher Bestandteil der Google-Kultur. Um ihn zu unterstreichen, sind die Wände oder Möbel in Google-Büros und am Campus in Mountain View auch die Sonnenschirme und Fahrräder so farbenfroh gestaltet wie das Firmenlogo. Wie der Hollywoodspielfilm von 2013 *The Internship* mit Vince Vaughn schildert, erweist sich die Arbeit bei Google als ein teils spielerisches, teils kompetitives Zusammensein unter Freunden oder, wie Larry Page sich das vorstellt, innerhalb einer »Familie«.[326] Bei Google gibt es deshalb nur wenige kleine private Bürozimmer. Die meisten Arbeitsplätze befinden sich in offenen, hell und farbig gehaltenen, großen Räumen. Die Büroarchitektur begünstigt die Zusammenarbeit der Googler. Sie unterstreicht die Offenheit, für die Google stehen will. Spaß, Spiel und fröhliche Farben sind im Google-Konzern kalkulierte Mittel zum Zweck. Das, was anderswo Unternehmens- oder Arbeitskultur heißt, verwandelt Googles Spaßgarantin Stacy Sullivan in eine dauerhaft anregende Kultur der Freundschaft und der Freude. Als Chief Culture Officer

(CCO) und Direktorin für Personal ist sie seit 2006 für die glücklich machenden Sonderleistungen am Google-Arbeitsplatz zuständig. Sie sorgt auch für ein kollaboratives Umfeld und flexible Organisationsstrukturen.[327]

Viel stärker als Kirche, Mafia und Goldman Sachs, die ebenfalls über Hierarchien und Gruppen- oder Familienstrukturen organisiert sind, setzt Google Cliquenwirtschaft innenpolitisch ein. Die gezielte Gruppenbildung dient bei Google nicht allein dazu, um Hierarchieebenen voneinander zu trennen oder Arbeitsteams zu schaffen. Gruppen haben hier weniger eine strukturierende als vielmehr eine motivierende Funktion. Bilden sich Freundschaften innerhalb von Arbeitsteams oder Interessengruppen, so beabsichtigten die Google-Personalstrategen genau das. Da Freunde sich gegenseitig informieren, animieren und ihre Arbeit womöglich bis in die gemeinsame Freizeit hinein ausdehnen, unterstützt Google die Gruppenbildung der Googler. Der Konzern profitiert messbar von der privat-beruflichen Cliquenwirtschaft seiner Angestellten. Die Personalstatistiker haben berechnet, dass sechs die ideale Zahl für die Mitglieder einer Arbeitsgruppe sei. In Sechser-Gruppen komme eine optimale kreative und unternehmerische Atmosphäre auf. Hier kann jeder Teilnehmer sich mit dem Projekt identifizieren und sich direkt mit den anderen austauschen, um gemeinsam Ideen zu entwickeln. Google-Teams agieren zielorientiert, hierarchiefrei und weitgehend autonom, auch wenn regelmäßig eine Projektbetreuerin vorbeischaut. Sollten Googler ihr Team wechseln wollen, können sie unbürokratisch in ein anderes Team einsteigen. Dazu ist bei Google weder eine Erlaubnis noch eine große Anpassungsleistung nötig. Eine ehemalige Mitarbeiterin im Google-Büro in Berlin berichtete der Autorin: »Es geht sehr leicht, sich in neue Projekte einzuarbeiten. Alles ist transparent und anschlussfähig. Jemand weist einen kurz ein und schon kann man voll mitarbeiten. Auch wenn man in ein anderes Büro, beispielsweise nach Hamburg kommt. Man stöpselt seinen Laptop ein und ist gleich mittendrin.«

Damit sie sich ab Tag eins im Google-Universum wohlfühlen, werden Nooglers in den USA die Reisevorbereitungen und die Wohnungssuche abgenommen – auch den Praktikanten. Auf Wunsch werden Praktikanten und Praktikantinnen in unternehmenseigenen Wohnungen untergebracht. Hier treffen sie in Wohngemeinschaften auf andere Neulinge aus unterschiedlichen US-Staaten oder Nationen und können bereits hier Freundschaften schließen. Am Google-Standort Mountain View unternehmen Arbeitsgruppen zur Teamfestigung gemeinsame Museums- oder Kinobesuche, Wander- oder Fahrradtouren oder Ausflüge nach San Francisco. Außerdem werden Team-Essen und Partys veranstaltet. Nooglers und Googlers sollen private Freundschaften schließen. Deshalb wird auch der Anschluss an bestehende Interessengruppen oder die eigenständige Bildung von neuen Mikrogemeinschaften unterstützt. Neulinge können einer *group*, einer Gruppe, beitreten. Für die 19 Mitarbeiternetzwerke bei Google werden Finanzbudgets bereitgestellt, etwa für die Gruppe der *Gayglers* für lesbische und schwule Angestellte, der *Greyglers* für Ältere oder für die Zusammenschlüsse der hispanischen Googler. Die übrigen Interessengruppen, die *Dooglers*, die ihre Hunde zur Arbeit mitbringen, die *Snowglers*, die gern Ski fahren, die Bowling-Spieler, die Fotografen, die Schwangeren und die Skeptiker, die Extremindividualisten, die alles infrage stellen, erhalten eigene Mail-Adressen wie photo@google.com, um sich per Intranet über ihre Hobbys austauschen zu können. »Jeder Angestellte kann eine Gruppe ins Leben rufen – Angestellte werden sogar ermuntert, das zu tun«, erklärte die Google-Kulturchefin Stacy Sullivan 2011 im Interview für die *L.A. Times*.[328]

Die Personalchefs initiieren bei Google eine Teamkultur, um Mitarbeiter intrinsisch zu Höchstleistungen zu motivieren und ihnen den Abgang zur Konkurrenz zu erschweren. Selbst vor esoterischen Methoden schreckt man nicht zurück, um aus Googlern glücklichere Menschen zu machen. Google leistet sich mit Chade-Meng Tan, genannt Meng, einen Chefbuddhisten. Meng studierte Informatik an der University of California in Santa Barbara und zählt zu den Googlern der frühen Stunde. Heute ist er für Googles *People Development Team*, für das »Menschen-Entwicklungs-Team« verantwortlich. Auf dem Google-Campus bietet Meng Kurse wie »Suche in dir selbst« an, in denen Googler ihre emotionale Intelligenz trainieren sollen.

Bei Google geht es um Effektivität und Effizienz. Um sicherzustellen, dass die Konzernangestellten wirtschaftlich arbeiten, werden ihre Erfolge permanent wissenschaftlich ausgewertet. Gezielte Personalwahl, -förderung, -schulung und -motivationstechniken sollen die Realisierung der Unternehmensziele garantieren. Google übererfüllt die berühmte Managementdoktrin »Was du nicht messen kannst, kannst du nicht managen«. Da bei Google nichts ungemessen bleibt, bleibt hier auch nichts unkontrolliert. Die Mitarbeiter bekommen diese Kontrolle jedoch kaum zu spüren. Sie merken vor allem, dass ihre Arbeit Spaß macht und Ergebnisse hervorbringt. Sobald sie sich mit dem Google-Virus infiziert haben und völlig »googley« sind, geben sie der Firma das Beste, was sie haben: sich selbst. Über die Googlisierung seiner Ex-Kollegen äußerte Ben Fried: »Ich sage gern, Googler trinken ihr eigenes Kool-Aid nicht; sie schwimmen darin. Sie tauchen hinein und machen Rückwärtssaltos.«[329] *Kool-Aid* ist ein kultartiges Getränkepulverkonzentrat, und der Ausdruck »Kool-Aid-Trinken« bedeutet in den USA, »einer Ideologie blind zu vertrauen.« Blindes Vertrauen in die Google-Ideologie unterstellt Fried also den Angestellten des markenstärksten und erfindungsreichsten Technologiekonzerns der Welt, ohne die Google weit weniger erfolgreich wäre.

Die Google-Geschäftsführung weiß, dass Geheimhaltung im Digitalzeitalter nicht lange durchzuhalten ist. Jeder Fehltritt könnte der Firma zum Verhängnis werden, zumal er rasant digital verbreitet und kritisch debattiert werden würde. Würde sich Misstrauen ausbreiten, könnte ein Unternehmen wie Google, das auf die Gunst der internationalen Nutzer und hohe Nutzerzahlen angewiesen ist, mit einem Schlag erledigt sein. Page, Brin und Schmidt haben sich daher zu Transparenz verpflichtet. In den Büros wird streng darauf geachtet, dass alles korrekt abläuft, sodass interne Geschäftsvorgänge jederzeit auch für die Öffentlichkeit nachvollziehbar sein könnten. Auch außenpolitisch bemüht sich die Google-Spitze um Transparenz und Öffnung. Kooperiert das Google-Management mit externen Partnern wie Anwälten, Lobbyisten oder Beratern, bemüht man sich ebenfalls um Rechtschaffenheit und Nachvollziehbarkeit. Die Außenpolitiker von Google betreiben eine offene, quasiuniverselle Form von Networking. Alle Interessengruppen sollen gleichermaßen angesprochen und einbezogen werden. Mit ihrer sehr breit angelegten, ausgeklügelten Öffentlichkeitsarbeit versucht die Firma Google, die weltweite Öffentlichkeit nachhaltig in ihrem Sinne zu beeinflussen.

Multiple Multistakeholder-Ansprache

Google wäre nicht Google, würde sich der Konzern bei der Öffentlichkeitsarbeit auf traditionelle Instrumente verlassen. Als innovative Institution bedient man sich innovativer Kommunikation, die nie als laute Marketingaktion daherkommt. Google verzichtet auf klassische Marketingmaßnahmen, auch über die eigenen Kanäle. Man lässt die Produkte für sich sprechen. Zur Überzeugung der Nutzer und Werbekunden wird auf virale Link-zu-Link-Propaganda vertraut, bei der Nutzer oder Kunden sich untereinander informieren. Der Konzern verlässt sich auf die Nutzer als Magneten, um mehr Nutzer und mehr Werbekunden anzuziehen. Die Idee der Gruppenbildung, die Teil der Google-Personalpolitik ist, nimmt der Konzern für die Dienste *Google Groups* und *Google+* wieder auf. So wie seinen Angestellten ermöglicht es Google auch seinen Nutzern, sich über Google Groups Interessengruppen oder themenbezogenen Diskussionsforen anzuschließen. Die Google-Funktion ermöglicht es, virtuelle Plätze zum Gedankenaustausch neu einzurichten oder bestehende Foren zu nutzen. Nutzer des sozialen Onlinenetzwerks und der Facebook-Alternative Google+ können ihre Kontakte in sogenannte *circles*, »Kreise«, einteilen. Familienmitglieder können beispielsweise einem anderen Kreis als Fußballfreunde zugeordnet werden. Dadurch können der Familie andere Fotos oder Nachrichten übermittelt werden als etwa dem Freundeskreis. Den Google+-Nutzern vermitteln solcherlei Onlinegruppen ein Gefühl von Übersichtlichkeit und vereinfachen die Kommunikation. Und ganz nebenbei erfährt Google via Groups und Circles noch mehr als schon über die Suchmaschine oder den Google-Mailservice über die Kontaktgewohnheiten der Nutzer. So gewinnt der Konzern Informationen über die Cliquen und Netzwerke der Nutzer, die sich ausschlachten lassen. Google könnte dafür sorgen, dass die Nutzer Produktempfehlungen oder Werbelinks in ihren Gruppen und Kreisen streuen. Digitale Cliquen eignen sich auch für neuartige E-Commerce-Modelle wie den Gruppeneinkauf. Dabei werden Produkte nicht nur an Einzelpersonen vermarktet, sondern gleich an die gesamte Clique. Und eine Firma dahinter, so wie etwa *Groupon,* streicht für ihre Vermittlungsdienste Provisionen ein.

An der vielschichtigen Kommunikationspolitik von Google zeigt sich, warum der Vergleich zwischen Google und einem Vampirtintenfisch durchaus berechtigt ist. Die Google-Geschäftsführung beabsichtigt, den Googlisierungsgrad der Weltbevölkerung stetig zu steigern. Zu dem Zweck sprechen ihre Kommunikationsstrategen eine Vielzahl von Interessengruppen an, neudeutsch »Multistakeholder«, darunter Sympathisanten wie Kritiker. Niemand soll sich vom »Don't do evil«-Konzern ausgeschlossen fühlen. Der Versuch, aus dem Freund-Feind-Schema auszusteigen, dient dazu, Feinde in Fans zu verwandeln, Wettbewerber in Geschäftspartner und tadelnde Politiker in Fürsprecher von Google-freundlichen Gesetzen. Die Google-Strategen und -Anwälte versuchen, Politiker und Gesetzeshüter davon zu überzeugen, in Google keinen Gegner, sondern einen Partner zu sehen. Damit das Unternehmen Google seine Geschäftsmodelle langfristig durchsetzen kann, betreibt es *Deep lobby-*

ing oder *Soft lobbying*. Darüber soll die Öffentlichkeit unmerklich, jedoch ganz grundsätzlich und nachhaltig von der Haltung Googles überzeugt werden. Die Google-Kommunikationsfachleute streuen dazu über diverse Kanäle konzernrelevante Themen und Anliegen, die zur öffentlichen Diskussion gestellt werden, ohne aber als Manipulation daherzukommen. Zu den Hauptthemen, die der Konzern im eigenen Sinne beeinflussen will, zählt die Aktionsfreiheit aller Nutzer im Internet. Google will, dass sich jeder uneingeschränkt im Netz bewegen und alle Netzfunktionen anwenden kann. Ein weiteres Google-Anliegen ist die Netzneutralität. Diese bezeichnet die Übertragung digitaler Datenpakete durch Internetdienstanbieter in unveränderter Form und Qualität, unabhängig von Inhalt, Sender und Empfänger der Daten. Auch in Urheberrechts- und Patentfragen wünscht sich Google eine wenig rigide Haltung der Gesetzesgeber in aller Welt und mehr freie Lizenzen. Je mehr Nutzer ungehemmt digitale Texte, Fotos, Musik oder Filme online stellen und abrufen dürfen, desto mehr Möglichkeiten erhält Google, Werbung hinzuzuschalten. Wirtschaftliche Sachverhalte, wie Werbefreiheit, Innovationsfreiheit, Wettbewerb, Marktmacht oder Steuerreformen will Google ebenfalls zu Konzerngunsten geregelt wissen. Google mischt sich außerdem in Gesetzesdebatten um autonome Fahrzeuge oder Energiefragen ein. Das sind Sektoren, in denen der Konzern stärker Fuß fassen will.

Ein wichtiges Vorhaben von Google und anderen Technologiefirmen, die kommerziell vom Internet profitieren, ist die Abwehr nationaler und übernationaler *Top-down*-Regeln für das Netz. Konkret wehrt man sich gegen eine Regulierung des Netzes durch die *Internationale Fernmeldeunion* der UN (ITU), die sich um die technischen Aspekte der Telekommunikation kümmert. Als Alternative zu einer Internetgesetzgebung durch Regierungen unterstützt Google die Idee internationaler Multistakeholder-Debatten zur Selbstregelung von Internetangelegenheiten. Google befürwortet eine *Global Internet Governance*, eine globale Internetsteuerung. Das Stichwort umfasst Mechanismen zum internationalen Meinungsaustausch von

Akteuren aus nationaler Politik, zwischenstaatlichen Institutionen, Wirtschaft, Wissenschaft, Zivilgesellschaft, NGOs und Technologiefachleuten zur gemeinsamen Abstimmung über Internetregeln. Google fordert eine offene Debatte, die möglichst viele Gruppen in einen Dialog über das Netz involviert. Über die breit angelegte Mobilisierung gegen bestimmte staatliche Gesetze wollen die Google-Strategen alle Hindernisse beseitigen, die den Welteroberungsfeldzug des Konzerns bremsen könnten. Für Google ist es zeitaufwendiger und teurer, sich mit den einzelnen Gesetzgebern unterschiedlicher Länder zu unterschiedlichen Themen zu streiten, wie in den Fällen von *Google StreetView*, YouTube oder *Google Books*, als globale Pro-Google-Kampagnen und Multistakeholder-Dialoge zu lancieren.

Ein freies Internet ist gut für Google. Chris di Bona, bei Google für Open-Source-Themen und den öffentlichen Sektor zuständig, erklärte im Interview für den Netzinformationsdienst *NetSquared* 2009: »Was gut für das Internet ist, ist gut für Google.«[330] Um die wirtschaftlichen und politischen Google-Interessen weltweit zu vertreten, betreiben die Vermarkter, Öffentlichkeitsstrategen und Lobbyisten des Konzerns ein vielschichtiges Beziehungsmanagement. Die wichtigsten externen Gruppen, welche die Firma Google ansprechen, einbinden, von ihren Produkten und ihrer Politik überzeugen will, sind Nutzer, Kunden, Wissenschaftler, Geschäftspartner, die Exekutive und Legislative verschiedener Länder, internationale Organisationen und die breite Öffentlichkeit. Die Google-Öffentlichkeitsarbeiter propagieren ein »freies Internet« und fordern einen »demokratischen Diskurs« darüber. Mit der Vermarktung des Internets als einen offenen, zugänglichen Raum und Kreativspielplatz für alle will man die Nutzer für sich einnehmen. Sie sollen Google positiv wahrnehmen, als Hauptansprechpartner und als Spezialist für alles anerkennen, das mit Netzfragen zu tun hat. Wenn Menschen denken, Google sei das Internet, so ist das im Sinne der Firma. Dazu passt die großangelegte Aktion *Project Loon*, über eine Milliarde US-Dollar in ein Satelliten-Netz zu investieren, um Menschen auch in den entlegensten Gebieten mit einem Internetzugang zu versorgen.[331]

Soft lobbying, eine indirekte Einflussnahme von Politikern, Wissenschaftlern, Unternehmern, Journalisten, Bloggern, anderer Multiplikatoren und der Öffentlichkeit, betreibt Google etwa über themenbezogene Vorträge, Veranstaltungen oder Medienformate. Der Konzern finanziert Forschungs- und Aktivistengruppen, Journalistenpreise, Konferenzen, Gesprächsrunden, Buch- und andere Publikationsprojekte in aller Welt, um sanft, tief und langfristig Stimmung für Google zu machen. Google unterstützt diverse Bewegungen, welche die Idee des freien Internets propagieren, hält sich dabei aber dezent im Hintergrund. Eine davon ist die weltweit einflussreiche *Creative Commons*-Bewegung, die Standard-Lizenzverträge bereitstellt, damit Urheber ihre Rechte auf einfache Weise an die Öffentlichkeit verschenken können. Die Vizepräsidentin des Aufsichtsrats des US-Ablegers der Non-Profit-Organisation Creative Commons (CC) ist seit 2008 Esther Wojcicki, die Schwiegermutter des Google-Gründers Sergey Brin, die einst an den Google-Angeboten für Vertreter aus dem Bildungssektor mitgewirkt hat. Zu den Hauptsponsoren der CC-Bewegung zählt außer Google auch *The Brin Wojcicki Foundation*. Die Stiftung wurde 2004 vom Google-Gründer Sergey Brin und Anne Wojcicki ins Leben gerufen. Diese vergibt Spenden und Stipendien in den Bereichen Dienste am Menschen und Parkinsonbehandlung. Google gehört auch zu den vielen Technologiefirmen, die das *Center for Democracy & Technology* (CDT) mit Sitz in Washington fördern. Das CDT setzt sich für Grundrechte in der Netzära ein.

Wenn Google Denkfabriken, Hochschulen oder Forschungseinrichtungen wie zum Beispiel in Deutschland das Berliner Alexander von Humboldt Institut für Internet und Gesellschaft (HIIG) mit 4,5 Millionen Euro für drei Jahre finanziert, will der Konzern innerhalb der denkenden Elite positive Konnotationen hervorrufen und die Debatte in Google-Richtung lenken. 2011 wurde das HIIG als Kooperation zwischen Google, der ehrwürdigen Berliner Humboldt-Universität (HU), der Universität der Künste und dem Wissenschaftszentrum Berlin für Sozialforschung (WZB) ins Leben gerufen. Google achtet jedoch penibel darauf, als Finanzier und Ideengeber nicht prominent erwähnt zu werden. Die Deutschen sollen nicht denken, das HIIG sei ein »Google-Institut«, obwohl viele es so nennen. Geforscht wird an internetbezogenen Themen. Das HIIG organisiert außerdem Veranstaltungen. So wird in Kooperation mit *DRadio Wissen* monatlich das Radioformat »Digitaler Salon« produziert. Das Grassroot-Forschungsprojekt *Co:llaboratory* entstand 2010 in Berlin. 2010 stellte Google dafür 60.000 und 2011 und 2012 je 250.000 Euro als »operatives Budget« bereit, so angegeben auf der Seite *collaboratory.de.*[332] Grüppchenweise forschen unbezahlte Wissenschaftler, Verbandsmitglieder, Vertreter der Wirtschaft und andere Onlinespezialisten zu unterschiedlichen Netzthemen. Betreut von Projektleitern, die eine Aufwandsentschädigung von 500 Euro pro Monat erhalten, erarbeiten die einzelnen Collabs Informationstexte, die deutschen Politikern oder politischen Beamten in informellen Runden vorgestellt und für jeden einsehbar publiziert werden. Und auch beim Collaboratory hält Google sich im Hintergrund.

Bei Google verlässt man sich nicht allein auf Soft lobbying. Googles harte Lobbyarbeit besteht aus Parteispenden und der Instruktion angestellter oder gemieteter Profi-Lobbyisten. Bei beiden Präsidentschaftswahlen, 2008 und 2012, zählte das Google-Team zu den fünf Top-Spendern des Kandidaten Barack Obama. In beiden Jahren sollen, gemäß *opensecrets.org*, je rund 800.000 US-Dollar für Obama zusammengekommen sein.[333] Von den Unternehmensvertretern Eric Schmidt oder David Drummond ist bekannt, dass sie ihre Finanzspritzen etwa zu gleichen Teilen an Demokraten und an Republikaner vergeben haben. Im Herbst 2010 lud Googles einstige Vorzeigefrau, Marissa Mayer, zum Fundraising-Dinner in ihr Privathaus in Palo Alto ein. Die Eintrittskarten zum Dinner sollen pro Kopf 30.000 US-Dollar gekostet und der Unterstützung von Barack Obamas Wahlkampf gedient haben.

Außer über Geld wirkt Google auch mittels Expertisen auf Regierungsentscheidungen ein. Im Februar 2011 berief Barack Obama die beiden Mitglieder des Google-Aufsichtsrats, John Doerr von Kleiner

Perkins und Paul Otellini, damals noch Intel-CEO, in sein *Council on Jobs and Competiveness*, »Beratungsgremium Arbeit und Wettbewerb«. Dem Beraterkreis gehörte auch die ehemalige Google-Mitarbeiterin Sheryl Sandberg an.[334] Die Expertenauswahl für das Gremium bezeugt die hohe Affinität des US-Präsidenten zur Internetindustrie. Andersherum verrät die Teilhabe der Branchenvertreter deren Interesse daran, dem Präsidenten ihr Wissen zu vermitteln. Der damalige Google-Chef, Eric Schmidt, stand Barack Obama 2008 beim Präsidentschaftswahlkampf eng zur Seite. Freimütig wie immer äußerte Schmidt 2010 bei der Veranstaltung »The Atlantic Washington Idea's Forum«: »Der durchschnittliche Amerikaner realisiert gar nicht, wie viele der Gesetze von Lobbyisten geschrieben werden.«[335] In dieser Überzeugung hat Google die Lobbyarbeit in den USA massiv ausgeweitet. Seit 2011 gibt der neue Technologieriese Google mehr Geld für Lobbying aus als der alte Riese Microsoft. Google soll 2012 für seine Interessensvertretung mehr bezahlt haben als der US-Rüstungskonzern *Lockheed Martin*.[336] Laut den Angaben des *Office of the Clerk* im U.S.-Repräsentantenhaus gab Google 2013 14,6 Millionen US-Dollar für die Beeinflussung nationaler Gesetzgeber und Politiker aus.[337] Das war weniger als im Spitzenjahr 2012 mit rund 18 Millionen US-Dollar, jedoch mehr als in den Vorjahren.[338] Von den führenden US-Technologiekonzernen lässt Google sich das Lobbying am meisten kosten. Microsoft gab 2013 rund 10,5, Amazon 3,5 und Apple 3,4 Millionen US-Dollar aus. Alle US-Technologiekonzerne tendieren dazu, jährlich mehr Geld für die Politikeinflüsterung auszugeben.[339]

Die erstklassig in der US-Politik vernetzte Google-Lobbyistin Susan Molinari machte aus Google ein Schwergewicht in Washington. Die Leiterin der Google-Abteilung »Public Policy & Government Affairs« war ehemals US-republikanisches Kongressmitglied, CBS-Moderatorin und Leiterin ihrer eigenen Strategieberatungsfirma *Susan Molinari Strategies*. Die Networkerin gehört zu einer Lobbyistendynastie. Ihr Vater war und ihr Ehemann ist Lobbyist. Molinari zur Seite stehen elf weitere hauptamtliche Google-Lobbyisten. Zu den von Google angestellten eigenen Lobbyisten gesellten sich 2013 über 100 externe Lobbyisten aus rund 20 professionellen US-Lobbyfirmen hinzu, so *opensecrets.org.*[340] Das Management von Google ist bekannt dafür, sich beispielsweise bei Patentrechtsstreitigkeiten von nur wenigen Anwälten beraten zu lassen. Wichtiger Partner bei vielen Verhandlungen war stets die auf Wirtschaftsrecht spezialisierte White Shoe-Großkanzlei *Quinn Emanuel Urquhart & Sullivan*, LLP. Diese 2012 als »US Law Firm of the Year« ausgezeichnete, renommierteste US-Wirtschaftskanzlei vertrat einst *Enron* oder Citibank und führt die Rechtsgeschäfte der Bank J.P. Morgan. Die in 11 Büros weltweit verteilten etwa 600 Anwälte von Quinn Emanuel sind sturmerprobt und bestens vernetzt. Der Langzeit-Googler und Chefjustiziar der Firma, David Drummond, koordiniert die Lobbyisten. Er gibt die Linie vor, wenn es um die Beziehungen mit Regierungen geht. Obendrein steht er den weltweit verteilten Google-Teams bei Rechtsfragen zur Seite.[341]

In Brüssel wird Google von einer Reihe von Lobbyisten vertreten. Zudem finanziert der Konzern hier Thinktanks und internetbezogene Non-Profit-Organisationen. Google unterstützt Denkfabriken wie das 2003 gegründete *Lisbon Council for Economic Competitiveness and Social Renewal*, das auf Themen wie Bildung, Wachstum und Innovation spezialisiert ist, oder das *European Centre for International Political Economy* (ECIPE), das sich seit 2006 für industriefreundliche Handelspolitik einsetzt. Seit 2010 bearbeitet vom Berliner Google-Büro aus ein Lobbyteam die Politiker und Regulierer in Deutschland, Österreich und der Schweiz.[342]

Gegengoogler-Cliquen, etwa die von Microsoft gesponserte Lobbyingorganisation *Initiative for a Competitive Online Marketplace* (ICOMP) mit Sitz in London, versuchen, sich gegenüber Google zu behaupten. Die Profis der US-amerikanischen PR-Firma *Burson Marsteller* treten an, um via ICOMP die Legislative im Sinne von Microsoft zu beeinflussen. Anderswo, beispielsweise beim Einsatz gegen die internationalen Gepflogenheiten bei der Datenüberwachung, arbeiten Google und Microsoft wiederum Seite an Seite und betreiben Branchencliquenwirtschaft. Zur Lobbyorganisation mit Sitz in Washington *The Internet Association* haben sich 2012 Google, Yahoo, eBay, Amazon, *AOL*, Facebook und andere Technologiegiganten zusammengeschlossen. Mit »einer Stimme« plädieren sie, laut ihrer Webseite, für ein »offenes, innovatives und freies Internet« sowie die »Schaffung von Arbeitsplätzen, Freiheit und Kreativität«. Sie treten geschlossen gegenüber dem US-Präsidenten auf, um eine technologiefreundliche Regulierung und Transparenz bei der Datenüberwachung zu erwirken. In den USA sprechen Fachjournalisten von »Apokalyptischen Reitern«, »Vier Reitern«, »Viererganga« oder »Internet-Apokalypse«, um die geballte Kraft der Firmen Amazon, Apple, Facebook und Google zu benennen. Den »Vier Reitern« der Technologie trauen sie einiges, nicht nur Gutes, zu. Obwohl sie einander als Wettbewerber gegenüberstehen, verfolgen sie teilweise gemeinsame politische Interessen. Nach dem Kampf der vier Reiter untereinander befragt, äußerte der Partner von Kleiner Perkins, John Doerr, der Aufsichtsratssitze in den Firmen Google, Apple und Amazon besetzt, 2012 gegenüber dem *Wall Street Journal*: »Das Beste kommt noch. Jetzt ist Tag null. Apple ist noch nicht fertig, Facebook ist noch nicht fertig, Google ist noch nicht fertig und Amazon ist noch nicht fertig. Diese Unternehmen haben massive Leistungsmöglichkeiten. Ich wäre bei ihnen allen Langzeitaktionär – und ich bin es.«[343] Obwohl projektbezogene Kooperationen stattfinden, rivalisiert Google mit den drei anderen »Apokalyptischen Reitern«. Google sieht sich auch anderen und stets neuen Konkurrenten aus dem Softwaresektor und anderen Sektoren gegenüber. Je stärker Google seine Geschäfte ausweitet, etwa auf den Mobiltelefonie-, Automobil-, Haushaltsgeräte- oder Robotikbereich, desto komplexer gestaltet sich für die Firma die Wettbewerbslage. Zugleich tun sich damit ungeahnte Möglichkeiten für Langzeitkooperationen auf. Insbesondere im Zuge der Zusammenarbeit mit der US-amerikanischen Regierung, mit US-Geheimdiensten und -Militärs weicht Googles Transparenzphilosophie auf. Auch der offene, freundliche Technologiegigant betreibt undurchsichtige Cliquenwirtschaft.

Google im politisch-militärisch-wirtschaftlich-technologischen Komplex

Wie die Wettbewerber stellen auch Regierungen, Geheimdienste und Militärvertreter für Google zugleich Kooperationspartner und Widersacher dar. Google legt ebenso wenig wie die Konkurrenz offen, welche Nutzerinformationen wie gesammelt werden und wie diese unter die Kontrolle von Geheimdiensten gelangen können. Ende Oktober 2013 publizierte die *Washington Post* ihre Auswertung einiger vom ehemaligen Angestellten der *National Security Agency* (NSA), Edward Snowden, entwendeten Geheimdokumente.[344] Sie belegten, dass die US-Sicherheitsbehörde NSA und deren Partnerin, das Pendant aus Großbritannien, *Government Communications Headquarters* (GCHQ), auf Nutzerdaten aus den internen Verbindungen der jeweiligen Rechenzentren von Google und Yahoo zugreifen. Aus den Übertragungsnetzen beider Valley-Firmen würden täglich Informationen abgezapft und zu den Servern des NSA-Hauptquartiers geleitet. »Wir sind empört darüber, wie weit die Regierung offenbar gegangen ist, um Daten aus unseren privaten Glasfaser-Netzwerken abzugreifen«, schrieb kurz darauf der Chief Legal Officer von Google, David Drummond, an einen Redakteur des Internetmediums *allthingsd.com*.[345] »Wir sind schon lange besorgt über die Möglichkeiten dieser Art von Schnüffeleien.« Zuvor hatte Drummond bereits mehrfach öffentlich betont, die Regierung habe weder direkt noch durch eine Hintertür Zugang zu den Google-Servern.[346] Auch Google-Chairman Eric Schmidt äußerte sein Entsetzen angesichts der Enthüllungen. Um seinem Ärger Luft zu machen, bediente er sich desselben Ausdrucks, »outrageous« (empörend), wie sein Kollege Drummond: »Es ist wirklich empörend, dass die NSA zwischen den Google-Datenzentren spioniert hat, wenn das stimmt.« In seiner Abkanzelung der NSA ging Schmidt weiter als der Google-Jurist. »Das ist einfach schlechte Politik ... und vielleicht illegal.«[347] Im Mai 2014 kam heraus, dass Schmidt ein halbes Jahr vor seiner Empörung, im Juni 2012, via E-Mail von dem damaligen

Chef der NSA, Keith Alexander, »an einen sicheren Ort nahe des San Jose Flughafens« eingeladen worden sei, um gemeinsam vier Stunden lang vor allem über die Sicherheit von Mobilgeräten zu sprechen. Es soll weitere Treffen des Google-Vertreters mit Alexander gegeben haben, die vermutlich alle Bestandteil der geheimen Regierungsinitiative *Enduring Security Framework* (ESF) waren.[348]

Aus anderen von Edward Snowden geschmuggelten Dokumenten war hervorgegangen, dass Onlinefirmen wie Google, Yahoo, AOL, Facebook, Microsoft und Apple über das geheime NSA-Programm *Prism* überwacht würden. Kurz nachdem diese Entdeckung im Juni 2013 bekannt geworden war, dementierten der Google-CEO Larry Page und sein Chefjurist David Drummond im gemeinsamen Posting auf dem offiziellen Google-Blog, schon früher von Prism gewusst zu haben. »… die US-Regierung hat keinen direkten Zugang oder eine ›Hintertür‹ zu den in unseren Datenzentren gespeicherten Informationen. Wir haben bis gestern nie von einem Programm namens Prism gehört. Außerdem stellen wir Regierungen Nutzerdaten nur in Übereinstimmung mit dem Gesetz zur Verfügung.«[349] Auch der damalige Direktor der NSA, Keith Alexander, behauptete, bei der Datensammlung werde wie gesetzlich vorgeschrieben gehandelt. Auf einer Washingtoner IT-Konferenz im Herbst 2013 betonte Alexander: »… faktisch haben wir keinen Zugang zu Google-Servern.« Zugegriffen haben seine Kollegen offenbar dennoch. Zwischen der US-Regierung und dem Privatunternehmen Google besteht ein Abkommen, das es US-Staatsangestellten, insbesondere Geheimdienstlern, in definierten Fällen erlaubt, auf private Nutzungsdaten von Bürgern zuzugreifen.

Anfang Dezember 2013 veröffentlichten AOL, Apple, Facebook, Google, LinkedIn, Microsoft, Twitter und Yahoo via *reformgovernmentsurveillance.com* fünf gemeinsame Reformvorschläge zur Regierungsüberwachung. Eine Woche darauf sprachen Führungskräfte von US-Technologiefirmen bei Präsident Barack Obama vor. Apple-CEO Tim Cook, Google-Chairman Eric Schmidt sowie Marissa Mayer, CEO von Yahoo, und Sheryl Sandberg, COO von Facebook, beide zuvor Mitarbeiterinnen von Google, sowie andere Konzernvertreter forderten Präsident Obama dazu auf, die Überwachungsaktionen zu begrenzen. Die Notwendigkeit der staatlichen Kontrolle stellten die Vertreter aus der Technologiebranche dabei nicht infrage – auch nicht in ihren fünf Reformvorschlägen.[350]

Die Zusammenarbeit zwischen Regierung, Wissenschaft, Militär und Technologiewirtschaft hat in den USA eine lange Tradition, die bis in die Anfangstage des Internets zurückreicht. 1958 beauftragte das US-Verteidigungsministerium die *Advanced Research Project Agency* (ARPA) damit, ein sicheres, dezentrales Datenübertragungsnetz zu schaffen. Ursprünglich als Kommunikationsnetzwerk für wissenschaftliche und militärische Institutionen entwickelt, mutierte das Internet später zum Medium der Massen und zum Motor weltweiten Wirtschaftswachstums. Die anfänglich am Projekt Internet beteiligten Parteien und deren Nachfahren tauschen sich bis heute mehr freundschaftlich-kooperativ als feindselig-kompetitiv miteinander aus. In den USA hat sich ein politisch-militärisch-wirtschaftlich-technologischer Komplex zur Datenüberwachung formiert, der angeblich zur Abwehr von Terror und Cyberwar dient. »Die enge und symbiotische Beziehung zwischen US-Techfirmen, Regierungsverteidigung und Nachrichtendiensten wird in den Mythenerzählungen um das Silicon Valley des Öfteren heruntergespielt«, bemerkte Joseph Menn in einem Artikel für den Informationsdienst Reuters im Juli 2013.[351]

Die Zusammenhänge sind wenig beleuchtet, aber einleuchtend. Alle Parteien ziehen Vorteile aus der Kooperation. Als Google im Dezember 2013 mit *Boston Dynamics* ihr achtes Robotikunternehmen kaufte, steckte vermutlich mehr dahinter als bloß ein Spaß verspielter Techies aus dem Valley. Die einstige Softwarefirma Google bewegt sich in die physische Welt vor, zu der nun also auch Militärgeräte zählen. Boston Dynamics entwickelt Laufroboter. Einer der wichtigen Kunden des Robotikkonzerns ist die DARPA, ehemals ARPA, die *Defense Advanced Research Projects Agency*. Im Auftrag des Verteidigungsministeriums der USA führt die DARPA Forschungsprojekte für die Streitkräfte der Vereinigten Staaten durch. Wenn die Regierung, die Geheimdienste und Militärs der Vereinigten Staaten US-Technologiefirmen für ihre Zwecke einspannen und die Firmen im Gegenzug Unterstützung und Aufträge erwarten, verfestigt sich der politisch-militärisch-wirtschaftlich-technologische Komplex. Dieser US-amerikanische Apparat kontrolliert heute die weltweit fortschrittlichsten Technologien und die größten Datenbanken. Er kann national und international mit großer Schlagkraft agieren. Die Firma Google ist Teil dieses Systems. Ob das Google-Management damit einverstanden ist oder nicht – US-Behörden können den reichen Datenschatz des Konzerns anzapfen und verwerten, soweit sie eine gesetzliche Genehmigung dafür haben. Doch welche Rolle spielt Google in diesem Komplex? Welche Rolle will Google spielen? Die Gründer der Megadatensammlerfirma haben nie verschwiegen, worauf sie aus sind. Die Mission von Google ist so alt wie das Unternehmen selbst. »Das Ziel von Google ist, die Informationen der Welt zu organisieren und für alle zu jeder Zeit zugänglich und nützlich zu machen.«[352] Beharrlich haben Larry Page und Sergey Brin auf dieses Ziel hingearbeitet. Heute ist ihr Konzern der wohl reichste Datenbesitzer der Welt.

Vermutlich hat sich der Google Ex-CEO Eric Schmidt 2011 als Chairman aus dem Tagesgeschäft zurückgezogen, um Anlauf zu nehmen und die richtig gewichtigen Firmenvorhaben anzukurbeln. Neben wirtschaftlichem Wachstum zählen zum Google-Zukunftsplan auch Kooperationen mit Regierungen und der Ausbau der Machtposition von Google in der Weltgesellschaft. Wozu, wenn nicht dazu, um Googles Stellung in der Welt zu verankern, schrieben die beiden Google-Strategen Eric Schmidt und Jared Cohen 2013 ihr Buch *The New Digital Age: Reshaping the Future of People, Nations and Business*, das auf Deutsch unter dem Titel *Die Vernetzung der Welt* erschien?[353] Das Buch landete nach seiner Veröffentlichung sogleich auf der *New York Times*-Bestseller-Liste. Es ging aus einem Artikel von 2010 für *Foreign Affairs*, dem Magazin der US-Denkfabrik *Council on Foreign Relations*, hervor.[354] Dem mächtigen privaten Thinktank *Council on Foreign Relations* gehört Jared Cohen seit 2010 als Fellow an. Cohen, 26 Jahre jünger als sein Ko-Autor Schmidt, arbeitete vier Jahre im US-Außenministerium. Als politischer Stratege beriet er Condoleezza Rice und anschließend Hillary Clinton. Sein Zuständigkeitsspektrum erstreckte sich von Terrorismusbekämpfung über Anti-Radikalisierungsmaßnahmen und Internetfreiheit bis hin zur Unterstützung von Gegenbewegungen in repressiv geführten Ländern, vor allem im Mittleren Osten. Der US-Regierung hatte der besessene Twitterer Cohen anscheinend beigebracht, wie man soziale Onlinemedien politikstrategisch einsetzt. Cohen hatte Twitter als Werkzeug für junge Dissidenten entdeckt. Er soll das Twitter-Management 2009 davon überzeugt haben, seinen Dienst nicht gerade vor den Wahlen im Iran zur Wartung einzustellen, sondern die Leute weiter twittern zu lassen. Im Herbst 2010 wechselte Cohen aus dem Außenministerium in den für ihn geschaffenen Posten des Direktors von *Google Ideas*. Diese Google-Sektion entwickelt interdisziplinär und bereichsübergreifend Strategieentwürfe und bereitet diese zur Umsetzung vor.

Symbolträchtig ist der Ort des Kennenlernens von Schmidt und Cohen. Erstmals trafen sie 2009 in Iraks Hauptstadt Bagdad aufeinander. Wie sie im Vorwort ihres Buches schreiben, waren sie dort, »um auszuloten, welche Rolle Technologie beim Wiederaufbau einer Gesellschaft spielen kann«.[355] Ersetzt man in dieser Offenbarung und an weiteren Stellen ihres Buches den Begriff »Technologie« durch »Google«, könnten Leser argwöhnen, die Autoren hätten eine programmatische Schrift für ihren Arbeitgeber zur Neugestaltung der Zukunft von Menschen, Nationen und Wirtschaft verfassen wollen. Den Einfluss digital vernetzter Bürger auf politische und militärische Regierungsaktionen können Schmidt und Cohen hier gar nicht genug betonen. »Dass Bürger zunehmend informiert und vernetzt sind, hat auch zur Konsequenz, dass diese ebenso so kritisch und anspruchsvoll gegenüber Rebellen wie gegenüber der Regierung sein werden.«[356] Einen Vorteil der Mobiltelefonie erkennen Schmidt und Cohen darin, dass Nutzer sich ihrer internetfähigen

Geräte als »sichere und kostengünstige Bildungsmöglichkeit« bedienen könnten. Diesen Argumenten könnte sicherlich auch die US-Regierung folgen. An dieser Stelle kommt zwischen den Zeilen Google ins Spiel. Die beiden Google-Strategen schreiben in ihrem Buch: »Es gibt einen tiefen Graben zwischen den Menschen, die die Technologie begreifen, und den Menschen, die damit betraut sind, die schwierigsten geopolitischen Themen anzugehen, und keiner hat eine Brücke gebaut.«[357] Diese Brücke, darauf scheinen Schmidt und Cohen hinauszuwollen, könnten sie, als Vertreter eines potenten Technologiekonzerns, bilden. Wenn Schmidt und Cohen erwähnen, dass Staaten neben physischen Kämpfen auch Cyberkriege führen müssten, betonen sie die Bedeutung technologischer Expertise für die Politik der Zukunft ein weiteres Mal. *The New Digital Age* wirkt wie ein Abfallprodukt der Recherchen und Analysen zweier Google-Vordenker, die eine langfristige Konzernstrategie entwickeln wollen. Sie erforschen die Veränderungen, welche die Digitaltechnologie in der Gesellschaft hervorbringt, und ziehen vorsichtige Schlüsse daraus. Schmidt und Cohen sind so großzügig, die Öffentlichkeit über ihr Buch an ihren Erkenntnissen teilhaben zu lassen. Niemand kann daher später behaupten, von nichts gewusst zu haben, wenn Google in Wirtschaft, Politik und Gesellschaft noch weiter erstarkt ist.

Offensichtlich will das Google-Management nicht nur einen Konzern führen. Wirtschaftsgeschäfte sind den Unternehmensbossen und ihren Chefstrategen nicht genug. Zum einen kommen sie dafür ohne eigenes politisches Engagement gar nicht aus. Zum anderen will die Google-Führungsriege geopolitisch mitmischen. Das lassen das Buch von Schmidt und Cohen und die Aufenthalte der Autoren 2009 im Irak oder Anfang Januar 2013 in Nord-Korea erahnen. Der Google-Chairman Eric Schmidt fungiert seit 2008 auch als Chairman des Verwaltungsrats der politischen Denkfabrik *New America Foundation*. Hier werden Themen zur nationalen Sicherheit, zu Technologie, Gesundheit, Bildung, Energie und Wirtschaft verhandelt. Der Thinktank lässt sich für Google sowohl als Ideenlieferant als auch dazu nutzen, politischen Einfluss auszuüben. Die Aktivitäten des Strategen Eric Schmidt scheinen im Konzern hohe Anerkennung zu finden. Die Konzernlinie, die der Google-Verwaltungsratschef vorgibt, entspricht offenbar ganz den Vorstellungen der übrigen Mitglieder der Chefetage. Im Jahr der Buchpublikation mit Jared Cohen wurde Eric Schmidt »für seine Verdienste um Googles Leistung im Geschäftsjahr 2013« belohnt. Er erhielt Boni im Wert von 106 Millionen Dollar, 6 Millionen in bar und 100 Millionen Dollar in Form von Aktien.[358] Das *Time Magazine* 2013 setzte den *Google Ideas*-Mann Jared Cohen auf seine Liste der 100 weltweit einflussreichsten Menschen.[359]

Google verfolgt nicht nur eine alle und alles umarmende Universalstrategie der Freundlichkeit und Offenheit. Der Datenkrake operiert auch über Cliquen und Heimlichtuereien. Die Google-Politik der Transparenz und Inklusion wird ergänzt durch eine Politik der Intransparenz und der Exklusion. Der Technologiekonzern verheimlicht nicht nur seinen Suchalgorithmus, seine Patente sowie die Bauart seiner Serverfarmen. Betreibt Google permanente oder projektbezogene Cliquenwirtschaft, werden Wettbewerber, Widersacher und die breite Öffentlichkeit ebenfalls ausgeschlossen. Das erfordert eine Geheimhaltung, die dem von Google propagierten Offenheitsprinzip zuwiderläuft. Wenn die Google-Strategen mit Ministerien oder Geheimdiensten kooperieren, kommen sie um klassische Seilschaften nicht herum. Da sie hier mitspielen und darüber ihre Expansionsziele durchsetzen wollen, müssen sich die Chefgoogler den Offline-Gepflogenheiten in der etablierten Politikszene fügen und mitmauscheln.

Aufgrund digitaler Medien schrumpft aber der Raum für heimliche Kungeleien. Werden Geheimnisse aufgedeckt, wird darüber digital berichtet und diskutiert. Und je mehr Personen und Personengruppen professionelle oder private Aktivitäten über das Netz abwickeln, desto eher werden sie nachvollziehbar. Sobald Informationen über Absprachen oder Geschäfte zwischen dem Privatunternehmen Google und anderen, etwa US-staatlichen Behörden, an die Öffentlichkeit geraten, ist es aus mit der Heimlichtuerei. Nun gehört aber zur Cliquenwirtschaft die Geheimhaltung stets dazu. Offenbar lässt sich also Cliquenwirtschaft in der Digitalära nicht so wie bisher weiter betreiben. Die Öffentlichkeit ist heute oft nur einen Klick von Kungeleien entfernt. Kritische Bürger sind wachsam und jederzeit bereit, ihr Wissen über Onlineforen auszuplaudern. Es müsste sich eine neue, netzkompatible oder netzimmune Version der Cliquenwirtschaft entwickeln, um Internetnutzer vor allzu vielen Einblicken fernzuhalten. Nicht einmal den Strategen von Google mit ihrem Beharren auf Transparenz einerseits und ihren undurchsichtigen Absprachen mit Externen andererseits scheint (bisher) ein netztaugliches Zukunftsmodell eingefallen zu sein.

Die Kenntnis cliquenwirtschaftlicher Aktionen könnte Bürger dazu veranlassen, Parteipolitiker abzuwählen, und Kunden dazu, die Angebote von Unternehmen zu boykottieren. Darüber könnte verhindert werden, dass die Tentakel bestimmter Organisationen noch weiter ausgreifen. Bleibt der Zugang zu entscheidendem Wissen jedoch nur verschworenen Cliquen und Geheimnisträgern vorbehalten, so stärkt das Wissen diese Cliquen. Geheimwissen stützt und unterfüttert cliquenwirtschaftliche Machenschaften. Google besitzt zwar keine innovative Klüngelversion, dafür aber die Daten der Klüngler der Welt. Der Konzern aus Mountain View ist gut aufgestellt, wenn sich derzeit die weltweiten Machtverhältnisse in neue Kreise verlagern. Die Geschicke der Zukunft dominieren diejenigen, die sich als geschickte Cliquenwirtschaftler und zugleich als Kontrolleure des weltweiten Datenverkehrs erweisen.

6
Essenzen gelungener Cliquenwirtschaft

Macht entspricht der menschlichen Fähigkeit, nicht nur zu handeln oder etwas zu tun, sondern sich mit anderen zusammenzuschließen und im Einvernehmen mit ihnen zu handeln. Über Macht verfügt niemals ein Einzelner; sie ist im Besitz einer Gruppe und bleibt nur so lange existent, als die Gruppe zusammenhält.

Hannah Arendt

Cliquenwirtschaft ist die mehr oder weniger gezielte Nutzung von Freundschaften und Bekanntschaften zu bestimmten Zwecken. Sie entsteht, sobald Menschen einen Rat, Arbeit, Geld, Ruhm, Einfluss oder etwas anderes haben wollen und sich daher an einen überschaubaren Kreis von vertrauten Personen wenden, denen sie im Gegenzug etwas zurückgeben. Über cliquenwirtschaftliche Verbindungen kommen Menschen schnell, direkt, effizient und in der Regel kostenfrei an das Gewünschte. Weil Cliquenwirtschaft so viele Vorteile bietet, bedienen sich Menschen unwillkürlich dieses Prinzips. Dass dabei moralische Probleme entstehen können, deuten die Fallbeispiele an. Doch in der Absicht, eine Phänomenologie der Cliquenwirtschaft zu liefern, wurde das Agieren mächtiger Cliquen weitgehend von ethischen Gesichtspunkten isoliert betrachtet. Auch im letzten Kapitel wird Cliquenwirtschaft als zielführende Methode und nicht als Gegenstand ethischer Bewertung angesehen.

Cliquenkitt

Cliquenwirtschaft entsteht keineswegs immer geplant. Doch nur wer Cliquenwirtschaft systematisch, gekonnt und diskret einsetzt, kann dahin gelangen, wohin die katholische Kirche, die sizilianische Mafia, die Investmentbank Goldman Sachs oder der Konzern Google gelangt sind – in eine Weltmachtposition. Die Vertreter dieser Organisationen betrieben und betreiben neben grundlegender Führungs-, Wirtschafts- und Lobbycliquenwirtschaft auch spezifische Kuriencliquenwirtschaft oder Bistumscliquenwirtschaft, Clanwirtschaft, Drehtürcliquenwirtschaft oder Geheimprojektcliquenwirtschaft. Ihre Beispiele zeigen, dass Cliquenwirtschaft sowohl spontan als auch nach konkretem Bedarf entstehen kann. Personen mit ähnlichem Anliegen tun sich zusammen, um ein Ziel arbeitsteilig zu verfolgen. Was cliquenwirtschaftlich passiert, lässt sich selten bis ins Detail organisieren, koordinieren und kontrollieren. Oft verselbstständigt sich Cliquenwirtschaft – zum Wohl oder Schaden der Clique oder Außenstehender. Obgleich die katholische Kirche und die Cosa Nostra strikt hierarchisch aufgebaut sind, führen einzelne Cliquen auch hier ein Eigenleben. Als beispielsweise die Vatikanbankgeschäfte des Trios Marcinkus, Calvi und Sindona oder die blutigen Auseinandersetzungen zwischen Mafiaclans um den sizilianischen Ort Corleone aufflogen, hatte das fatale Folgen für einzelne Beteiligte und für die gesamte Organisation sowie für Externe.

Außenstehende erfahren über Cliquenwirtschaften immer nur das, was aus solchen Organisationen nach außen dringt. Geraten Cliquenmachenschaften ans Licht, lassen sie sich kaum noch wie bisher weiterverfolgen. Ihre Geheimhaltung ist deshalb ein wesentlicher Bestandteil der Cliquenwirtschaft. Egal wie stark intern Cliquenwirtschaft betrieben wird und welche Komplikationen sie mit sich bringt – es gilt, sie vor der Öffentlichkeit zu verbergen, um die Organisation zu schützen. Zu dem Zweck betreibt der Vatikan eine rigide Pressepolitik. In den über Kennzahlen strategisch gelenkten Unternehmen Goldman Sachs und Google scheint man penibel darauf zu achten, dass Geheimnisse gewahrt bleiben. Die Cosa Nostra und andere italienische Mafiagruppen bringen immer wieder Penditi hervor, ehemalige Mafiosi, die den Ermittlern Mafiageheimnisse ausplaudern. Bei der New Yorker Bank Goldman Sachs, die etwa zeitgleich zur sizilianischen Mafia entstanden ist, scheint man sich genauer an das Schweigegelöbnis Omertà zu halten als die Mafia, die es erfunden hat. Goldman Sachs hatte es 2012 mit einem eigenen Pendito, Greg Smith, zu tun, der seinen Ex-Arbeitgeber in einem Zeitungsartikel und in einem Buch diffamiert hat.[360] Doch der Nestbeschmutzer wurde von den beiden Goldman-Chefs Blankfein und Cohn öffentlich und effektiv diskreditiert und war schnell wieder vergessen. Bei Google scheint man darum bemüht zu sein, dass Geheimnisse gar nicht erst entstehen und alle Geschäftsabläufe zu jeder Zeit offengelegt werden könnten.

Wieso organisieren Großinstitutionen ihre Weltexpansionspläne weniger generalstabsmäßig über Netzwerke als über Cliquen und Cliquenwirtschaft? Warum entsteht dabei oft unberechenbarer Cliquenwildwuchs? Abstrakte Netzwerke überfordern die Einzelnen. Ein unpersönliches Beziehungsgefüge kann nicht zu ihrer persönlichen Angelegenheit werden. Netzwerke motivieren nicht. Menschen brauchen einen Überblick und bedürfen der persönlichen Ansprache. Netzwerke halten Kontaktmöglichkeiten bereit. Aber aktuellen Kontakt und Nähe versprechen nur kleinere Einheiten. Cliquen schaffen Nestwärme und stiften Identität. Sie bieten die Möglichkeit zu direktem Austausch, zur Nachahmung, Anpassung und Abstoßung. Cliquen bilden eine dem Menschen gemäße und vertraute Lebensform. Ihre Teilnehmer verbindet eine Wahlverwandtschaft. Anders als die Familie ist die Clique frei gewählt. Dabei ist die Clique in ihrer Größe und Struktur der Familie nachempfunden. Cliquen der Größe von etwa drei bis 50 Personen geben ihren Mitgliedern Halt, das Gefühl von Geborgenheit, Sicherheit und Vertrauen. Hier kann es zu Reibereien kommen, man kann aber auch viel Spaß miteinander haben. In der richtigen Konstellation und Situation sind Cliquen Glückslieferanten und wirken als solche stärkend und handlungsmotivierend. Während man die Vorteile des Gemeinschaftslebens genießt, wird man blind für den Verdacht der gegenseitigen Ausnutzung oder des taktischen Gebrauchs der Clique zu cliquenexternen Zielen und agiert wie von selbst im Sinn der Clique. Und wer trotz Gruppenglücks nicht blind wird, weiß die praktischen Vorteile der Clique erst recht zu schätzen und auszuschöpfen.

Zwischen ohnmächtigem Ich und komplexer Welt kann die Clique sowohl Heimat als auch Arbeitsteam sein. Als Team wird sie zum Instrument. Ob als Zuhause oder als Arbeitsgruppe – in beiden Varianten ist die Clique dem sozialen Netzwerk überlegen. In einer Welt, in der potenziell jeder mit jedem verdrahtet ist, einer Welt, die obendrein als immer veränderlicher, komplizierter und unberechenbarer wahrgenommen wird, bilden zunehmend mehr Menschen psychische Krankheiten aus. Um dem Druck zu entweichen, bietet sich zumindest der partielle Rückzug in vertrautes Gefilde an. Aber nicht nur zur Erholung, sondern auch zum professionellen Fortkommen in der globalisierten Wirtschaftswelt bewähren sich Familien- und Cliquenstrukturen. Hier gelingt der schnelle, informelle Austausch mit Menschen, die einander vertrauen. Vertrauen und Agilität sind Faktoren, die zum Bestehen in der aktuellen Umwelt unabdingbar geworden sind. In politischen, wirtschaftlichen und gesellschaftlichen Kontexten werden daher enge Gruppenbindungen geschaffen und gepflegt. Oft gehen dabei Privates und Berufliches ineinander über. Mit einem enormen Angebot von Veranstaltungen wie Messen, Seminaren, Kongressen und Bootcamps sowie an Verbänden und Vereinen versucht man weltweit, dem Bedarf an persönlichem Kontakt und Vertrauensaufbau nachzukommen. Innerhalb von Nationen, Gesellschaften oder Branchen schaffen Menschen sich Biotope mit einander Nahestehenden, an denen sie wachsen und gedeihen und mit denen sie zu gemeinsamen Projekten aufbrechen können. Die italienischen Kardinäle, einzelne Mafiafamilien, die Führungsteams von Goldman Sachs und von Google, die mächtigen Damen und Herren, die in Davos beim Weltwirtschaftsforum, auf einer Bilderberg-Konferenz oder in ihren thematischen Thinktanks zusammentreffen, wertschätzen die Möglichkeit zum Dialog ohne zwischengeschaltete Medien.

In Politik und Wirtschaft geht es zum einen Teil um Kooperation und zum anderen noch immer um Wettbewerbsvorteile. Letztere beruhen normalerweise auf der Geheimhaltung von Patenten, Strategien oder Absprachen. Wer Netzwerkkontakte vorwiegend digital oder fernmündlich pflegt, muss damit rechnen, überwacht zu werden. Und wer glaubt, über Medien Vertrauensbeziehungen aufbauen zu können, sollte Enttäuschungen einkalkulieren. Dass der weltweite Datenverkehr überwacht wird, ist bekannt. 2013 flog auf, dass die USA sogar das Mobiltelefon der deutschen Kanzlerin Angela Merkel überwachten. Es gibt Fallbeispiele von Nutzern sozialer Onlinenetzwerke, Chatdienste oder Partnervermittlungsplattformen, die veranschaulichen, dass auch beim digitalen Austausch Nähe und sogar tiefe Gefühle der Zuneigung entstehen können. Das Vertrauen ist aber nicht immer berechtigt. Es kann beim Realkontakt herb enttäuscht werden und Personen in Gefahr bringen. Die Whistleblowerin Chelsea Manning, damals noch Bradley Manning, hatte den Hacker und Sicherheitsberater Adrian Lamo über einen Chatroom kennengelernt und sich ihm anvertraut. Manning hat Lamo berichtet, zahlreiche geheime Videos und Dokumente der US-Armee an die Enthüllungsplattform WikiLeaks vermittelt zu haben. Dieses Vertrauen hat Lamo missbraucht, um Manning 2010 an die Behörden auszuliefern.

Bei häufigen persönlichen Begegnungen in privaten Freundescliquen oder bei wiederkehrenden Branchenveranstaltungen lässt sich das Verständnis für die Mitmenschen schärfen. Nur der direkte Austausch ermöglicht es, Vertrauen aufzubauen und dieses auf Tragfähigkeit und Nachhaltigkeit zu testen. Eine Vertrauensbasis herzustellen, kann Jahre in Anspruch nehmen kann. Davon geht man bei der Mafia aus. Mafianeulinge werden erst nach intensiver Beobachtung und Prüfung bei häufigen Begegnungen und gemeinsamen Probeaktivitäten in die inneren Zirkel der Macht vorgelassen. Erst wenn Vertrauen aufgebaut ist, können gewichtige weiterführende Projekte gestartet werden. Die Clique ist dabei der Nukleus und die Bodenstation. Kennzeichen von Cliquen und Cliquenwirtschaft ist neben der Inklusion verschworener Mitglieder auch die Ausgrenzung externer Individuen oder Gruppen. Die Kirche hält etwa die Vaticanisti, internationale, über den Vatikan berichtende Journalisten, auf Distanz und unter Kontrolle. Der Vatikansprecher informiert sie entweder gar nicht oder nur nach vorausgegangenen Überlegungen im inneren Kreis. Mafiaclans halten nach innen zusammen, aber bekämpfen Feinde, um die Macht und den Besitz der Famiglias zu schützen. Die Führungs- und Arbeitsteams von Goldman Sachs und Google schotten sich ab, um ihr Wissen und ihre Wettbewerbsvorteile vor Konkurrenten zu schützen. Google forscht im *Google X Lab* unter größter Geheimhaltung und hält seine Serverfarmen für Fremdbesucher unter Verschluss.

Ab- und Ausgrenzung dienen dem Schutz vor Komplikationen. In eher homogenen Einheiten, in denen jeder jeden kennt, fallen die Kommunikation und die Koordination der Mitglieder leichter als in offenen Gruppen mit heterogenen Mitgliedern. Wenn keine umständlichen Übersetzungs- oder Integrationsleistungen nötig sind, kann die Clique schnell, flexibel und effektiv Ziele aller Art in Angriff nehmen. Spätestens dann setzt Cliquenwirtschaft ein. Dabei werden aus Freundschaften Seilschaften.

Der französische Soziologe Pierre Bourdieu oder der US-amerikanische Politikwissenschaftler Robert Putnam beschrieben den Zusammenhang zwischen sozialem Kapital und anderen Kapitalarten, insbesondere die Verknüpfung von Sozial- und Wirtschaftskapital.[361] Sie betonten die positive Wirkung von motivierenden Cliquendynamiken auf ökonomische Gewinne. Dieser Annahme folgend initiierten Weltbank und OECD in Einwicklungsländern und in westlichen Industrienationen Gruppenarbeits- oder Clusterprojekte, um Menschen zur Erreichung bestimmter politisch-wirtschaftlicher Ziele anzuregen. Dabei wird soziales Kapital als »Kitt« oder »Klebstoff« von Gemeinschaften begriffen. Die Weltbank definiert: »Soziales Kapital ist nicht nur die Summe von Institutionen, die eine Gesellschaft stützen; es ist der Kitt, der sie zusammenhält.« Die OECD schreibt auf ihrer Website: »Soziales Kapital stellt den Klebstoff bereit, der Kooperation, Austausch und Innovation erleichtert.«

Der Motor einer Gesellschaft sind Menschen, die in Kleingruppen unmittelbar aufeinandertreffen. Soziales Kapital, das in Cliquen entsteht, wo Menschen Wissen austauschen, Erlebnisse teilen, einander helfen, sich miteinander vergleichen, gegeneinander rivalisieren, einen kollektiven Narzissmus ausprägen oder gemeinsame Ziele verfolgen, kann einiges entfesseln. Es ist geeignet, Wissens- oder Humankapital, kulturelles, wirtschaftliches, symbolisches, politisches, erotisches und emotionales Kapital hervorzubringen. Umgekehrt können diese Kapitalgüter wiederum soziales Kapital freisetzen und stärken. Zur Belebung solcher kapitalen Wechseleffekte trauen Weltbank, OECD, nationale Regierungen oder Wirtschaftsunternehmen dem sozialen *bonding capital* unter Freunden mehr als dem *bridging capital* zu, das losere, weite Bekanntschaftsnetzwerke bereithalten. Die größere Einheit, eine Gesellschaft, Firma, Nation oder Nationengemeinschaft, setzt das soziale Kapital der kleinen Einheit Gruppe gezielt dazu ein, um politische, ökonomische oder gesellschaftliche Ziele zu verwirklichen. Dabei hofft und setzt man sogar darauf, dass die Gruppenmitglieder bei ihrem Einsatz Glücksgefühle entwickeln. Sobald Cliquenwirtschaft die Beteiligten beglückt, engagieren sie sich nachdrücklich für die Sache. Glücksforscher haben die Zugehörigkeit zu einer sozialen Gruppe als einen wesentlichen Glücksbringer für Menschen beschrieben.

Doch Cliquen und Cliquenwirtschaft machen keineswegs immer glücklich – auch nicht immer reich. Dafür dass Cliquenwirtschaft unglücklich machen und eine Organisation schwer schädigen kann, liefern Kirche, Cosa Nostra, Goldman Sachs und Google genügend Beispiele. In den katholischen Kurien- und Kirchencliquen herrschten Misstrauen und Feinseligkeiten. Einzelne Kardinäle mit Machtansprüchen bekämpften Konkurrenten, die ihnen die Macht streitig machten. Als Anfang des 21. Jahrhunderts Kircheninterna publik wurden, breitete sich im Vatikan eine Atmosphäre der Angst aus. Diese belastete einzelne Geistliche. Die Offenlegungen der Kirchencliquenwirtschaft in den Jahren 2008 und 2012 beschädigten das Ansehen der katholischen Kirche insgesamt. Auch wenn sie sich Familien nennen, herrscht in Mafiaclans das autoritäre Prinzip von Befehl und Gehorsam. Wer nicht spurt, dem droht nicht bloß der Ausschluss aus der Gemeinschaft, etwa durch Tod. Er wird auch vollstreckt. Die Cliquenwirtschaft der Bank Goldman Sachs vor und während der Finanzkrise zwang einzelne Angestellte, darunter den Goldman-CEO Lloyd Blankfein, sich vor Gericht für den Handel mit Hypothekenkrediten zu verantworten. Der hohe Zeit- und Wettbewerbsdruck innerhalb der Arbeitsteams von Goldman Sachs mindert das persönliche Glück der Teammitglieder mehr, als es zu steigern. Doch immerhin hebt diese Art der injizierten Cliquenwirtschaft die Finanzkennzahlen der Firma und ihrer Angestellten. Bei Google scheinen die positiven Cliqueneffekte gegenüber den negativen deutlich zu überwiegen. Auch deshalb gilt die Firma aus dem Silicon Valley seit Langem unter Jobsuchenden als beliebteste Arbeitgeberin. Befragt man Googler, so bezeichnen sie sich als zufrieden oder als sehr zufrieden mit ihrer Arbeit. Ein Wohlgefühl verschaffen die kleinen, aber jederzeit offenen Teams genauso wie die Möglichkeiten, sich einer der zahlreichen Hobby- oder Interessenscliquen auf dem Google-Campus anzuschließen.

Am Beispiel Google zeigt sich, dass Cliquen und Cliquenwirtschaft nicht als Zufallsereignisse zu händeln sind. Soll das durch Cliquenwirtschaft mobilisierte Sozialkapital verlässlich Glück und Gewinne hervorbringen, so sollten deren Mechanismen genau bekannt sein. Die Bestandteile erfolgreicher Cliquenwirtschaft sollten als meisterlich zu spielende Instrumente angesehen und bewusst eingesetzt werden. Nur dann ergibt sich ein mitreißender, beglückender und bereichernder Wohlklang. Cliquenwirtschaft bündelt eine Vielfalt von Verfahren, die sich erlernen und perfektionieren lassen. Das hat man in der Personalabteilung von Google verstanden. Folglich berechnet man hier die Wirkung der Gruppe auf jedes Gruppenmitglied mathematisch, um Mitarbeitergespräche, Gruppengrößen oder Motivationsverfahren zu optimieren. Die Google-Personalstrategen setzen ihr Wissen um die Kraft der Clique aus genau sechs Personen und um bestimmte motivierende Cliquendynamiken gezielt zur Steigerung der Produktivität und des Umsatzes ein. Als jüngste der hier vorgestellten Institutionen konnte der Konzern Google von den Erfahrungen und Versäumnissen anderer profitieren. Google orientiert sich am universellen Gültigkeitsanspruch der katholischen Kirche und deren Ehrgeiz, zu einem wesentlichen Bestandteil des Alltags möglichst vieler Menschen zu werden. In die eigene Strategie integriert Google außerdem Methoden zur Mitarbeitermotivation von Goldman Sachs. So übernahm man bei Google das Goldman-Prinzip, den Firmenangestellten einen kostenfreien Wäschedienst zur Verfügung zu stellen und ihnen damit eine Belastung zu ersparen. Wie die Investmentbank Goldman Sachs arbeitet auch der Technologiekonzern Google mit Projektteams. In beiden Firmen wird auch das regelmäßige 360-Grad-Feedback dazu genutzt, um das Personal kennenzulernen und sinnvoll einzusetzen. Bei Google wurde das Feedbackprinzip dazu genutzt, um neue, bei Goldman Sachs bisher nicht genutzte Anreize zu entwickeln.

Bedient sich die Bank vorwiegend externer Motivatoren wie Jobtiteln, Gehaltssteigerungen oder Boni, versucht man bei Google, die Angestellten zudem über eine freundliche Unternehmenskultur, die Kommunikationsbereitschaft der Vorgesetzten und offene Teams intrinsisch zu hohem Arbeitseinsatz anzuregen. Außerdem befreien hier neben dem Wäscheservice noch unzählige weitere Erleichterer des Alltags, darunter Fahr-, Friseur- oder Massagedienste, von praktischen Sorgen. Sport- und Spielangebote ermöglichen die Erfahrung beglückender Gruppenerlebnisse. Indem die Unternehmenslenker von Google bei ihren Angestellten große Freude auslösen, streichen sie große Gewinne ein. Was kann daran verwerflich sein? Daran wohl wenig. Problematisch ist, dass Google außer der wundersamen Verschränkung von Gruppenglück und Umsatzsteigerung auch insgeheim Cliquenwirtschaft betreibt. In der Reihe der vorgestellten Cliquenwirtschaften stellt das Beispiel Google einen Sonderfall dar. Der Technologiekonzern generiert seine Einnahmen vorwiegend über die virtuelle Welt. Hier kennt man die Freuden und Fallen der Digitalität besser als überall sonst. Bei Google weiß man, dass Cliquengeheimnisse in der Internetära nur schwer zu wahren sind und dass diese, sollten sie einmal gelüftet sein, lauffeuerartig über digitale Medien verbreitet werden. Viel bewusster als bei Kirche, Mafia und Goldman Sachs achtet man daher bei Google auf transparentes Handeln. So berührte das Kapitel über Google auch die Frage nach der Zukunft von Cliquenwirtschaft. Die Google-Geschäftsführung operiert weder im luftleeren, noch ausschließlich im virtuellen Raum. Da die Google-Manager in der aktuellen Wirtschaftswelt reüssieren wollen, unterliegen sie deren Bedingungen, ihren etablierten Regeln und Gewohnheiten. Dazu zählt auch die klassische Cliquenwirtschaft mit Old Boy Networks, Studentenverbindungen, Alumni-Seilschaften und Drähten in die hohe Politik. Cliquenwirtschaft läuft selten ohne Geheimhaltung ab. Um ihre weitgreifenden Ziele erreichen zu können, muss auch die Offenheit predigende Google-Spitze mit Konkurrenten, Politikern, Geheimdienstlern oder anderen Seilschaftlern mitmauscheln – und dabei auf Geheimhaltung achten. Wie selbst die Politik des Möchtegern-Transparenz-Konzerns Google illustriert, kommen bis heute ehrgeizige Organisationen nicht ohne Cliquen und ihre Heimlichkeiten aus. Die klassische Cliquenwirtschaft ist also vorerst nicht gefährdet.

Jedes der vier Fallbeispiele beleuchtet unterschiedliche Akzente von Cliquenwirtschaft. Die Menschen verbindende und an sie bindende Kraft der katholischen Kirche liegt im Generalanspruch ihres Glaubens und ihrer Morallehre. Die Regeln und Riten der Kirche begleiten Katholiken rund um die Uhr und überall. Sie dominieren deren Alltag. Sie wirken wie Kitt, der sie an die Kirche bindet. Auf weltpolitischer Ebene bringt sich die Kirche immer wieder als moralische Instanz ins Spiel. Kirchenvertreter, an erster Stelle der Papst, treten bei zwischenstaatlichen oder gesamtgesellschaftlichen Problemen als Beschwichtigungs- oder Referenzfiguren auf. Sie werden gehört, weil sie Macht besitzen. Die hohen Geistlichen halten außerdem das cliquenwirtschaftliche Schweigegebot besonders gut ein. Mit allen Mitteln der Kunst wird die katholische Kirche dadurch als eine geschlossene Veranstaltung erhalten. Am Beispiel Cosa Nostra wird der Bedarf der Omertà für Cliquenwirtschaft noch deutlicher. Die Mafia illustriert außerdem, dass transnationale Cliquenwirtschaft funktionieren kann, wenn sie in einer geografischen Heimat wurzelt. An der Cliquenwirtschaft der Goldman Sachs Group lässt sich ablesen, wie die Verschränkung zwischen Wirtschaft und Politik eingeleitet und intensiviert wird.

Den problematischen Zusammenhang zwischen Cliquenwirtschaft und Digitalität veranschaulicht das Beispiel Google. Die Macht des Konzerns beruht auf dem Besitz von Daten und Technologien zur Datenfilterung. Offenbar versucht die Google-Geschäftsführung, sich einen Weg hinaus aus der geschlossenen Insider-Cliquenwirtschaft zu bahnen. Während die Daten, Datenbanken und Suchcodes geheim gehalten werden, strebt man offenbar langfristig an, seine Cliquenwirtschafts- und Netzwerksarbeit offenzulegen. Doch noch ist der Konzern nicht so weit, wie die Verbandelung mit der US-Politik oder US-Geheimdiensten zeigt. Transparenz wäre bei einer weiter fortgeschrittenen Digitalisierung aber möglicherweise der neue Deckmantel für Macht. Cliquen und Cliquenwirtschaft sind Handwerkszeuge. Jeder kann sie nutzen. Damit sie die gewünschten Erfolge hervorbringen, sollte man deren Stärken und Tücken kennen. Man sollte wissen, wozu und wie man dieses vortreffliche, aber verzwickte Instrumentarium einsetzt. Nur wer Cliquenwirtschaft gekonnt betreibt, kann die Beteiligten glücklich, reich, mächtig oder berühmt machen. Die Beispiele katholische Kirche, sizilianische Mafia, Goldman Sachs und Google demonstrieren, dass man mit Cliquenwirtschaft eine Machtstellung in der Welt erlangen kann. Welcher wichtigen Erfolgsfaktoren bedienen sie sich dabei? Was sind die einzelnen, kunstvoll zu händelnden Instrumente, die zu durchschlagender Cliquenwirtschaft befähigen?

Cliquentechnik

Obgleich sich die Ziele und Themen von Kirche, Mafia, Goldman Sachs und Google unterscheiden, weist deren cliquenwirtschaftliches Vorgehen erstaunliche Parallelen auf. Sie alle bedienen sich bestimmter erfolgversprechender Verfahren. Die Cliquenwirtschaftler aller vier Institutionen haben Fehler begangen. Insgesamt haben sie sich jedoch bei der Verfolgung ihrer nicht gerade bescheidenen wirtschaftlichen, politischen oder gesellschaftlichen Ziele als Meisterjongleure ihrer Seilschaften erwiesen. Das zeigen die Falluntersuchungen. Herausgefiltert und einzeln präsentiert werden nun 16 Essenzen zielführender Cliquenwirtschaft.

Denken und Handeln kreisen bei der katholischen Kirche, der Cosa Nostra, der Bank Goldman Sachs und der Firma Google jeweils um etwas, das hier *Energie* genannt werden soll. Energie ist das belebende Prinzip der Gesamtorganisation oder einzelner Cliquen. Sie beschreibt ihre ganz spezifische innere Antriebskraft. Energie ist das, was eine Menschengruppe selbstständig lebens- und handlungsfähig macht. Sie ist das Kraftzentrum, der Motor, das belebende Prinzip oder die Seele einer Organisation und ihrer Cliquen. Kirche, Mafia, Goldman Sachs und Google ist es gelungen, starke Energien auszuprägen. Ihre Energien sind alle leicht verständlich. Dass sie unmittelbar einleuchten, macht sie auch anhaltend wirkungsvoll. Sie lassen sich in vier Wörtern mit dem Anfangsbuchstaben »G« ausdrücken. Die katholische Kirche operiert mit dem »Glauben« als ihrer Energie, ihrem Kern-, Dreh- und Angelpunkt. Der Glaube hält die Kirchenmitglieder zusammen. Er ist der Grund für die Existenz der Kirche und ihr Ziel zugleich. Der Mafia dient die »Gier« als Antriebsprinzip. Sie beschreibt das Warum, das ihre Mitglieder anspornt, und das, worum alle ihre Aktionen kreisen. Im Vergleich zur Mafia beruht das Streben der Angestellten der Goldman Sachs Group weniger auf »Gier« als Motivationskraft bei der Erreichung ihrer Ziele als auf »Glorie«, auf Prestige, weitreichendem

Ruhm und Glanz, als belebendes Prinzip. Die Energie des Technologiekonzerns Google erfasst das Wort »Googlisation«. Googlisation beinhaltet alle positiven Leistungen und Eigenschaften der Firma Google. Das Google-G-Wort ist für die Konzernmitglieder auch wieder Ursache und Wirkung ihres Schaffens. Glaube, Gier, Glorie und Googlisation sind die jeweilige Triebkraft, die Mitglieder und Partner an Kirche, Cosa Nostra, Goldman Sachs oder Google bindet, sie fasziniert und animiert.

Die Energie ist unverwechselbar. Sie gehört unsichtbar zur Organisation. Jede Clique erzeugt ihre Energie selbst und bezieht sie obendrein zur Stärkung von außen. Die Energie besitzt eine Anziehungskraft, die In- und Externe im Sinne der Organisation in Bewegung versetzt. Sie motiviert intrinsisch. Sie ist Ursache und Ziel zugleich. Energie ist der wichtigste, weil langlebigste Dreh- und Angelpunkt einer Organisation. Sie verleiht ihr Identität. Sie gibt ihr Sinn und liefert damit einen roten Faden für unterschiedlichste Personen und Tätigkeiten. Sie wirkt wie eine höhere Idee, die alle Einzeltätigkeiten wie eine große Klammer zusammenhält. Cliquenwirtschaft gestaltet sich wie von selbst im Hinblick auf die Cliquenenergie. Werden externe Partner von der Energie angesteckt, so erleichtert das deren Einbindung. Goldman Sachs beschränkt sich bei engen Kooperationen nicht auf bloße Briefings. Der Investmentbank gelingt beispielsweise die Integration ihrer Partner von der langjährigen Anwaltskanzlei Sullivan & Cromwell über das Prinzip der »Abordnung« (*secondment*). Dazu lädt Goldman Sachs Junganwälte ein, einige Wochen in der Bank mitzuarbeiten. Dabei sollen sie die dortige Energie wahrnehmen und, von ihr infiziert, die Bank leidenschaftlich bei Verhandlungen vertreten. Über gute Bezahlung und die Verbreitung der Energie Googlisierung bindet das Unternehmen Google nicht nur Angestellte, sondern auch Externe an sich, insbesondere seine Lobbyisten. Gut gewählte Energien verleihen Cliquen ihre Einzigartigkeit, ihre Stärke und ihre Ausdauer. Ihre Energie belebt die katholische Kirche nun schon 2000 Jahre lang. Die Energie trägt dazu bei, unzählige einzelne individuelle und cliquenwirtschaftliche Aktivitäten in den gemeinsamen Sinnzusammenhang einer Institution, eines Vereins, eines Konzerns, einer Partei, einer Nation oder einer Nationengemeinschaft einzubetten. Das Lebensprinzip Energie funktioniert dabei motivierend und disziplinierend zugleich. Ihre Kraft liegt in ihrer unterschwelligen Wirkung. Nur die wenigsten Organisationen oder Cliquen bringen ihre Energie auf den Punkt. Ein Wort für sie zu finden, ist immer einen Versuch wert.

Ein weiteres, rational schwer erfassbares Grundprinzip erfolgreicher Cliquenwirtschaft ist der *Mythos.* Er liegt in der Aura des Geheimnisvollen der Clique. Der Mythos ist ein Sog, der sich aus einem Bündel von Ereignissen, Beobachtungen und Erfahrungen in und mit der Clique nährt. Er entsteht durch Geschichten über einzelne, besonders schillernde Cliquenteilnehmer, die sich die anderen immer wieder erzählen, oder um Gründungsmythen. Dabei geht es um das, was dahintersteht, aber nicht fassbar ist. Bestandteile des Mythos können Gott, ein Ehrenkodex, Exzellenz, Smartness, Intelligenz, Genie, Risiko, Innovationslust oder Freiheit sein. Der Cliquenmythos packt die Teilnehmer bei ihrem Unbewussten. Er spricht ihre Gefühle und nicht ihre Gehirne an. Er vermittelt die Vorstellung von etwas, das fasziniert, aber nie ganz durchdringbar und schon gar nicht erreichbar ist. Er beschreibt eine Sehnsucht, stellt eine Fixierung auf etwas jenseits des Materiellen dar. Der Mythos ist diffus. Er spielt mit Wünschen und regt das Begehren an. Im Mythos schwingt die Idee von Vollkommenheit mit, aber auch von Chaos. Er reizt und flößt Angst ein. Der undurchdringliche, aber betörende Mythos zwingt zu absoluter Hingabe an ihn. Die Mafia vermittelt einen Mythos der Coolness, aber auch der Lebensgefahr. Diese Kombination verlangt den Mitgliedern vollste Aufmerksamkeit und Loyalität ab. Der Mythos der Prestigebank Goldman Sachs löst bei Angestellten und Kunden Furcht und Ehrfurcht gleichermaßen aus und schlägt sie in ihren Bann. Während die Energie Halt und Richtung gibt, macht der Mythos diese Klarheit zunichte. Der Mythos kreist um die Energie. Seine Vielfalt und Offenheit zerstört und bereichert die Energie gleichermaßen. Er trägt die Energie auf eine höhere Stufe, von der sie ins Unerklärbare abhebt. Der Mythos ist gelungener Cliquenwirtschaft immanent. Er entwickelt sich aus allen Cliquengeschichten, ist also dynamisch. Er integriert die Cliquenmitglieder, lebt von deren An- und Abstoßung und deren ständiger Beschäftigung mit dem Mythos, davon, dass sie sich daran abarbeiten und sich gegenseitig dabei übertreffen. Doch der Mythos entzieht sich. Er bleibt unbegreifbar, nicht greifbar, ein Rätsel. Er wirkt wie eine treue und zugleich fordernde, elektrisierende Geliebte, wie ein exzellenter Partner, der viele Fragen aufwirft, für den es aber keine Alternative gibt. Der Mythos wirkt im Bestfall rund um die Uhr und in allen Lebensbereichen der Cliquenmitglieder, vom Morgengebet der Kardinäle über Board Meetings der Goldman-Spitze, die kreative Teamarbeit an neuen Google-Diensten bis hin zu den Begegnungen von Mafiosi in zwielichtigen Bars. Der Mythos wirkt magnetisierend. Er hält die Cliquen zusammen und bei der gemeinsamen Sache, ohne dass sie rational erfassen, was mit ihnen geschieht. Als Magnet schützt der Mythos vor Abwanderung zu anderen Cliquen. Als Sog hält er die Mitglieder in ständiger Bewegung und Unsicherheit.

Selbstbewusstsein ist sexy und verführerisch. Sexappeal erleichtert Führung durch Verführung. *Selbstbewusstsein* und *Sexyness* sind daher unentbehrliche Essenzen gelungener Cliquenwirtschaft. Vor allem Führungsfiguren sollten anspruchsvoll und selbstsicher wirken, im Idealfall jedoch alle Cliquenmitglieder, weil das den internen Wettbewerb anregt sowie Neugier und Begehren bei Dritten schürt. Paaren sich in einer Clique Anspruch und Sexyness, wird die Clique für neue Mitglieder attraktiv. Die zweifelsfreie Überzeugung von sich selbst und ihrem Auftrag verleiht den prominenteren Vertretern von Kirche, Cosa Nostra, Goldman Sachs und Google ein Charisma, das Cliquenmitglieder und Cliquenfremde gleichermaßen anzieht.

Der Cosa Nostra fehlen seit Langem Charismatiker à la Al Capone. Doch kann jemand wie der Capo Matteo Messina Denaro, der im Verborgenen leben muss, derzeit schlecht so wie in seiner Jugend mit entspannter Geste, Anzug und Sonnenbrille an die Öffentlichkeit treten, um neue Anhänger anzuwerben. Das könnte für die Mafia, die stets stark auf Ikonografie gesetzt hat, zum Problem werden. Die Wirkung von coolen Mafiosi kann nicht dauerhaft von Protagonisten aus Mafiafilmen wie Coppolas *Der Pate* ersetzt werden. Reale Helden haben weit größeres Aktivierungspotenzial als die Filmfiguren, an denen sich heute manche Mafiosi orientieren. Das Selbstbewusstsein einer Clique äußert sich vor allem darin, wie ihre Mitglieder auftreten. Die Hybris kann mit glanzvollen Symbolen betont, an lässige Arroganz gekoppelt oder komplett negiert werden. Ihre ästhetische Inszenierung verleiht jeder Clique ihren ganz besonderen Anstrich. Kirchenvertreter unterstreichen ihre hohe Stellung als Übermittler bedeutender Botschaften durch prunkvolle Gewänder und Sinne verzaubernde Auftritte. Da alle Insider von der Brillanz und Bilanz der Goldman Sachs-Banker wissen, kommen diese ohne besondere äußere Merkmale aus. Ihr Ruf als mutige, konstruktive Zerstörer verleiht dem Spitzenpersonal der Goldman Sachs Group weltweite Ausstrahlung. Ihre Selbstsicherheit und ihr Stolz darauf, für diese Bank zu arbeiten, vermittelt sich von selbst, auch wenn sie bloß in Anzug und Hemd auftreten. Ihr Selbstbewusstsein ist eine Haltung. Als der Goldman-Sachs-CEO Lloyd Blankfein den Spruch fallen ließ, seine Bank leiste göttliche Arbeit, blitzte die enorme Standesehre ganz deutlich hervor. Doch in der Antithese liegt womöglich die größte Überheblichkeit. Die Google-Gründer verzichten auf äußeren Ornat. Auf Geschäftstreffen tauchen Larry Page und Sergey Brin gelegentlich in Kapuzenpullis und Sneakers auf. Damit bedeuten sie allen anwesenden Anzugträgern, dass sie keine Verkleidung benötigen, um deren Respekt zu erlangen.

Das Selbstbewusstsein bedeutender Cliquen vermittelt sich nicht allein über Äußerlichkeiten. Eindeutig ablesbar ist es daran, dass sie sich als vermittelnde Instanz aufspielen. Selbstsichere Cliquen platzieren sich nicht zwischen anderen Mächtigen. Die mächtigsten Cliquen erheben sich über andere, über die Mächtigen ihrer Branche oder über die Mächtigen der Welt. Dabei geben sie sich als *Metamacht* aus. Wenn der Cliquenwirtschaftler Klaus Schwab zum Weltwirtschaftsforum nach Davos einlädt, erhebt er sich als Strippenzieher automatisch über seine illustren und mächtigen Gäste. Die Kirche mischt sich in die Weltpolitik ein. Verkündet sie Politikempfehlungen oder moderiert sie den Dialog zwischen Staatsregierungen, macht sie sich für diese zum Referenzfaktor. Gegen Schutzgeldzahlungen garantieren Cosa-Nostra-Mitglieder einen friedlichen Handel auf den Straßen Palermos und anderswo. Weit effektiver als die Polizei spielen sich Mafiosi in manchen Regionen als Ordnungsmächte auf. Die Bank Goldman Sachs bietet sich als zwischengeschaltete Beraterin bei voluminösen Wirtschaftsdeals von internationalen Konzernen an. Sie verhandelt manchmal für mehrere Parteien gleichzeitig und kassiert schon Honorare, bevor die anderen von den Ergebnissen ihrer Deals profitieren können. Google stellt mit der Suchmaschine Google eine Mega- und Metaplattform zur Verfügung. Der Konzern verknüpft die Daten aller anderen und präsentiert sie der Welt auf seiner eigenen Website zum Nullpreis. Die Vertreter von Kirche, Mafia, Goldman Sachs und Google haben die Chuzpe, ihre Organisation und deren Leistungen zum Standard zu erklären, zum Maßstab für den Rest. Ihr Wissen um die eigene Überlegenheit kräftigt ihr Selbstbewusstsein, das nach außen hin abstrahlt und andere anzieht. Die Selbstsicherheit der Google-Chefs Larry Page und Sergey Brin lässt sich kaum an deren Auftreten ablesen. Man könnte sie anhand der Datenmengen messen, welche die beiden über ihre supramächtige Firma kontrollieren. Ihr selbstbewusster Anspruch lässt sich aber vor allem an deren Zielen festmachen.

Damit sind wir beim nächsten cliquenwirtschaftlichen Erfolgsgaranten, den *hochfliegenden Zielen* triumphaler Cliquen. Selbstbewusste Cliquen streben absurd hohe Ziele an. Die katholische Kirche verfolgt offensichtlich nichts Geringeres als einen Global- und einen Ewigkeitsanspruch. Die Kirche will alle Menschen unter ihrem Dach versammeln, worüber auch ihr Name Auskunft gibt. »Katholisch« bedeutet »das Ganze«. Die Bank Goldman Sachs hält Kontakt zu ihren selbstbewussten Alumni, die mittlerweile hohe politische Posten besetzen und die Weltfinanzpolitik mitbestimmen. Die Machtpositionen der Ex-Goldman-Sachsler haben dabei weder für sie selbst noch für die Goldman'sche Finanzclique einen reinen Selbstzweck. Sie dienen vielmehr dazu, überall bankenfreundliche Regeln durchzusetzen, sodass die Clique ihre wirtschaftlichen Ziele leichter erreichen kann. Goldman Sachs strebt nach Einfluss über staatliche Finanzbehörden, wie die New Yorker Fed, oder über Staatsregierungen, wie die von Griechenland, Italien oder Großbritannien. Ihre Macht ist sowohl Ziel als auch Mittel, um mehr Kapital zu erwirtschaften und darüber noch mehr Macht zu erlangen. Google verfolgt bahnbrechende Visionen in den Bereichen Technologie und Wirtschaft. Der Name *moonshot* für Google-Innovationen oder die Käufe von Robotikfirmen signalisieren, dass Google sich nicht mit Suchmaschinenwerbegeschäften zufrieden gibt, sondern höhere Ziele anpeilt. Nur starke, sexy Cliquen mit eindrucksvoll fernen Zielen können als Avantgarde des globalisierten Zeitalters operieren.

Zur Umsetzung hoher Ziele müssen Cliquen bereit sein, *Grenzen zu sprengen*. Die Vorstellung, weiter als andere zu gehen und dabei Tabus zu brechen, erweckt den Abenteurer im Cliquenwirtschaftler. Grenzensuchende und Grenzenüberwinder kennen keine Furcht vor neuen Aufgaben, Situationen, Personen, Territorien oder Kulturen. Wenn sie über Grenzen gehen wollen, überschreiten sie sie einfach. Schwierigkeiten und Barrieren halten sie nicht auf, sie steigern vielmehr ihren Ansporn, sie auszuräumen. Wiederum preschen dabei die Führungsfiguren beispielhaft vor. Sie hinterfragen das Gegebene, Sachverhalte, Gesetze und insbesondere andere Autoritäten. Gepflogenheiten, Normen und Gesetze akzeptieren sie nur dann, wenn sie ihren Absichten zuträglich sind. Sollte das nicht der Fall sein, so definieren sie die Regeln zu ihren Gunsten neu. Ihnen scheint die Angst vor Veränderung und vor Verantwortung zu fehlen. Sie scheuen Alleingänge nicht, sondern bevorzugen die einsame Spitze, um in Neuland vorzustoßen und hier Normen und Standards zu setzen. Kirche, Mafia, Goldman Sachs und Google arbeiten über nationale Grenzen hinweg und deshalb mit mehr Schlagkraft als Staatsregierungen. Regierungen sind ihren nationalen Gesetzen verpflichtet. Daher laufen nationalstaatliche und internationale Entscheidungsprozesse langsamer ab als Entscheidungen in flexiblen und kleinen, aber dennoch transnational operierenden Cliquen. Letztere können rasch und effizient über Grenzen hinweg Politik oder Handel betreiben. Transnationalen Cliquen öffnen sich hin und wieder Möglichkeiten, Gesetzeslücken für sich auszunutzen. Indem sie sie nutzen, so wie Goldman Sachs in Griechenland oder der Datensammler Google mit seinen StreetView-Autos in mehreren Ländern, schaffen sie Präzedenzfälle. Diese machen dann erst neue Regelungen oder Gesetze nötig. Bis diese verabschiedet sind, haben Mafia, Goldman Sachs oder Google ihre Erträge längst eingeheimst. Intern heben Cliquenwirtschaftler die Grenzen zwischen Beruflichem und Privatem auf. Das Leben als Cliquenwirtschaftsprofi durchdringt und dominiert den Alltag. Leidenschaftliche Cliquenwirtschaft, 24 Stunden lang und sieben Tage die Woche, verlangt auch zeitlich unbegrenzten Einsatz.

Ein Quantum *Subversivität* schadet nicht, um als Clique voranzukommen. Einige Cliquen neigen öfter, so wie die Mafia, andere seltener zu unmoralischen oder gesetzlich verbotenen Aktivitäten. Cliquenwirtschaftler betreiben mitunter Korruption, Geldwäsche, Betrug, Diebstahl, Industriespionage, Fälschung und Steuerhinterziehung – oder sie lügen einfach. Gemacht wird, was die Clique weiterbringt. Dabei heiligt der Zweck die Mittel. Die Außenwelt erfährt von Verstößen gegen etablierte Regeln meistens nur, wenn die Beteiligten nicht aufpassen. Auch hierbei ist wieder Kunstfertigkeit, Einfallsreichtum und dezentes Vorgehen gefragt. Ungeschickt wäre es, sich verbotener Instrumente allzu offenkundig und in eindeutiger Form zu bedienen. Die hohe Schule der Subversion ist die Nutzung abgewandelter Versionen von Vergehen. Proficliquenwirtschaftler durchforsten hilfreiche Gesetzeslücken. Sie betreiben Geschäfte, die gesetzlich noch gar nicht erfasst sind, oder stricken sich komplizierte Firmennetzwerke, um sich nicht selbst als Geldwäscher betätigen zu müssen. Korruption lässt sich als Spende für gute Zwecke umdeuten. Lügen geht immer, nur sollten aneinandergereihte Lügen zueinander konsistent sein und die Wahrheit komplett kaschiert werden. Schließlich will die Clique nicht entdeckt, sondern ungestraft, siegreich und reich davonkommen.

Das Personal der vier hier vorgestellten Institutionen schreckt nicht vor Paradoxien zurück – weder im Denken noch im Handeln. Die Vertreter der Kirche, der Mafia, von Goldman Sachs und von Google arbeiten mit *synthetisierendem statt mit rein analytischem Verstand.* Ihnen reicht es nicht, gegebene Umstände oder das Vorgehen der anderen, etwa Konkurrenten, im Detail zu begreifen, um die tauglichsten Konzepte zu kopieren. Sie geben sich nicht mit Vorgefertigtem zufrieden, sie synthetisieren. Sie vereinigen das Vereinbare und das Unvereinbare. Ihnen bleibt nichts anderes übrig, wenn sie nicht allein in der Welt bestehen, sondern in ihr dominieren wollen. Anmaßende Cliquenwirtschaftler denken weiter als Analytiker und Kopisten. Sie denken zusammen, was nicht zusammengehört oder gar widersprüchlich erscheint. Sie verbinden offensichtlich Tradition mit Selbsterneuerung, Geld mit Glauben, Kurzfristiges mit Ewigem, Materielles mit Immateriellem, Geldverdienen mit Familienbindung, Ratio mit Gefühl, Körperliches mit Geistigem, Amoral mit Unmoral, Unmoral mit Moral, Firma mit Welt, Wirtschaft mit Ethik, Wirtschaft mit Politik, Wettbewerb mit Kooperation, Online- mit Offline-Welt, Geheimnis und Transparenz. Die Kirche, die Armut predigt, ist sehr findig darin, über immaterielle Gegenleistungen, darunter Vergebung oder Segnung, Geldquellen bei den Gläubigen aufzutun. Goldman-Sachs-Vertreter sind bekannt dafür, Interessenkonflikte geradezu zu suchen. Als Berater vieler Auftraggeber profitieren sie von ihrem Mehrfachengagement. Goldman-Sachs-Banker spenden Gelder an die Demokratische ebenso wie an die Republikanische Partei der Vereinigten Staaten. Egal welches Parteimitglied einen Präsidentschaftswahlkampf gewinnt – Goldman wird schon mit ihm einig werden. Google fordert Bewegungsfreiheit und Gratis-Inhalte im Internet, um selbst Geld für Werbelinks neben den kostenfreien Angeboten zu verlangen. Paradoxien-Suchende kennen keine Berührungsängste. Es kommt vor, dass sie sich je nach Sachlage genau konträr zur vorausgegangenen Strategie oder zur parallel angewandten Strategie verhalten. Erfolgreiche Cliquenwirtschaftler sehen darin keine Widersprüche, sondern Pragmatik und kreatives Potenzial. Paradoxien sind für sie Vorurteile der anderen.

Starke Cliquen *akzeptieren die Komplexität der Welt und das Tempo*, in dem die Welt sich ständig neu formiert. Sie lassen Unübersichtlichkeit und Unberechenbares zu. Sie negieren diese Schwierigkeiten nicht und ängstigen sich nicht vor Unvorhersehbarem. Weder versuchen sie, Probleme radikal zu vereinfachen, noch, Dinge zu verlangsamen. Ist ihre Cliquenwirtschaft einmal eingeläutet, begrüßen sie komplexe Zusammenhänge und Dynamiken als Tatsachen und lassen sie für sich arbeiten. Sie nehmen die Herausforderungen an, die eine dominante Rolle in der Welt nun einmal mit sich bringt. Sie analysieren Konstellationen, übertragen sie in Zukunftsvisionen, schmieden Langfristpläne und setzen ihre Visionen in Parallelaktionen kleinteilig Ziel für Ziel um. Dabei helfen ihnen fest-flexible Organisationsstrukturen, über die sie projektweise und weltweit agieren und jederzeit auf Änderungen reagieren können. Die katholische Kirche führt ihre weltweite Herde über ihre Vertreter in regionalen Gemeinden. Die Cosa Nostra operiert grenzübergreifend über ein weitverzweigtes Beziehungsnetz aus Cliquen und Individuen, die sich je Projekterfordernis ein- oder ausklinken lassen. Goldman Sachs und Google unterhalten Filialen in aller Welt. Sie pflegen außerdem ein weltumspannendes Partnernetzwerk, das sich jederzeit anzapfen und wieder versiegeln lässt. Die Führungsclique von Goldman Sachs hat direkte Drähte zu den Machtfiguren der Welt. Das erleichtert ihnen die Mitregierung der Welt. Über Ubiquität, Präsenz überall, begegnen sie der Komplexität der Welt. Ihre Beziehungen zu mächtigen Politikern und ihre eigene Machtpolitik haben Goldman Sachs den Namen Vampirtintenfisch eingebracht. Den Technologiekonzern Google bezeichnen Journalisten ebenfalls als Vampirtintenfisch. Er erhielt den Namen dafür, dass er mit seinen unzähligen Internetanwendungen fast alle Nutzungsbedürfnisse abdeckt, sodass Konsumenten Google für das Internet halten könnten. Energische Cliquenwirtschaftler beschränken sich nicht darauf, nur in bestimmten Feldern, Branchen oder Zirkeln aktiv zu sein. Sie konzentrieren sich nicht auf Einzelaspekte des Ganzen, wo sie sich ihrer Sache ganz sicher und sie die Besten wären. Eine Beschränkung auf Teilbereiche erfolgt allenfalls kurzfristig, jedoch nie auf Dauer, weil jede Abspaltung sie blind für die Zusammenhänge und die großen Vorhaben machen würde. Die Strategen von Goldman Sachs begnügen sich nicht mit dem Verkauf von Finanzdienstleistungen oder mit dem Einfluss auf die Finanzbranche. Sie dringen in die Weltpolitik vor. Google reicht es weder, mit Google, AdWords und AdSense den Markt der Suchmaschinenwerbung, noch über Android den Markt mobiler Betriebssysteme zu beherrschen. Erforscht werden die Möglichkeiten, vorhandene mit neuen Entwicklungen zu kombinieren, um daraus gewonnene Erkenntnisse auf die verschiedenen Lebensbereiche ihrer Kunden anzuwenden. Damit tragen die Google-Visionäre zur Vergrößerung der Komplexität bei und prägen die Konstellationen der Welt von morgen mit. Wer die Welt heute wesentlich mitgestaltet, kann sie in Zukunft leichter als andere dominieren.

Bei allen hochfliegenden Zielen und trotz des Herrschaftsanspruchs über komplexe Strukturen hilft die *Verwurzelung,* nicht nur in Ideen, sondern an einem geografischen Ort. Der Vatikan in Rom, die Insel Sizilien, die Finanzhochburg New York City und Mountain

View im Technologieparadies Silicon Valley sind ideale Stand- und Ausgangspunkte für weltumgreifende Vorhaben. Alle Vertreter der katholischen Kirche, der Cosa Nostra, der Bank Goldman Sachs und des Innovators Google profitieren von ihrer Heimatverhaftung. Die praktischen Vorteile der physischen Nähe zu Cliquenmitgliedern, Konkurrenten, Sympathisanten oder Helfershelfern lassen sich ausnutzen. Wer zielführende Kurien-Cliquenwirtschaft betreiben will, setzt auf Brüder aus Italien oder mit Wohnsitzen direkt im Vatikan. Die Personalverantwortlichen von Google müssen zur Gewinnung neuer kreativer Entwickler nur die Wiese ihres Campus überqueren, um sich unter den bestqualifizierten Damen und Herren aus der Nachbarschaft im Valley umzusehen. Ein Heimatort hat nicht allein praktische Funktion. Das Wissen um die gemeinsame Heimat wirkt auch fern der Lokalität. Am Beispiel der Cosa Nostra wird deutlich, dass Sizilien für weltweit operierende Clans als verbindende und stärkende Kraft fungiert. Die in der Idee von »Heimat« mitschwingende Tradition und Mentalität dienen Mafiosi in aller Welt als Vertrauensgarant. Sie stellen unter Unbekannten ein Identifikationsmerkmal dar. Die gemeinsame Heimat ist für einen Neuling die Zugangsbedingung zu einer Mafiafamilie. Die gemeinsame sizilianische Gesinnung schweißt Mafiosi für ihre riskanten Missionen zusammen. Bei der Cosa Nostra heißt die Clique Clan oder Famiglia. Wie natürliche Familien besitzen auch Mafiafamilien eine Heimat. Sizilien ist eine physische Realität, so wie der Vatikan, New York und Mountain View. Das erleichtert es Cliquenmitgliedern, die in der Ferne arbeiten und sich entwurzelt vorkommen, hin und wieder durch einen Heimatbesuch das Gefühl der Zugehörigkeit und Verwurzelung aufzufrischen. Die vertraute Luft der Heimat belebt und stärkt für den Einsatz an der Peripherie. Das gilt sogar für die verschmutzte Luft der Finanzmetropole New York, der Heimat von Goldman Sachs.

Die Chancen auf erfolgreiche Cliquenwirtschaft steigen und fallen mit ihren Teilnehmenden. Personalbeschaffung und Nachwuchszüchtung sind wichtige Aufgaben jeder Clique mit anspruchsvollen Plänen. Bei Kirche, Mafia und der Bank Goldman Sachs neigt man dazu, dem vorhandenen Personal ähnliche Personen zuzuweisen, statt ihm durch heterogene Postenbesetzung neue Impulse zu geben. Erfolgreiche Cliquen setzen auf *Homogenität.* Insbesondere die Führungszirkel der vier Organisationen sind höchst zurückhaltend bei der Einbeziehung andersartiger Personen. Die Spitzencliquen von Kirche, Mafia, Goldman Sachs und Google sind Männerseilschaften. Ausnahmen bei der Investmentbank und beim Technologiekonzern bestätigen eher die Regel, als einen neuen Trend der Öffnung für Frauen oder andere hier bislang unterrepräsentierte Bevölkerungsgruppen zu verheißen. Die Leitungsteams von katholischer Kirche und Cosa Nostra suchen ihren Führungsnachwuchs ausschließlich unter Männern. Im einen Fall haben sie alt und katholisch, im anderen eher jung und sizilianischer Herkunft zu sein. Das schränkt die Auswahl stark ein, garantiert aber eine recht unproblematische und rasche Einpassung neuer Mitglieder in die Clique. Die Goldman Sachs Group setzt bei Personalrecherchen auf die Besten ihres Fachs und auf Bewerber, die bereits mit den Sitten und Gepflogenheiten der Bank vertraut sind, bevor sie hier überhaupt angestellt werden. Ausgewertet werden Hinweise und Empfehlungen zu Bewerbern, die Freunde und Vertraute des Hauses liefern. Das endet darin, dass in die Firma oder Firmencliquen zumeist Personen aus bestimmten Seilschaften oder Studentenverbindungen oder Absolventen bestimmter Hochschulen aufgenommen werden. Bei Google sind Individuen und kreative Eigenbrötler durchaus willkommen. Geachtet wird aber auf Professionalität und auf Sozialverträglichkeit. Männer und Frauen aller Nationen haben die Chance, eingestellt zu werden. Doch müssen sie arbeitswillig, fähig und begeisterungsfähig, mit einem Wort googlisierbar, sein. Auch wenn man bei Google so tut, als setze man auf Heterogenität, so sind sich die Google-Angestellten in ihrem jungen Alter, ihrem freundlich-offenen Auftreten und nicht zuletzt in ihrem Googley-Sein höchst ähnlich.

Schlagkräftige Cliquen sichern sich gegen zu viele, verwirrende, verkomplizierende Außeneinflüsse ab. Sie weigern sich, Personen anderer Herkunft, Kontexte oder Geschlechter aufzunehmen. Das stärkt den Nukleus und die Cliquenidentität und bewahrt die Nestwärme. Falls dabei ein Mangel an kreativem Potenzial und an frischen Impulsen entsteht, können geschlossene Cliquen temporär aufgeschlossen werden. Zur Belebung der Clique kann man außerdem immer wieder auf Bridging-Kontakte zurückgreifen.

Wer den Cliquenmitgliedern a priori noch nicht ähnlich genug ist, wird durch einen einheitlichen Kleidungsstil und durch eine *gemeinsame Sprache* ähnlich gemacht. Jede Clique benutzt ihre eigenen Worte, Sätze und Spezialausdrücke, um sich knapp zu verständigen und um sich als verschworene Gruppe zu beweisen. Beim Austausch unter seines- und ihresgleichen wird Sprache zum Kult. Cliquenspezifische Sprache schließt Dritte zwangsläufig aus. Die Vertreter der katholischen Kirche nutzen lateinische Ausdrücke. Zeremonien, Aktivitäten oder Posten haben feststehende Namen. »Eucharistie« oder auch »heilige Kommunion« steht für Abendmahl. *Apostolische Schreiben* sind schriftliche Verlautbarungen von Päpsten. Der Vertreter des Papstes als Bischof von Rom heißt »Kardinalvikar« oder in der vollständigen Berufsbezeichnung »Generalvikar Seiner Heiligkeit für das Bistum Rom«. Mafiosi haben eigene Bezeichnungen für ihre Bosse und deren Untergebene, wie *capo di tutti capi*, *capo* oder *capofamiglia*. Ihre Gegner, die Polizisten, werden *sbirro*, Bullen, geschimpft. Zu den für Nichtbanker unverständlichen Begriffen der Goldman-Sachs-Vertreter gehören *haircut* für Sicherheitsmargensatz, *muppets* für Kunden und *Ninja-Kredite* für Kredite an Kunden miserabler Bonität, die weder Einkommen und Arbeitsstelle noch Vermögenswerte besitzen. Goldman-Banker kommunizieren zudem über zahlreiche Abkürzungen, um die Produktvielfalt und zahllosen Fachbegriffe in ihrem Sektor knapp und insidermäßig cool ausdrücken zu können. Google-Mitarbeiter bedienen sich einer Nerd-Fachsprache, Abkürzungen oder Icons wie

Smileys, wenn sie sich untereinander austauschen. Sie nennen sich selbst *googley* und Googler und neue Mitarbeiter Noogler. Die Fahrräder und Busse der Firma heißen G-Bikes und G-Busse. Eine gemeinsame kryptische Sprache festigt die Cliquenidentität und betont die Cliquenexklusivität. Sie dient der Einbeziehung der Cliqueninsider und der Ausgrenzung aller anderen. Externe verstehen nichts und sollen nichts verstehen.

Weitere wichtige cliquenwirtschaftliche Instrumente, die an die Hirne und Herzen von Menschen appellieren, sind *Regeln und Riten*. Sie dienen dazu, Mitglieder dauerhaft auf eine Clique, ihre Werte und Ziele einzuschwören. Alle hier präsentierten Cliquenwirtschaften zeichnen sich durch ernst zu nehmende Regelkataloge aus. Sie operieren über Hierarchien mit klaren Unterschieden zwischen einem Boss oder einer Clique von Bossen und ihren Untergebenen oder Zuarbeitenden. Diese Cliquen charakterisieren des Weiteren ihr arbeitsteiliges Handeln, der Einsatz von Verhaltensnormen und Sanktionsmechanismen. Mit Regeln wird Ordnung hergestellt. Sie verschaffen Klarheit. Dank unhinterfragbarer Regeln kennen die einzelnen Teilnehmer ihren Platz im Gesamtsystem und ihre Aufgaben. Die Clique wird handlungsfähig.

Riten dienen der emotionalen Einbindung der Mitglieder. Es werden eindrückliche Erlebnisse mit der Clique geschaffen, um Einzelne für immer an sie zu binden. Aufnahmeriten von Studentenverbindungen gehören dazu. Die Mafia ist bei der Aufnahme besonders erfinderisch – und blutig. Ein Cosa-Nostra-Clan lässt bildgewaltig ein Heiligenporträt mit Blut beträufeln und verbrennen. Ein Neumafioso muss einen Eid schwören und eine Gewalttat durchführen, um seine Männlichkeit und seine Loyalität zu beweisen. Die katholische Kirche bietet Riten öfter an. Nicht nur spendet sie ihre Sakramente, darunter Taufe, Kommunion, Beichte, Ehe oder Krankensalbung. Sie lädt regelmäßig zu Gottesdiensten ein. Das sind Sinnenfestivals für die Kirchgänger. Mit Klängen, Gebeten, Weihrauchduft und grellen Auftritten zahlreicher Männer und Jungen in langen Gewändern mit Goldornamenten wurden schon manche junge Männer so verzückt, dass sie in diesem Tempel der Seligkeiten unbedingt Karriere machen wollten. Regeln bleiben. Und Riten vergisst man ein Leben lang nicht, vor allem dann nicht, wenn sie regelmäßig wiederholt werden, wie eine katholische Messe. Gebräuche, die möglichst viele Reize auslösen, setzen sich fest und verschweißen mit der Clique und dem, wofür sie steht.

Schon häufig erwähnt wurde das Cliqueninstrument *Omertà*, das Schweigegebot. Für Cliquenwirtschaftler ist Schweigen Gold. Was über Cliquenwirtschaft an die Öffentlichkeit gelangt, kann diskutiert, hinterfragt und unterbunden werden. Nur wer schweigt, kann weiter seine Ziele ungestört von Außeneinflüssen zum Erfolg führen. Omertà ist also unerlässlich. Doch sie fordert den Beteiligten Charakterstärke ab. Zudem braucht die Clique eine starke Bannkraft oder ein wirkungsvolles Drohpotenzial, um Mitglieder davor zu bewahren, etwas auszuplaudern. Bei den Erfindern der Omertà, der Mafia, scheinen die Drohgebärden nicht mehr auszureichen, um Mafiosi davon abzuhalten, als Penditi vor Gericht gegen ihre Brüder auszusagen. Einige Mafiosi, die sich entschlossen haben, als Kronzeugen aufzutreten, begründeten ihren Schritt später damit, dass sie als Clanmitglied um ihr Leben gefürchtet hätten. Es sollte daher Mindeststandard jeder Clique sein, ihren Mitgliedern ein Gefühl von Sicherheit zu geben und die Außenwelt als gefährlichen Feind darzustellen, als potenziellen Zerstörer eben dieser Sicherheit und aller wirtschaftlichen und weiteren Vorteile der Clique. Schweigen gelingt den Vertretern der Unternehmen Goldman Sachs und Google besser als den Mafiosi. Daher wissen wir wenig von deren Machenschaften. Der Vorteil der Cliquenwirtschaft unter Bankern ist die hohe Komplexität ihres Sujets. Selbst für finanzwirtschaftlich beschlagene Außenstehende oder Juristen ist es nicht leicht, die Zusammenhänge bestimmter Finanzgeschäfte zu durchleuchten. Weil die Aufarbeitung schwierig und langwierig ist, mussten in den USA schon wegen Verjährung Klagen fallengelassen werden. Komplexe

Banken-Cliquenwirtschaften verlangen somit noch nicht einmal die Beachtung der Omertà. Ihre Teilnehmer brauchen nur auf eine hohe Verwickeltheit ihrer Geschäfte zu achten. Banker schützen sich gegenseitig und damit den Ruf ihrer Zunft. Auch katholische Geistliche halten untereinander zusammen. Sie schwärzen ihre Ko-Kleriker nicht an. Vor allem die kirchlichen Pressevertreter verstehen sich auf die Kunst der Omertà. Gegenüber den Medien wird nur wenig preisgegeben. Diskretion und Dezenz im Außenauftritt bieten sich für Profi-Cliquenwirtschaftler generell an. Nicht alle wollen, wie hohe Geistliche, sogleich an ihren Festkleidern als Cliquenteilnehmer identifiziert werden. Mafiosi kleiden sich auffallend unauffällig. Goldman-Sachsler treten gediegen bis elegant, aber schlicht gekleidet auf. Mafiosi haben keine Adresse und auch die Bank Goldman Sachs verzichtet auf große, goldene Buchstaben auf ihren Bankhäusern. Goldman-Sachs-Vertreter protzen nicht. Sie vermeiden jegliche Aufmerksamkeit, um ungehindert ihren Geschäften nachgehen zu können. Erfolgreiche Cliquenwirtschaftler wirken im Verborgenen.

Vertrauen innerhalb von Cliquen aufzubauen ist neben dem Schweigegebot eine weitere absolut unerlässliche Voraussetzung für Cliquenwirtschaft. Je häufiger man einander persönlich begegnet und bei Projekten kooperiert, desto eher lernt man die Verlässlichkeit der anderen einzuschätzen. Daher sollte das gegenseitige Vertrauen über regelmäßige Gemeinschaftsveranstaltungen gestärkt werden. Kirchenmänner begegnen einander während und nach den Messen oder bei Arbeitstreffen. Mafiosi treffen sich clanweise an geheimen Orten. Unternehmen wie Goldman Sachs oder Google organisieren Meetings, zu denen man persönlich erscheinen muss. Im Digitalzeitalter leben die Tugenden des ehrbaren Kaufmanns wieder auf. Mündliche Absprachen ersparen es Cliquenwirtschaftlern, Aufträge oder Verträge und damit schriftliches Beweismaterial für Dritte anzufertigen. Wenn keine Belege verfasst werden sollen, müssen Handschlaggeschäfte einen Wert haben. Wer Cliquenwirtschaft quer über den Globus betreibt und notgedrungen über digitale und andere Medien kommunizieren muss, kann ebenfalls nur auf die Vertrautheit der Person am anderen Ende der Welt setzen.

Der sechzehnte und letzte Erfolgsfaktor für Cliquenwirtschaft ist der *Spaß* daran, mit und durch Menschen Ziele zu verfolgen. Erfolgreiche Cliquenwirtschaftler sind Menschenfänger und Menschenkenner. Das heißt nicht einmal, dass sie dazu besonders empathisch sein müssten. Sie sollten erkennen, was ihr Gegenüber antreibt, wie es sich motivieren und für die eigenen Zwecke nutzen lässt. Exzellente Cliquenwirtschaftler scheuen sich nicht, an die Gefühle anderer zu appellieren und sie zu manipulieren. Sie sind integrativ und anspornend. Sie suchen komplizierte zwischenmenschliche Abenteuer und lieben es, Intrigen zu spinnen. Sie wissen genau, dass Menschen nur über andere Menschen und nicht etwa aufgrund von mathematischer Intelligenz oder Fleiß zu Geld, Ruhm und Ehre gelangen. Ihnen ist klar, dass sie alleine nichts bewirken und über weltweit verzweigte oder digitale Netzwerke niemanden bei den Gefühlen packen können. Deshalb schließen sie sich einer mittelgroßen Menschenformation an, der Clique, und stürzen sich mit Vergnügen und Engagement in gemeinsame Projekte.

Cliquenwirtschaft kommt in sämtlichen Ländern, Branchen, Einkommensklassen, Disziplinen und Religionen vor. Mächtige Strippenzieher schätzen und nutzen sie als zielführende Praxis. Während des Cliquenwirtschaftens perfektionieren sie ihren Umgang mit dem vielfältigen Instrumentarium. Sie führen ihre Cliquenwirtschaft zur Vollendung und zu den gewünschten Ergebnissen. Doch viele Menschen kennen und beherrschen die cliquenwirtschaftlichen Handwerkszeuge nicht. Andere verweigern sich ihnen bewusst. Dabei lässt sich von den tonangebenden Cliquenwirtschaftlern viel lernen – nicht allein für machtpolitische oder finanzielle Zwecke. Gerade diejenigen, die Cliquenwirtschaft verwerflich finden, sollten sie einsetzen. Außerhalb von mächtigen Seilschaften stehende und ihnen gegenüber kritisch eingestellte Personen, darunter Journalisten, Frauen oder Vertreter von NGOs, könnten sich weitaus stärker als bisher cliquenwirtschaftlich engagieren. Die Erfolge lokaler Bürgerinitiativen oder themenbezogener Gemeinschaften zeugen vom Nutzen alternativer Cliquenbildung. Für Individuen und Gemeinschaften ist es dabei wenig zweckdienlich, etablierte Cliquenwirtschaften von außen zu attackieren. Jede Gesellschaft hat die Cliquenwirtschaft, die sie zulässt. Statt alteingesessene Machtcliquen zu verschmähen, sollten ihre Kritiker hier mittun. Wer intransparente Freundschaften-Seilschaften in Wirtschaft oder Politik tadelt, könnte sich hier als Teilnehmer einschalten, um ihre Mechanismen zu studieren, sie offenzulegen und von innen heraus dagegen vorzugehen. Werden die Zusammenhänge erkennbar, kann man hier mit Bedacht eingreifen und womöglich einiges verändern.

Papst Franziskus macht das vor. Er widersetzt sich den durch Vatileaks offengelegten, destruktiven Seilschaften im Vatikan, indem er ihnen eine neue, reformierende Cliquenwirtschaft entgegensetzt. Zunehmend mehr Vertreter erfolgreicher Machtcliquen begeben sich derzeit in Gruppierungen, die sich humanistischen oder ökologischen statt primär finanziellen Zielen verschrieben haben. Persönlichkeiten wie Bill Gates oder Al Gore widmen sich gemeinnützigen Projekten, wo sie ihr fachliches und cliquenstrategisches Geschick anwenden. Dieser besondere Drehtürgang wird vermutlich auch weitere, aber niemals genügend Nachahmer finden, um darüber elitäres, geheimes und Außenstehende übervorteilendes Cliquenhandeln aufzuweichen. Schädliche Cliquenwirtschaft aufzuhalten, ist die Angelegenheit mutiger, cliquenstrategisch beschlagener Bürger.

Das Buch will zu einer sozialverträglichen, sozialen Zwecken zuträglichen Cliquenwirtschaft ermuntern. Es plädiert für einen Wildwuchs an neuartigen, ethisch akzeptablen lokalen, alternativen, humanitären, ideologischen, pragmatischen, wirtschaftlichen, politischen, kulturellen oder sportlichen Cliquenwirtschaften. Außerdem will es dazu anregen, bestehende Cliquenwirtschaften zu unterwandern.

Beherzte Bürger, welche wirtschaftliche oder politische Strukturen erneuern wollen, kommen nicht umhin, da einzusteigen. Nur wer sich in die Cliquenwirtschaften der Reichen und Einflussreichen einklinkt und schlagkräftige, eigene Cliquen bildet, erhält die Chance, diese aufzubrechen.

Literatur

Allgemein

Arendt, Hanna: *Macht und Gewalt.* München 1970

Durkheim, Emile: *Über soziale Arbeitsteilung.* Frankfurt a.M. 1977 [1893]

Elias, Norbert: *Über den Prozess der Zivilisation.* Bd. 2. Frankfurt a.M. 1976

Etzioni, Amitai: *The Moral Dimension. Toward a New Economics.* New York 1988

Friedman, Milton: »The Social Responsibility of Business Is to Increase Its Profits.« *The New York Times Magazine*, 13.9.1970, 32–33, 122–126

Glattfelder, James B.; Battiston, Stefano: »Backbone of Complex Networks of Corporations: The Flow of Control.« *Physical Review E* 80 (3), 21.9.2009

Granovetter, Mark: »Economic Action and Social Structure. The Problem of Embeddedness.« *American Journal of Sociology*, 91/1985, 481–510

Han, Byung-Chul: *Was ist Macht?* Stuttgart 2005

Han, Byung-Chul: *Transparenzgesellschaft.* Berlin 2012

Hiß, Stefanie B.: »Corporate Social Responsibility – ein Mythos? Reichweite und Grenzen des Neoinstitutionalismus als Erklärungsinstrument.« Inauguraldissertation Otto-Friedrich-Universität. Bamberg 2005

Illouz, Eva: *Cold Intimacies. The Making of Emotional Capitalism.* Hoboken 2007

Machiavelli, Niccolò: *Der Fürst.* Frankfurt a.M. 2001 [1531]

Marx, Karl: *Das Kapital. Kritik der Politischen Ökonomie.* Band 1. Berlin 1966 [1867]

Polanyi, Karl: *The Great Transformation. The Political and Economic Origins of our Time.* New York 1944

Rappaport, Alfred: *Shareholder Value. Ein Handbuch für Manager und Investoren.* Stuttgart 1999 [1986]

Rifkin, Jeremy: *The Age of Access.* New York 2000

Rifkin, Jeremy: *The Empathic Civilization. The Race to Global Consciousness in a World in Crisis.* New York 2010

Robinson, Joan: *The Accumulation of Capital.* London 1956

Sandel, Michael: *What Money Can't Buy. The Moral Limits of Markets.* New York 2012

Schmalz, Gisela: *No Economy. Wie der Gratiswahn das Internet zerstört.* Frankfurt a.M. 2009

Sennett, Richard: *Der flexible Mensch. Die Kultur des neuen Kapitalismus.* Berlin 1998

Sinclair, Upton: *Der Dschungel.* Zürich 2013 [1906]
Skidelsky, Robert; Skidelsky, Edward: *How Much is Enough? Money and the Good Life.* New York 2012
Smith, Adam: *An Inquiry into the Nature and Causes of the Wealth of Nations.* Oxford 1993 [1776]
Stiglitz, Joseph E.: *Making Globalization Work.* New York 2007
Tapscott, Don; Williams, Anthony D.: *Wikinomics. How Mass Collaboration Changes Everything.* New York 2006
Verhaeghe, Paul: *Identiteit.* Amsterdam 2013
Vitali, Stefania; Glattfelder, James B.; Battiston, Stefano: »The Network of Global Corporate Control.« *Plos One* 6(10), 26.10.2011
Weber, Max: *Die protestantische Ethik und der »Geist« des Kapitalismus.* München 2013 [1904/5]

1. Kapitel

Bourdieu, Pierre: »Le capital social.« *Actes de la recherche en sciences sociales,* 31/1980
Christakis, Nicolas A.; Fowler, James H.: *Connected. The Surprising Power of Our Social Networks and How They Shape Our Lives.* New York 2009
Coleman, James S.: »Social Capital in the Creation of Human Capital.« *The American Journal of Sociology (*RSS*)* 94/1988, 95–120
Granovetter, Mark: »The Strength of Weak Ties.« *American Journal of Sociology* 78/1973
Helliwell, John; Layard, Richard; Sachs, Jeffrey (Eds.): *World Happiness Report.* New York 2013
Kahneman, Daniel: »Objective happiness.« In: Kahneman, Daniel, Diener, Edward, Schwarz, Norbert (Eds.): *Wellbeing: Foundations of Hedonic Psychology.* New York 1999, 3–25
Lin, Nan: *Social Capital. A Theory of Social Structure and Action.* Cambridge 2001
Nahapiet, J.; Ghoshal, S.: »Social Capital, Intellectual Capital and the Organizational Advantage.« *Academy of Management Review,* 23(2)/1998, 242–266
Ostrom, Elinor: *Governing the Commons. The Evolution of Institutions for Collective Action.* Cambridge 1990
Putnam, Robert D.: »Bowling Alone. America's Declining Social Capital.« *Journal of Democracy*, 6/1995, 65–78
Robinson, Lindon J.; Shupp, Robert S.; Jin, Songqing; Siles, Marcelo E.; Ferrarini, Tawni H.: »The Relative Importance of Selfishness and Social Capital Motives.« *The Journal of Socio-Economics* 41/2012, 118–127

Stiglitz, J.E.: *The Price of Inequality. How Today's Divided Society Endangers Our Future.* New York 2012
Wilkinson, Richard; Pickett, Kate: *The Spirit Level. Why Equality is Better for Everyone.* London 2009

2. Kapitel

Beck, Ulrich: *Macht und Gegenmacht im globalen Zeitalter.* Frankfurt 2002
Bischof-Köhler, Doris: *Von Natur aus anders. Die Psychologie der Geschlechtsunterschiede.* Stuttgart 2006
Brizendine, Louanne: *Das weibliche Gehirn. Warum Frauen anders sind als Männer.* Hamburg 2007
Charles, Jeffrey A.: *Service Clubs in American Society. Rotary, Kiwanis and Lions.* University of Illinois 1993
Dunbar, R.I.M.: »Coevolution of neocortical size, group size and language in humans.« *Behavioral and Brain Sciences* 16 (4), 1993, 681–735
Engelmann, Bernt: *Hotel Bilderberg. Tatsachenroman.* Göttingen 1995
Fromm, Erich: *Anatomie der menschlichen Destruktivität.* Reinbek 1977
Gill, Stephen: *American Hegemony and the Trilateral Commission.* New York 1991
Kapur, Ajay; Niall, Macleod; Narendra Singh: »Plutonomy. Buying Luxury, Explaining Global Imbalances.« Citigroup, Equity Strategy, Industry Note 2005
Kistner, Thomas: *Fifa-Mafia. Die schmutzigen Geschäfte mit dem Weltfußball.* München 2012
Luhmann, Niklas: *Strategische Clique. Funktionen und Folgen formaler Organisation.* Berlin 1964
Luhmann, Niklas: *Theorie der Verwaltungswirtschaft.* Berlin 1966
Summers, Lawrence: »America Needs to Make a New Case for Trade.« *Financial Times.com* 27.4.2008
Ziegler, Jean: *Das Imperium der Schande. Der Kampf gegen Armut und Unterdrückung.* München 2005

3. Kapitel

Berger, David: *Der heilige Schein.* Berlin 2012
Cawthorne, Nigel: *Das Sexleben der Päpste.* Köln 2003
Hebeis, Michael: *Schwarzbuch Kirche. Und führe uns nicht in Versuchung.* Bergisch-Galdbach 2012
Lilla, Mark: *Der totgeglaubte Gott. Politik im Machtfeld der Religionen.* München 2013

Nuzzi, Gianluigi: *Vatikan AG. Ein Geheimarchiv enthüllt die Wahrheit über die Finanz- und Politikskandale der Kirche.* München 2009
Nuzzi, Gianluigi: *Seine Heiligkeit. Die geheimen Briefe aus dem Schreibtisch von Papst Benedikt XVI.* München 2012
Politi, Marco; Kaiser, Petra; Kögler, Walter; Peter, Antje: *Benedikt. Krise eines Pontifikats.* Berlin 2012
Smoltczyk, Alexander: *Vatikanistan. Eine Entdeckungsreise durch den kleinsten Staat der Welt.* München 2008
Sommeregger, Andreas: *Soft Power und Religion. Der Heilige Stuhl in den Internationalen Beziehungen.* Wiesbaden 2011

4. Kapitel

Arlacchi, Pino: *Mafia von innen. Das Leben des Don Antonino Calderone.* Frankfurt a.M. 1995
Deml, Sonja: *»Wenn ich groß bin, möchte ich Mafiaboß werden ...«. Über die Erziehungsmethoden der sizilianischen Mafia und ihre Gegner.* Marburg 2003
Dickie, John: *Cosa Nostra. Die Geschichte der Mafia.* Frankfurt 2006
Falcone, Giovanni; Padovani, Marcelle: *Inside Mafia.* München 1992
Forgione, Francesco: *Mafia Export.* München 2010
Galluzo, Lucio: *Das gebrochene Schweigen. Tommaso Buscetta: Mafia-Capo und Verräter.* Wien/München 1985
Gambetta, Diego: *Codes of the Underworld. How Criminals Communicate.* Princeton 2009
Gambetta, Diego: *Die Firma der Paten. Die sizilianische Mafia und ihre Geschäftspraktiken.* München 1994
Ganser, Daniele: *Nato's Secret armies. Operation Gladio and Terrorism in West Europe.* London 2005
Lupo, Salvatore: *Die Geschichte der Mafia.* Düsseldorf 2002
Paoli, Letizia: *Mafia Brotherhoods.* Oxford 2003
Philip, Carlo: *The Ice Man. Confessions of a Mafia Contract Killer.* New York 2009
Sterling, Claire: *Die Mafia. Der Griff nach der Macht.* Bern/München/Wien 1990
Tizian, Giovanni: *Mafia AG. Camorra, Cosa Nostra und 'Ndrangheta erobern Norditalien.* Berlin 2012
Willan, Philip: *Puppetmasters. The Political Use of Terrorism in Italy.* Bloomington 2002
Willan, Philip: *The Last Supper. The Mafia, the Masons and the Killing of Roberto Calvi.* London 2007

5. Kapitel

Broughton, Philip Delves: *What They Teach You at Harvard Business School.* New York 2010
Cohan, William D.: *Money and Power. How Goldman Sachs Came to Rule the World.* New York 2012
Connaughton, Jeff: *The Payoff. Why Wall Street Always Wins.* o.O. 2012
Endlich, Lisa: *Goldman Sachs. The Culture of Success.* New York 2000
Ellis, Charles D.: *The Partnership. The Making of Goldman Sachs.* New York 2008
Knee, Jonathan A.: *The Accidential Investment Banker.* New York 2007
Lanchester, John: *Whoops! Why Everyone Owes Everyone and No One Can Pay.* New York 2010
Lewis, Michael: *The Big Short.* New York 2010
McLean, Bethany; Nocera, Joseph: *All the Devils Are Here. The Hidden History of the Financial Crisis.* New York 2010
Morris, Charles R.: *The Trillion Dollar Meltdown.* New York 2008
Nofsinger, John R.; Kim, Kenneth A.: *Infectious Greed. Restoring Confidence in America's Companies.* New Jersey 2007
Nolte, Barbara; Heidtman, Jan: *Die da oben. Innenansichten aus deutschen Chefetagen.* Berlin 2009
Schmidt, Susanne: *Markt ohne Moral. Das Versagen der internationalen Finanzelite.* München 2010
Stone, Amey; Brewster, Mike: *King of Capital. Sandy Weill and the Making of Citigroup.* Hoboken (New Jersey) 2002
Taibbi, Matt: »The Great American Bubble Machine.« *Rolling Stone*, 13.07.2009
Tett, Gillian: *Fool's Gold. The Inside Story of J.P. Morgan and How Wall St. Greed Corrupted Its Bold Dream and Created a Financial Catastrophe.* New York 2010
Wessel, David: *In FED We Trust. Ben Bernanke's War on the Great Panic.* New York 2010

6. Kapitel

Auletta, Ken: *Googled. The End of the World as We Know It.* London 2009
Edwards, Douglas: *Google-Mitarbeiter Nr. 59: Der erste Insider-Bericht aus dem Weltkonzern.* München 2012
Girard, Bernard: *The Google Way. How One Company Is Revolutionizing Management As We Know it.* San Francisco 2009
Jarvis, Jeff: *What Would Google Do?* New York 2009

Levy, S.: *Google Inside: Wie Google denkt, arbeitet und unser Leben verändert.* Heidelberg, München, Landsberg, Frechen, Hamburg 2012

Reppesgaard, Lars: *Das Google-Imperium.* Hamburg 2010

Schmidt, Eric; Cohen, Jared: *The New Digital Age. Reshaping the Future of People, Nations and Business.* New York 2013

Pink, Daniel H.: *Drive. The Surprising Truth About what Motivates Us.* New York 2010

Schmalz, Gisela; Wäscher, Till: »*Google Inc.*« Institut für Medien- und Kommunikationspolitik/Mediendatenbank (online) URL: http://www.mediadb.eu/datenbanken/mix-test-2/google-inc.html (Stand 16.11.2010)

Vaidhyanathan, Siva: *The Googlization of Everything (And Why We Should Worry).* Princeton 2011

Vise, David A.: *The Google Story. Inside the Hottest Business, Media and Technology Success of Our Time.* Surrey 2008

Anmerkungen

Sofern aus Texten zitiert wird, die nur auf Englisch vorliegen, stammen die Übersetzungen von der Autorin.

1. Weber, Max: *Wirtschaft und Gesellschaft. Grundriss der verstehenden Soziologie.* Tübingen 1972, S. 28
2. Vitali, Stefania; Glattfelder, James B.; Battiston, Stefano: »The Network of Global Corporate Control.« *Plos One*, 26.10.2011. (Plos One ist eine internationale Online-Fachzeitschrift der Public Library of Science.) Online im Internet: http://www.plosone.org/article/info%3Adoi%2F10.1371%2Fjournal.pone.0 025995
3. Vitali, Stefania; Glattfelder, James B.; Battiston, Stefano: »The Network of Global Corporate Control.« *arXiv.org* (genannt »The Archive«), 19.9.2011. Online im Internet: http://arxiv.org/pdf/1107.5728, S. 6 in PDF
4. Duthel, Heinz: *Korruption und Kapitalismus.* Books on Demand 2014, S. 355. Online im Internet: http://www.academia.edu/5 938 862/Korruption_und_Kapitalismus; Heims, Hans-Jörg: »Echte Fründe und dicke Pfründe.« *Süddeutsche.de*, 17.5.2010. Online im Internet: http://www.sueddeutsche.de/politik/koelner-kluengel-echte-fruende-und-dicke-pfruende-1.58 695
5. o.V.: »Venture Capital. Das gallische Dorf der Risikoinvestoren.« *Handelsblatt*, 3.1.2014
6. ebd.
7. Lacy, Sarah: »Something to Yelp About.« *Bloomberg BusinessWeek*, 7.4.2008. Online im Internet: http://www.businessweek.com/stories/2008–04-07/something-to-yelp-aboutbusinessweek-business-news-stock-market-and-financial-advice
8. United States Securities and Exchange Commission. Commission File Number: 000–49 603, März 2002, PAYPAL, INC., S. 74 f. Online im Internet: http://www.sec.gov/Archives/edgar/data/1 103 415/000 091 205 702 009 834/a2 073 071z10-k405.htm#toc_dk1351_4
9. Skelton, Charlie: Bilderberg 2011. »The tipping point. What we have learned from this year's Bilderberg conference.« *The Guardian*, 16.6.2011. Online im Internet: http://www.theguardian.com/world/2011/jun/16/bilderberg-2011-tipping-point
10. Vardi, Nathan: »The Carlyle Group Has Made $2 Billion Off Of Booz Allen.« *Forbes*, 6.10.2013. Online im Internet: http://www.forbes.com/sites/

nathanvardi/2013/06/10/the-carlyle-group-has-made-2-billion-off-of-booz-allen/
11. »This is all about our future, we can't sit on the sidelines or let others that don't understand this space tell us what to do«, Alexander said. »That's why I came here, to solicit your help.« (eigene Übersetzung); Kerner, Sean Michael: »DEFCON: NSA Chief Calls on Hackers to Secure the Internet.« *eSecurity Planet*, 27.7.2012. Online im Internet: http://www.esecurityplanet.com/hackers/defcon-nsa-chief-calls-on-hackers-to-secure-the-internet.html
12. Cohen, Jared; Schmidt, Eric: *The New Digital Age: Re-shaping the Future of People, Nations and Business*. Princeton 2013
13. »The World's Most Powerful People.« *Forbes*. Online im Internet: http://www.forbes.com/powerful-people/list/
14. o.V.: »Katholische Kirche. Zahl der Kirchenaustritte steigt um 40 Prozent.« *Süddeutsche.de*, 6.4.2011. Online im Internet: http://www.sueddeutsche.de/politik/katholische-kirche-in-der-krise-zahl-der-kirchenaustritte-steigt-um-prozent-1.1 081955
15. Ratzinger, Joseph: *Einführung in das Christentum*. München 1968
16. Deckers, Daniel: »Marcial Maciel Degollado – Der falsche Prophet.« *FAZ.net*, 28.3.2012. Online im Internet: http://www.faz.net/aktuell/politik/ausland/marcial-maciel-degollado-der-falsche-prophet-11 696 063.html
17. Siehe o.V.: Franziskus-Interview: »Der Hofstaat ist die Lepra des Papsttums«. *Spiegel Online*, 1.10.2013. Online im Internet: http://www.spiegel.de/panorama/gesellschaft/papst-franziskus-geisselt-ausrichtung-der-kirche-auf-den-vatikan-a-925 559.html
18. »The World's Most Powerful People.« *Forbes*. Online im Internet: http://www.forbes.com/powerful-people/list/
19. Chua-Eoan, Howard; Dias, Elizabeth: »Pope Francis, The People's Pope.« *Time.com*, 11.12.2013. Online im Internet: http://poy.time.com/2013/12/11/person-of-the-year-pope-francis-the-peoples-pope/?iid=poy-main-lead (Übersetzung der Verfasserin)
20. Christophe Braun im Gespräch mit Hans Küng: »Reformen sind überfällig.« *Cicero.de*. Online im Internet: http://www.cicero.de/weltbuehne/reformen-sind-ueberfaellig/53 869
21. Segreteria di Stato, Libreria Editrice Vaticana: *Annuario Pontificio 2012*. März 2012. S. 127
22. Julius Müller-Meiningen im Gespräch mit Gianluigi Nuzzi: »Der Vatikan ist eine stumme Welt.« *taz.de*, 9.3.2013. Online im Internet: http://www.taz.de/1/archiv/digitaz/artikel/?ressort=hi&dig=2013%2F03%2F09%2Fa0027&cHash=ad9f27a76aaaa578a4b0770d46dced7d

23. Nuzzi, Gianluigi: *Vatikan AG*. Salzburg 2009; Nuzzi, Gianluigi: *Seine Heiligkeit*. München 2012
24. Julius Müller-Meiningen im Gespräch mit Gianluigi Nuzzi: »Der Vatikan ist eine stumme Welt«. *taz.de*, 9.3.2013. Online im Internet: http://www.taz.de/1/archiv/digitaz/artikel/?ressort=hi&dig=2013%2F03%2F09%2Fa0027&cHash=ad9f27a76aaaa578a4b0770d46dced7d
25. ebd.
26. Langer, Annette: »Papstanwärter Angelo Scola: Der freundliche Karrierist.« *Spiegel Online*, 12.3.2013. Online im Internet: http://www.spiegel.de/panorama/gesellschaft/angelo-scola-erzbischof-von-mailand-gilt-als-anwaerter-auf-papst-amt-a-888 050.html
27. Nardi, Giuseppe: »Die Revanche der Diplomaten – Die neue Römische Kurie unter Papst Franziskus nimmt Gesicht an.« *Katholisches.info*, 23.9. 2013. Online im Internet: http://www.katholisches.info/2013/09/23/die-revanche-der-diplomaten-die-neue-roemische-kurie-unter-papst-franziskus-nimmt-gesicht-an/
28. Magister, Sandro: »Guerra santa in Vaticano.« *l'Espresso*, 4.6.2012. Online im Internet unter: http://espresso.repubblica.it/attualita/cronaca/2012/06/04/news/guerra-santa-in-vaticano-1.43 779
29. Farina, Renato: »Annozero mette alla gogna il Giornale Per Santoro abuso di servizio pubblico.« *Il Giornale.it*, 25.9.2009. Online im Internet: http://www.ilgiornale.it/news/annozero-mette-gogna-giornale-santoro-abuso-servizio.html
30. Nuzzi, Gianluigi: *Seine Heiligkeit*. München 2012
31. ebd., S. 176
32. Haas, Franz: »Bandenkrieg der Kardinäle. Etwas ist faul im Vatikanstaat.« *Neue Zürcher Zeitung*, 9.7.2012. Online im Internet: http://www.nzz.ch/aktuell/feuilleton/uebersicht/ein-bandenkrieg-der-kardin-1.17 331 556
33. Verband der Diözesen Deutschlands: *Codex Iuris Canonici/1983*, Buch V: Kirchenvermögen (Übersetzung der 4. Auflage der deutsch-lateinischen Ausgabe). Online im Internet: http://www.codex-iuris-canonici.de/buch5.htm
34. Wikipedia gibt die wahrscheinlichste Erklärungsmöglichkeit: Der österreichische Pathologe Hans Bankl untersuchte 1990 die veröffentlichten Quellen und bewertete sie in seinem Buch *Viele Wege führten in die Ewigkeit*. Ihm zufolge könne man aus den vagen Angaben keine verlässlichen Schlüsse ziehen. Als wahrscheinliche Erklärungsmöglichkeit für den plötzlichen Tod gibt er ein aus den Beinvenen in die Lungenschlagader verschlepptes Blutgerinnsel oder einen Herzanfall an.

35. »Non si può mandare avanti la Chiesa con gli Ave Maria.« *The Observer*, 25.5.1986
36. Nuzzi, Gianluigi: *Vatikan AG*. Salzburg 2009
37. ebd., S. 63
38. o.V.: »Werkzeug der Folter.« *Der Spiegel* 30/1993, 26.7.1993. Online im Internet: http://www.spiegel.de/spiegel/print/d-13 680 696.html
39. Mischke, Roland: »Eine unheilige Allianz mit der Mafia.« Interview mit Gianluigi Nuzzi über sein Enthüllungsbuch »Vatikan AG«. *Nürnberger Nachrichten*, 27.3.2010. Online im Internet: http://www.nordbayern.de/nuernberger-nachrichten/kultur/eine-unheilige-allianz-mit-der-mafia-1.729 393
40. Nuzzi, Gianluigi: *Vatikan AG*. Salzburg 2009, S. 63
41. Milborn, Corinna: »Die dunklen Geschäfte des Vatikan: Buch enthüllt Finanznetzwerk für Geldwäsche.« *Format.at*, 19.9.2009. Online im Internet: http://www.format.at/articles/0938/525/251 407/die-geschaefte-vatikan-buch-finanznetzwerk-geldwaesche
42. Loll, Anna Catherin; Wensierski, Peter: »Geheime Parallelwelt.« *Der Spiegel* 24/2010, 14.6.2010. Online im Internet: http://www.spiegel.de/spiegel/print/d-70 940 374.html
43. Hanack, Peter: »Eine Badewanne für 15 000 Euro.« *Frankfurter Rundschau*, 9.10.2013. Online im Internet: http://www.fr-online.de/rhein-main/tebartz-van-elst-eine-badewanne-fuer-15–000-euro,1 472 796,24 577 076.html
44. »Anne Will – Der Fall des Bischofs von Limburg: Will diese Kirche wirklich bescheidener werden?«, Sendung vom 16.10.2013, ARD. Online im Internet: http://www.youtube.com/watch?v=HBik37WRfWY
45. Authaler, Theresa et al.: »Das Lügen Gebäude.« *Der Spiegel* 42/2013, 14.10.2013. Online im Internet: http://www.spiegel.de/spiegel/print/d-116 119 630.html
46. Deinyan, Marianna: »Es reicht! Auch ich bin wegen des Bischofs aus der Kirche ausgetreten«. *Focus Online*, 24.10.2013. Online im Internet: http://www.focus.de/politik/deutschland/rekordzahl-an-kirchenaustritten-limburger-katholikin-es-wurmt-mich-einfach-sehr_aid_1 139 003.html; o.V.: »In Limburg steigt die Zahl der Kirchenaustritte.« Welt.de, 11.10.2013. Online im Internet: http://www.welt.de/politik/deutschland/article120 825 059/In-Limburg-steigt-die-Zahl-der-Kirchenaustritte.html. Zitiert wird jeweils der zuständige Sachbearbeiter, Rüdiger Eschhofen.
47. o.V.: »Tebartz-van Elst weist Alleinschuld zurück.« *FAZ.net*, 11.11.2013. Online im Internet: http://www.faz.net/aktuell/politik/inland/limburger-bischof-tebartz-van-elst-weist-alleinschuld-zurueck-12 659 178.html; o.V.: »Ende der Schonzeit.« *VATICAN-magazin*, 12.11.2013. Online im Internet: http://www.vatican-magazin.de/index.php/blog/221-ende-der-schonzeit

48. So die *Frankfurter Allgemeine Sonntagszeitung* am 13.10.2013. Siehe auch o.V.: »Erzbischof Müller sieht Tebartz-van Elst als Opfer einer ›Medienkampagne‹«. *Süddeutsche.de*, 12.10.2013. Online im Internet: http://www.sueddeutsche.de/panorama/bistum-limburg-erzbischof-mueller-sieht-tebartz-van-elst-als-opfer-einer-medienkampagne-1.1793245; o.V.: »Limburger Bischof ist nach Rom gereist.« *evangelisch.de*, 13.10.2013. Online im Internet: https://aktuell.evangelisch.de/artikel/89151/limburger-bischof-ist-nach-rom-gereist
49. o.V.: »›Da ist nichts!‹– Kardinal Meisner stärkt Limburger Bischof Tebartz-van Elst.« *domradio.de*, 13.09.2013. Online im Internet: http://www.domradio.de/nachrichten/2013-09-13/kardinal-meisner-staerkt-limburger-bischof-tebartz-van-elst; Florin, Christiane: »Der Polarisierer unter den Kardinälen geht.« *Zeit Online*, 13.12.2013. Online im Internet: http://www.zeit.de/gesellschaft/zeitgeschehen/2013-12/kardinal-meisner-tebartz-van-elst
50. Florin, Christiane: »Der Polarisierer unter den Kardinälen geht.« *Zeit Online*, 13.12.2013. Online im Internet: http://www.zeit.de/gesellschaft/zeitgeschehen/2013-12/kardinal-meisner-tebartz-van-elst
51. Presseamt des Heiligen Stuhls: Pressemitteilung hinsichtlich der Diözese Limburg (Deutschland), 26.3.2014. Online im Internet: http://press.vatican.va/content/salastampa/it/bollettino/pubblico/2014/03/26/0211/00470.html
52. o.V.: »Mixa– im Fegefeuer der Eitelkeiten.« *Süddeutsche.de*, 16.6.2010. Online im Internet: http://www.sueddeutsche.de/bayern/ex-bischof-von-augsburg-mixa-ruckelt-am-ruecktritt-1.960025
53. Ansaldo, Marco: »L'ira di Francesco per il mega-attico del cardinale Bertone.« *Repubblica.it*, 20.4.2014. Online im Internet: http://www.repubblica.it/esteri/2014/04/20/news/l_ira_di_francesco_per_il_mega-attico_del_cardinal_bertone-84053412/
54. o.V.: »L'attico dello scandalo, su Chi ecco le foto del super appartamento del Cardinal Bertone.« *Il Messagero*, 28.3.2014. Online im Internet: http://www.ilmessaggero.it/societa/persone/attico_cardinal_bertone_papa_bergoglio_vaticano_foto_chi/notizie/713897.shtml; o.V.: »›Chi‹ pubblica le foto dell'attico del cardinal Tarcisio Bertone.« *Libero Quotidiano.it*, 28.03.2014. Online im Internet: http://www.liberoquotidiano.it/news/italia/11624333/-Chi--pubblica-le-foto.html
55. Deschner, Karlheinz: *Kriminalgeschichte des Christentums*, Bd. II, Reinbek, 8. Auflage 1996, S. 471
56. ebd., S. 497
57. Verband der Diözesen Deutschlands: *Codex Iuris Canonici*/1983, Buch V: Kirchenvermögen (Übersetzung der 4. Auflage der deutsch-lateinischen Ausgabe). Online im Internet: http://www.codex-iuris-canonici.de/buch5.htm

58. Prantl, Heribert: »Mühlstein am Hals.« *Süddeutsche.de*, 12.4.2010. Online im Internet: http://www.sueddeutsche.de/politik/katholische-kirche-muehlstein-am-hals-1.4821; Baldus, Manfred: »Gerechte Strafe nach kirchlichem Recht.« *Legal Tribune Online*, 5.5.2010. Online im Internet: http://www.lto.de/recht/hintergruende/h/sexueller-missbrauch-durch-kleriker-gerechte-strafe-nach-kirchlichem-recht/
59. Duthel, Heinz: *Und sie haben mich gequält, missbraucht und zerstört!* Books on Demand 2014, S. 123
60. o.V.: St. Pölten: »Bischof Krenn tritt nach Pornoskandal zurück.« *Spiegel Online*, 30.9.2004. Online im Internet: http://www.spiegel.de/panorama/st-poelten-bischof-krenn-tritt-nach-pornoskandal-zurueck-a-320743.html
61. Berry, Jason: »Father Marcial Maciel And The Popes He Stained.« *Newsweek*, 11.3.2013. Online im Internet: http://www.newsweek.com/father-marcial-maciel-and-popes-he-stained-62811
62. o.V.: »Missbrauchsvorwürfe gegen Gründer.« *derStandart.at*, 17.3.2010. Online im Internet: http://derstandard.at/1268700720398/Legionaere-Christi-Missbrauchsvorwuerfe-gegen-Gruender
63. Nuzzi, Gianluigi: *Seine Heiligkeit.* München 2012, S. 210 f. Er zitiert aus den von Paolo Gabriele zu ihm geschmuggelten Dokumenten.
64. »De delictis gravioribus.« In: *Acta Apostolicae Sedis.* 93, 2001, S. 785–788. Online im Internet: http://www.vatican.va/archive/aas/documents/AAS%20 93%20%5B2001%5D%20-%20ocr.pdf
65. Nuzzi, Gianluigi: *Vatikan AG.* Salzburg 2009; Nuzzi, Gianluigi: *Seine Heiligkeit.* München 2012
66. Milborn, Corinna: Interview mit Gianluigi Nuzzi: »Die Dokumente enthalten die Geldflüsse der schmutzigsten Skandale.« *Format.at*, 18.9.2009. Online im Internet: http://www.format.at/articles/0938/525/251422/gianluigi-nuzzi-die-dokumente-geldfluesse-skandale
67. Riegert, Bernd: »Spektakulärer Prozess gegen Diener des Papstes.« *DW.de*, 28.9.2012. Online im Internet: http://www.dw.de/spektakul%C3%A4rer-prozess-gegen-diener-des-papstes/a-16271348. Inzwischen hat der private italienische Fernsehsender »La7« ein Interview mit Paolo Gabriele ausgestrahlt, in dem der fromme Kammerdiener seine Motive offenlegt. Das Interview stammt bereits aus dem Februar, war damals aber nur mit verpixelten Bildern und verzerrter Stimme gesendet worden. Gabriele behauptet in dem Interview, er sei wütend über »eine Mauer des Schweigens« im Vatikan. Es gehe ihm nicht um Geld, sondern um eine gerechtere Kirche, wie auch der Papst sie wolle. »Ich glaube, es ist falsch, wenn die Kirche auf Strukturen aufbauen muss, die den Glauben untergraben«, sagte Paolo Gabriele. »Es gibt

sehr viel Heuchelei. Dies ist das Königreich der Heuchelei.« Vgl: o.V.: »TV-Sender outet Kammerdiener als Quelle.« *RP Online*, 4.9.2012. Online im Internet: http://www.rp-online.de/panorama/ausland/tv-sender-outet-kammerdiener-als-quelle-aid-1.2 980 676

68. Braun, Michael: »Vatikan entsorgt Skandal.« taz, 8.10.2012. Online im Internet: http://www.taz.de/1/archiv/digitaz/artikel/?ressort=me&dig=2012%2F10%2F08%2Fa0093&cHash=cb05d51 278 321 260c3482f6b6f7cd650
69. o.V.: »Papst-Rücktritt wegen Sex, Macht und Bestechung.« *Die Welt online*, 21.2.2013. Online im Internet: http://www.welt.de/newsticker/dpa_nt/infoline_nt/brennpunkte_nt/article113 808 114/Papst-Ruecktritt-wegen-Sex-Macht-und-Bestechung.html
70. ebd.
71. o.V.: »Unbedeutendes Geschwätz dieser Tage.« *Süddeutsche.de*, 4.4.2010. Online im Internet: http://www.sueddeutsche.de/politik/missbrauchsskandal-unbedeutendes-geschwaetz-dieser-tage-1.13 099
72. o.V.: Kardinal Sodano: »Missbrauch wird als ›Waffe gegen die Kirche‹ benutzt.« *kath.net*, 7.4.2010. Online im Internet: http://www.kath.net/news/26 284
73. Magister, Sandro: »The Pope, the Cardinals, the Jesuits. Three Responses to the Scandal.« *chiesa.espressonline.it*, 20.5.2010. Online im Internet: http://chiesa.espresso.repubblica.it/articolo/1 343 359?eng=y; Mattei, Giampaolo: »Con la Chiesa a fianco del Papa.« L´Osservatore Romano 7.4.2010. Online im Internet: http://www.vatican.va/news_services/or/or_quo/interviste/2010/079q01b1.html
74. Ranke-Heinemann, Uta: »Papst Benedikt oder Die große Täuschung.« *Blätter für deutsche und internationale Politik* 4'10. Online im Internet: https://www.blaetter.de/archiv/jahrgaenge/2010/april/papst-benedikt-oder-die-grosse-taeuschung; o.V.: »Bischof gibt Freizügigkeit Mitschuld an Missbrauch.« *Berliner Morgenpost*, 17.2.2010. Online im Internet: http://www.morgenpost.de/printarchiv/titelseite/article1 259 176/Bischof-gibt-Freizuegigkeit-Mitschuld-an-Missbrauch.html
75. o.V.: »Papst Benedikt verstieß Hunderte Priester wegen Missbrauchs.« *Die Zeit online*, 18.1.2014. Online im Internet: http://www.zeit.de/gesellschaft/zeitgeschehen/2014–01/joseph-ratzinger-priester-missbrauch
76. Jansen, Thomas: »›Schwulen-Lobby‹ bestätigt?« *katholisch.de*, 13.6.2013. Online im Internet: http://www.katholisch.de/de/katholisch/themen/kirche_2/130 613_vatikan_homosexualitaet.php
77. Meichtry, Stacy: »Pope Signals Openness to Gay Priests. Pontiff's Comments Suggest Greater Acceptance of Homosexuality Among Clerics.« *The Wall*

Street Journal, 30.7.2013. Online im Internet: http://online.wsj.com/news/articles/SB10 001 424 127 887 324 354 704 578 635 401 320 888 608
78. Alwin Hammers geht von 25 Prozent aus. Vgl. Von Beck: »Kirche – Angst vor den Schwulen.« *Der Spiegel*. 28.4.1997. Online im Internet: http://www.spiegel.de/spiegel/print/d-8 704 203.html
79. Robinson, Gene: *In the Eye of the Storm*. Seabury Press, New York, 2008. S. 18. Bischof Gene Robinson übernimmt hier die Schätzung von 40 bis 60 Prozent aus: Stuart, Elizabeth: Chosen: *Gay Catholic Priests Tell Their Stories*. London/New York: Chapman, 1993.
80. o.V.: »Missbrauchsfälle in der Kirche: Vatikan gibt Homosexualität die Schuld.« *Spiegel Online*, 13.4.2010. Online im Internet: http://www.spiegel.de/panorama/gesellschaft/missbrauchsfaelle-in-der-kirche-vatikan-gibt-homosexualitaet-die-schuld-a-688 824.html
81. ebd.
82. o.V.: »The Document Trail: The Predator Priest Who Got Away.« *New York Times*, 24.3.2010. Online im Internet: http://documents.nytimes.com/reverend-lawrence-c-murphy-abuse-case#document/p29
83. Klingst, Martin; Schwarz, Patrik: »Die Akte Bertone.« *Zeit Online*, 30.3.2010. Online im Internet: http://www.zeit.de/2010/14/Missbrauch-Priester-Papst/komplettansicht; Mehr dazu: Klingst, Martin; Schwarz, Patrik: »Geheimprotokoll belastet wichtigsten Mitarbeiter des Papstes.« *Zeit Online*, 5.4.2010. Online im Internet: http://www.zeit.de/gesellschaft/zeitgeschehen/2010–04/missbrauch-vatikan-bertone
84. o.V.: »Movilh rechazó dichos de Bertone y acusó a la Iglesia Católica de ›criminal y homofóbica‹.« *Cooperativa.cl*, 12.4.2010. Online im Internet: http://www.cooperativa.cl/noticias/sociedad/pedofilia/movilh-rechazo-dichos-de-bertone-y-acuso-a-la-iglesia-catolica-de-criminal-y-homofobica/2010–04-12/154 735.html; Deutsche Übersetzung hier: o.V.: »Missbrauchsfälle in der Kirche: Vatikan gibt Homosexualität die Schuld.« *Spiegel Online*, 13.4.2010. Online im Internet: http://www.spiegel.de/panorama/gesellschaft/missbrauchsfaelle-in-der-kirche-vatikan-gibt-homosexualitaet-die-schuld-a-688 824.html
85. Berger, David: *Der heilige Schein*, Berlin 2010, S. 200
86. ebd., S. 184
87. o.V.: Mixa: »Deutsche Familienpolitik ist kinderfeindlich und ideologisch.« *kath.net*, 23.2.2007. Online im Internet: http://www.kath.net/news/16 048/
88. »Osterpredigt: Bischof Mixa sieht Massenmord als Folge des Atheismus.« *Spiegel Online*, 12.4.2009. Online im Internet: http://www.spiegel.de/pano-

rama/gesellschaft/osterpredigt-bischof-mixa-sieht-massenmord-als-folge-des-atheismus-a-618 676.html

89. Knoller, Alois; Wirsching, Daniel: Interview mit Bischof Mixa: »Sexuelle Revolution mitschuldig an Missbrauch«. *Augsburger Allgemeine*, 16.2.2010. Online im Internet: http://www.augsburger-allgemeine.de/politik/Bischof-Mixa-Sexuelle-Revolution-mitschuldig-an-Missbrauch-id7 322 051.html
90. Robertson, Geoffrey: *Angeklagt: Der Papst: Die Verantwortlichkeit des Vatikans für Menschenrechtsverletzungen*. Marktheidenfeld 2011, Vgl. Anhang A: Auszüge aus dem offiziellen Protokoll der Aussage von Bischof Curry – Verfahren Pfarrer Michael Baker, S. 356
91. »De delictis gravioribus.« In: *Acta Apostolicae Sedis*. 93, 2001, S. 785–788. Online im Internet: http://www.vatican.va/archive/aas/documents/AAS%20 93%20%5B2001%5D%20-%20cr.pdf
92. Klingst, Martin; Schwarz, Patrik: »Die Akte Bertone.« *Zeit Online*, 30.3.2010. Online im Internet: http://www.zeit.de/2010/14/Missbrauch-Priester-Papst/komplettansicht
93. Vgl. den Film *Mea Maxima Culpa: Silence in the House of God*. Dies ist ein Dokumentarfilm des Regisseurs Alex Gibney aus dem Jahr 2012.
94. Möller, Barbara: »Eine Teufelsinsel für die pädophilen Priester.« *Welt.de*, 22.10.2013. Online im Internet: http://www.welt.de/kultur/medien/article121 091 236/Eine-Teufelsinsel-fuer-die-paedophilen-Priester.html
95. o.V.: »Katholische Kirche zahlt Millionen an Missbrauchsopfer.« *FAZ.net*, 29.12.2013. Online im Internet: http://www.faz.net/aktuell/politik/entschaedigungen-katholische-kirche-zahlt-millionen-an-missbrauchsopfer-12 730 468.html
96. Benedikt XVI: Predigt auf der Heiligen Messe zur Amtseinführung von Papst Benedikt XVI. mit Übergabe des Palliums und des Fischerrings, Petersplatz, 24.4.2005. Online im Internet: http://www.vatican.va/holy_father/benedict_xvi/homilies/2005/documents/hf_ben-xvi_hom_20 050 424_inizio-pontificato_ge.html
97. o.V.: »Gottesdienst im Petersdom: Tausende umjubeln scheidenden Papst.« *Spiegel Online*, 13.2.2013. Online im Internet: http://www.spiegel.de/panorama/gottesdienst-im-petersdom-tausende-verabschieden-papst-mit-applaus-a-883 247.html
98. http://blog.radiovatikan.de/die-kirche-die-sich-um-sich-selber-dreht-theologischer-narzissmus/
99. Spadaro, Antonio SJ: »Das Interview mit Papst Franziskus, Teil 1.« *Stimmen der Zeit*, 25.9.2013. Online im Internet: http://www.stimmen-der-zeit.de/zeitschrift/online_exklusiv/details_html?k_beitrag=3 906412

100. Nardi, Giuseppe: »›Ich bleibe in Santa Marta, um mich nicht zu isolieren‹– Papst Franziskus im Dezember in Argentinien.« *Katholisches.info*, 05.4.2013. Online im Internet: http://www.katholisches.info/2013/04/05/ich-bleibe-in-santa-marta-um-mich-nicht-zu-isolieren-papst-franziskus-im-dezember-in-argentinien/

101. Bremer, Jörg: »Die Bibel reicht nicht, um Jesus zu kennen.« *FAZ.net*, 17.12.2013. Online im Internet: http://www.faz.net/aktuell/gesellschaft/menschen/papst-franziskus-die-bibel-reicht-nicht-um-jesus-zu-kennen-12 694 597.html?printPagedArticle=true#pageIndex_2

102. Magister, Sandro: »The Prelate of the Gay Lobby.« *l'Esspresso*, 18.7.2013. Online im Internet: http://chiesa.espresso.repubblica.it/articolo/1 350 561?eng=y

103. Nardi, Giuseppe: »Die Revanche der Diplomaten – Die neue Römische Kurie unter Papst Franziskus nimmt Gesicht an.« *Katholisches.info*, 23.9.2013. Online im Internet: http://www.katholisches.info/2013/09/23/die-revanche-der-diplomaten-die-neue-roemische-kurie-unter-papst-franziskus-nimmt-gesicht-an/

104. ebd.

105. Schlamp, Hans-Jürgen: »Kirchenumbau durch Papst Franziskus: ›Die Revolution hat begonnen‹.« *Spiegel online*,.3.9.2013, Online im Internet: http://www.spiegel.de/panorama/personalie-pietro-parolin-wie-papst-franziskus-die-kirche-umbaut-a-919 995.html

106. Papst Franziskus: »Apostolisches Schreiben Evangelii Gaudium des Heiligen Vaters Papst Franziskus an die Bischöfe an die Priester und Diakone, an die Personen geweihten Lebens und an die Christgläubigen Laien über die Verkündigung des Evangeliums in der Welt von heute.« *Vatican.va*, 24.11.2013. Online im Internet: http://w2.vatican.va/content/francesco/de/apost_exhortations/documents/papa-francesco_esortazione-ap_20 131 124_evangelii-gaudium.html

107. o.V.: »Papst rief zu Gebeten für verfolgte Christen auf.« *Salzburger Nachrichten*, 14.4. 2013. Online im Internet: http://www.salzburg.com/nachrichten/welt/politik/sn/artikel/papst-rief-zu-gebeten-fuer-verfolgte-christen-auf-54 829/

108. Nardi, Giuseppe: »Die Revanche der Diplomaten– Die neue Römische Kurie unter Papst Franziskus nimmt Gesicht an.« *Katholisches.info*, 23.9.2013. Online im Internet: http://www.katholisches.info/2013/09/23/die-revanche-der-diplomaten-die-neue-roemische-kurie-unter-papst-franziskus-nimmt-gesicht-an/

109. o.V.: »Müller wird Kardinal.« *Katholisch.de*, 12.1.2014. Online im Internet: http://www.katholisch.de/de/katholisch/themen/kirche_2/140 112_franziskus_kardinaele.php

110. Weiß, Michael: »100 Tage Papst Franziskus: ›Eine neue Epoche‹.« *Religion.orf.at*, 21.6.2013. Online im Internet: http://religion.orf.at/stories/2 589 192/
111. o.V.: »Papa Francesco a Scalfari così cambierò la Chiesa.« *Repubblica.it*, 1.10.2013. Online im Internet: http://www.repubblica.it/cultura/2013/10/01/news/papa_francesco_a_scalfari_cos_cambier_la_chiesa-67 630 792
112. Gambetta, Diego: *Codes of the Underworld: How Criminals Communicate.* Princeton 2011, S. 209
113. Mackenzie, James: »Mafia now 'Italy's No.1 bank'.« *Financial Post*, 11.1.2012. Online im Internet: http://business.financialpost.com/2012/01/11/mafia-now-italys-no-1-bank/; Centorrino, Mario, David, Pietro: »Quando corruzione e illegalità sono di massa.« lavoce.info, 20.11.2012. Online im Internet: http://www.lavoce.info/quando-corruzione-e-illegalita-sono-di-massa/
114. Dickie, John: *Cosa Nostra – Die Geschichte der Mafia.* Frankfurt a. M., 4. Auflage 2007, S. 91
115. Europol: »Threat Assessment: Italian Organised Crime, FILE NO: EDOC#667 574 v8.« *Europol.eu*, Juni 2013. Online im Internet: https://www.europol.europa.eu/sites/default/files/publications/italian_organised_crime_threat_assessment_0.pdf, S. 16
116. Saviano, Roberto: »La Parola Camorra Non Esiste.« *Robertosaviano.it*, 13.09.2013. Online im Internet: http://www.robertosaviano.it/articoli/la-parola-camorra-non-esiste/
117. Europol: »Threat Assessment: Italian Organised Crime, FILE NO: EDOC#667 574 v8.« *Europol.eu*, Juni 2013. Online im Internet: https://www.europol.europa.eu/sites/default/files/publications/italian_organised_crime_threat_assessment_0.pdf, S. 17
118. Forgione, Francesco: *Mafia Export. Wie 'Ndrangheta, Cosa Nostra und Camorra die Welt erobern.* München 2011
119. ebd., S. 23
120. Arlacchi, Pino: *Mafia von innen. Das Leben des Don Antonino Calderone.* Frankfurt a. M. 1995, S. 155.
121. Bettini, Marco: *Pentito.* Berlin 1994, S. 86
122. Puzo, Mario: *Der Pate.* Reinbek 2001
123. *The Godfather* ist ein US-amerikanischer Spielfilm von Francis Ford Coppola, 1972.
124. Krah, Dennis: »Geschichte der Mafia– Reisen zu den Wurzeln.« *Merian*, 8/2007. Online im Internet: http://www.merian.de/magazin/sizilien-geschichte-der-mafia.html
125. Rost, Christian: Family Crisis Among The »Men Of Honor«. *Max Planck Research* Issue 1. 27.04.2004. Online im Internet: http://www.mpg.de/493 131/pressemitteilung20 040 427?filter_order=L

126. Dickie, John: *Cosa Nostra. Die Geschichte der Mafia*. Frankfurt a. M., 4. Auflage 2007. S. 37.
127. Arlacchi, Pino: *Mafia von innen. Das Leben des Don Antonino Calderone*. Frankfurt a. M. 1993, S. 4
128. Dickie, John: *Cosa Nostra. Die Geschichte der Mafia*. Frankfurt a. M., 9. Aufl. 2007, S. 39
129. Giovanni Falcone; Marcelle Padovani: *Cose di Cosa Nostra, collana Saggi*. Milano, 1991 S. 31
130. Langer, Annette: »Fund bei Verhaftung: Polizei entdeckt die zehn Gebote der Mafia.« *Spiegel Online*, 9.11.2007. Online im Internet: http://www.spiegel.de/panorama/justiz/fund-bei-verhaftung-polizei-entdeckt-die-zehn-gebote-der-mafia-a-516 480.html
131. Gambetta, Diego: *Codes of the Underworld: How Criminals Communicate*. Princeton 2011, S. 223
132. Europol: Threat Assessment: Italian Organised Crime, FILE NO: EDOC#667 574 v8. *Europol.eu*, Juni 2013. Online im Internet: https://www.europol.europa.eu/sites/default/files/publications/italian_organised_crime_threat_assessment_0.pdf
133. Feldbauer, Gerhard: »Verdächtiger Sand im Hosenaufschlag.« *Neues Deutschland*, 04.05.2013. Online im Internet: http://www.neues-deutschland.de/artikel/820 567.verdaechtiger-sand-im-hosenaufschlag.htm
134. Willan, Philip: *The Vatican at War: From Blackfriars Bridge to Buenos Aires*. iUniverse. 2013
135. Ciavoni, Carlo: »Giulio Andreotti tra processi e misteri: da Pecorelli a Sindona, a Cosa Nostra.« *Repubblica.it*, 06.03.2013. Online im Internet: http://www.repubblica.it/politica/2013/05/06/news/andreotti_giustizia-58 174 898/; Barbacetto, Gianni: »Le tre svolte di Giulio, quello della mafia ›buona‹.« *Societacivile.it*. Online im Internet: http://www.societacivile.it/primopiano/articoli_pp/andreotti.html
136. o.V.: »Monti warnt vor Pleite Siziliens.« *FAZ online*, 18.7.2012. Online im Internet: http://www.faz.net/aktuell/wirtschaft/italien-monti-warnt-vor-pleite-siziliens-11 823 931.html
137. Mussner, Rosa Maria; Pulyer, Ricci, Roberto: Pisa 2012. Bozen, 4.12.2013. Online im Internet: http://www.provincia.bz.it/servizio-valutazione-italiano/download/presentazione_PISA_2012_BOLZANO.pdf; Pisa 2012 Results. Online im Internet: http://www.oecd.org/pisa/keyfindings/pisa-2012-results.htm
138. Eurostat: *Eurostat regional Yearbook*, 2013 edition. Online im Internet: http://epp.eurostat.ec.europa.eu/cache/ITY_OFFPUB/KS-HA-13–001/EN/KS-HA-13–001-EN.PDF, S. 68

139. ebd., S. 66
140. Eurostat: Cultural statistics, 2011 edition. Online im Internet: http://epp.eurostat.ec.europa.eu/cache/ITY_OFFPUB/KS-32–10-374/EN/KS-32–10-374-EN.PDF, S. 52 ff.
141. ebd., S. 174 ff. Vgl. dazu auch: Romano, Maria Luisa: »Education in Sicily.« *Best of Sicily Magazine*, June 2006. Online im Internet: http://www.bestofsicily.com/mag/art200.htm
142. Google Trends: »Wonach hat die Welt 2013 gesucht?« Online im Internet: http://www.google.de/trends/topcharts#geo=DE&date=2013
143. Ofcom: »International Communications Market Report 2012.« Ofcom.org.uk, 13.12.2012. Online im Internet: http://stakeholders.ofcom.org.uk/binaries/research/cmr/cmr12/icmr/ICMR-2012.pdf S. 11.
144. Deutschland bei TV-Nutzung 2011 im Mittelfeld. Verband Privater Rundfunk und Telemedien e.V.,14.12.2012. Online im Internet: http://www.vprt.de/thema/marktentwicklung/marktdaten/mediennutzung/tv-nutzung/content/deutschland-bei-tv-nutzung-2011-i?c=0
145. Romano, Maria Luisa: »Popolino– Sicily's Forgotten Underclass.« *Best of Sicily Magazine*, March 2009. Online im Internet: http://www.bestofsicily.com/mag/art298.htm
146. Romano, Maria Luisa: »Education in Sicily.« *Best of Sicily Magazine*, June 2006. Online im Internet: http://www.bestofsicily.com/mag/art200.htm
147. Romano, Maria Luisa: »Education in Sicily.« *Best of Sicily Magazine*, June/2006. Online im Internet: http://www.bestofsicily.com/mag/art200.htm
148. Neerman, Gloria: Immigration in Sicily. Perugia. Oktober 2010. Online im Internet: http://www.adam-europe.eu/prj/5985/prd/15/1/Sicily_EN.pdf
149. o.V.: »The Mafia in Italy. A declining family business.« *The Economist*, 6.12.2007. Online im Internet: http://www.economist.com/node/10 268 472
150. o.V.: »Die diskreten Geschäfte der Cosa Nostra GmbH.« *Süddeutsche.de*, 17.5.2010. Online im Internet: http://www.sueddeutsche.de/kultur/wandel-der-mafia-die-diskreten-geschaefte-der-cosa-nostra-gmbh-1.806 800–2; o.V.: »Mafia macht Milliardenumsätze.« *Süddeutsche.de*, 17. 5.2010. Online im Internet: http://www.sueddeutsche.de/panorama/italien-mafia-macht-milliardenumsaetze-1.348 468, SOS Impresa: Rapporto SOS Impresa »Le mani della criminalità sulle imprese«, XII Edizione. Confesercenti Nazionale, September 2009. Online im Internet: http://www.sosimpresa.it/userFiles/File/Documenti4/Rapporto_2009.pdf
151. Kington, Tom: »Canadian mobsters killed in ›old-fashioned‹ Sicilian mafia hit.« *The Guardian online*, 10.5.2013. Online im Internet: http://www.theguardian.com/world/2013/may/10/canadian-mafia-killed-sicily-hit

152. Baroni, Paolo: »Una Regione bancomat per i politici.« *La Stampa*, 18.7.2012. http://www.lastampa.it/2012/07/18/cultura/opinioni/editoriali/una-regione-bancomat-per-i-politici-juM687wyr12RFX8H2neBIP/pagina.html
153. Bolzonie, Attilio: »Il sistema di don Raffaele Lombardo califfo di Sicilia, la regione Bengodi.« *La Republicca Palermo*, 18.7.2012. Online im Internet: http://palermo.repubblica.it/cronaca/2012/07/18/news/raffaele_lombardo_sicilia-39 242 227/
154. Dickie, John: *Cosa Nostra. Die Geschichte der Mafia*. Frankfurt a. M., 9. Aufl. 2004
155. Roques, Valeska von: »Immer nur Böses getan.« *Spiegel online*, 7.8.1995. Online im Internet: http://www.spiegel.de/spiegel/print/d-9 208 027.html
156. Rost, Christian: »Family Crisis Among The ›Men Of Honor‹.« *Max Planck Research* Issue 1. 27.04.2004. Vgl. auch die Pressemitteilung online im Internet: http://www.mpg.de/493 131/pressemitteilung20 040 427?filter_order=L
157. ebd.
158. Roth, Jürgen: *Mafialand Deutschland*. Frankfurt a. M.; 3. Aufl. 2009
159. o.V.: »Jurgen Roth: My Life Is In Danger in Bulgaria.« *Novinite.com*, 05.2.2010. Online im Internet: http://www.novinite.com/view_news.php?id=112 840#sthash.KdmVoXV6.dpuf
160. Nuzzi, Gianluigi; Antonelli, Claudio: *Metastasen. Ein Kronzeuge der 'Ndrangheta enthüllt die Geheimnisse des größten Familienunternehmens*. Salzburg, 2. Aufl. 2011
161. Sarbach, Volker: »Palermos oberster Mafia-Jäger in Hamburg.« *Hamburger Abendblatt*, 7.7.2012. Online im Internet: http://mobil.abendblatt.de/hamburg/article2 039 795/Palermos-oberster-Mafia-Jaeger-in-Hamburg.html; o.V.: »Der oberste Mafia-Jäger Roberto Scarpinato warnt Deutschland.« *Wikinews*, 2.10.2010. Online im Internet: http://de.wikinews.org/wiki/Der_oberste_Mafia-J%C3%A4ger_Roberto_Scarpinato_warnt_Deutschland
162. La Sorte, Mike: »The Case Of Bernardo Provenzano.« *Rick Porello's American Mafia.com*, Juni 2006. Online im Internet: http://www.americanmafia.com/Feature_Articles_353.html
163. Gruber, Georg: »Staat im Staate. Rezension von John Dickies ›Cosa Nostra. Die Geschichte der Mafia‹.« *Deutschlandradio Kultur*, 27.3.2006. Online im Internet: http://www.deutschlandradiokultur.de/staat-im-staate.950.de.html?dram:article_id=133 853
164. Dickie, John: *Cosa Nostra. Die Geschichte der Mafia*. Frankfurt a. M., 4. Aufl. 2007 S. 337 ff.
165. ebd., S. 345
166. ebd., S. 349

167. Langer, Annette: »Erdbebenstadt L'Aquila: Neuanfang im Fegefeuer.« *Spiegel online*, 15.12.2009. Online im Internet: http://www.spiegel.de/panorama/erdbebenstadt-l-aquila-neuanfang-im-fegefeuer-a-665 943–2.html
168. o.V.: »Inchiesta G8: Piscicelli tenta suicidio, era libero.« *Ansa.it*, 1.4.2011. Online im Internet: https://www.ansa.it/web/notizie/rubriche/cronaca/2011/03/31/visualizza_new.html_1 528 499 055.html
169. o.V.: »L'Aquila wird zu Geisterstadt mit Mafia-Problem.« *Krone.at*, 29.3.2010. Online im Internet: http://www.krone.at/Welt/LAquila_wird_zu_Geisterstadt_mit_Mafia-Problem-1_Jahr_nach_Beben-Story-192 336; o.V.: »Inchiesta G8: Piscicelli tenta suicidio, era libero.« *Ansa.it*, 1.4.2011. Online im Internet: https://www.ansa.it/web/notizie/rubriche/cronaca/2011/03/31/visualizza_new.html_1 528 499 055.html
170. o.V.: »Berlusconi: ›Mafia e speculazione fuori dalla ricostruzione‹.« *Il Tempo*, 17.04.2009. Online im Internet: http://www.iltempo.it/abruzzo/2012/12/04/berlusconi-mafia-e-speculazione-fuori-dalla-ricostruzione-1.193 690
171. Langer, Annette: »Erdbebenstadt L'Aquila: Neuanfang im Fegefeuer.« *Spiegel online*, 15.12.2009: Online im Internet: http://www.spiegel.de/panorama/erdbebenstadt-l-aquila-neuanfang-im-fegefeuer-a-665 943–2.html
172. ebd.
173. Saviano, Roberto: »Warum versinkt Neapel im Müll?« *Zeit online*, 18.5.2011. Online im Internet: http://www.zeit.de/2011/20/Italien-Saviano/komplettansicht
174. Breu, Michael: »Dreckiges Geschäft mit dem Giftmüll.« *Tages Anzeiger*, 12.11.2012. Online im Internet: http://www.tagesanzeiger.ch/schweiz/standard/Dreckiges-Geschaeft-mit-dem-Giftmuell/story/18 010 410
175. Kleinjung, Tilman: »Verseuchtes Land.« *Deutschlandfunk*, 11.6.2014. Online im Internet: http://www.deutschlandfunk.de/verseuchtes-land.697.de.html?dram:article_id=79 184
176. Mattioli, Sandro; Palladino, Andrea: *Müll-Mafia: Das kriminelle Netzwerk in Europa*. München 2011
177. o.V.: »Siziliens Gesundheit krankt an der Mafia.« *Neue Zürcher Zeitung*, 30.1.2007. Online im Internet: http://www.nzz.ch/aktuell/startseite/articleETW8L-1.104 320
178. Catania, Giusto: Schriftliche Anfrage an die Europäische Kommission: Verurteilung von Salvatore Cuffaro und nachfolgende Gefahr einer Unterwanderung der Verwaltung der Strukturfonds in der Region durch die Mafia. Europäisches Parlament, 4.2.2008. Online im Internet: http://www.europarl.europa.eu/sides/getDoc.do?pubRef=-//EP//TEXT+WQ+E-2008-0372+0+DOC+XML+V0//DE

179. Europol: Threat Assessment: Italian Organised Crime, FILE NO: EDOC#667 574 v8. Europol.eu, Juni 2013. Online im Internet: https://www.europol.europa.eu/sites/default/files/publications/italian_organised_crime_threat_assessment_0.pdf
180. Bremer, Jörg: »Polizei verhaftet Verwandte des Cosa-Nostra-Bosses.« *FAZ online*, 13.12.2013. Online im Internet: http://www.faz.net/aktuell/gesellschaft/kriminalitaet/matteo-messina-denaro-polizei-verhaftet-verwandte-des-cosa-nostra-bosses-12 709 822.html
181. Capo (Pseudonym): »Sting operations reveal Mafia involvement in renewable energy.« *Mafia Today*, 23.1.2013. Online im Internet: http://mafiatoday.com/general-breaking-news/sting-operations-reveal-mafia-involvement-in-renewable-energy/
182. Faiola, Anthony: »Sting operations reveal Mafia involvement in renewable energy.« *The Washington Post*, 22. Januar 2013. Online im Internet: http://www.washingtonpost.com/world/europe/sting-operations-reveal-mafia-involvement-in-renewable-energy/2013/01/22/67 388 504–5f39–11e2–9dc9-bca76dd777b8_story.html; Vgl. auch: Ambrosetti, Giulio: »Il ›sistema Giacchetto‹? Il vero marcio è nella politica.« *Linksicillia*, 22.7.2013. Online im Internet: http://www.linksicilia.it/2013/06/il-sistema-giacchetto-il-vero-marcio-e-nella-politica/
183. OECD: OECD International Direct Investment Statistics 2013, Online im Internet: http://www.oecd.org/industry/inv/investmentstatisticsandanalysis/38 818 788.pdf, S. 13
184. Za, Valentina: »Italy's crisis opens doors to cash-rich mafia.« Reuters, 13.1.2012. Online im Internet: http://www.reuters.com/article/2012/01/13/us-italy-mafia-crisis-idUSTRE80C16 320 120 113
185. Transparency International Deutschland: Corruption Perception Index 2013. Online im Internet: http://www.transparency.de/Tabellarisches-Ranking.2400.0.html
186. Stille, Alexander: »Land unter.« *Süddeutsche Zeitung Magazin* 07/2009. Online im Internet: http://sz-magazin.sueddeutsche.de/texte/anzeigen/28 153/3/1
187. Kospach, Julia: »Die Mafia vergisst nicht.« *Berliner Zeitung*, 18.11.2006. Online im Internet: http://www.berliner-zeitung.de/archiv/der-sizilianische-anti-mafia-staatsanwalt-roberto-scarpinato-ueber-die-mafia-der-weissen-kragen--palermo-als-laboratorium-der-ethik--die-verhaftung-des-bosses-der-bosse-bernardo-provenzano--den-umgang-mit-todesangst-und-sein-hoch-die-mafia-vergisst-nicht,10 810 590,10 435 086.html

188. Kospach, Julia: Interview mit Roberto Scarpinato: »Die Mafia vergisst nicht«. *Profil.at*, 19.8.2006. Online im Internet: http://www.profil.at/articles/0633/560/148 659/interview-die-mafia
189. Kospach, Julia: »Die Mafia vergisst nicht.« *Berliner Zeitung*, 18.11.2006. Online im Internet: http://www.berliner-zeitung.de/archiv/der-sizilianische-anti-mafia-staatsanwalt-roberto-scarpinato-ueber-die-mafia-der-weissen-kragen--palermo-als-laboratorium-der-ethik--die-verhaftung-des-bosses-der-bosse-bernardo-provenzano--den-umgang-mit-todesangst-und-sein-hoch-die-mafia-vergisst-nicht,10 810 590,10 435 086.html
190. ebd.
191. Palazzolo, Salvo: »Blitz nella roccaforte di Messina Denaro Scoperta una rete di insospettabili, 30 arresti.« *La Repubblica Palermo*, 13.12.2013. Online im Internet: http://palermo.repubblica.it/cronaca/2013/12/13/news/mafia_si_stringe_il_cerchio_attorno_a_messina_denaro_una_rete_di_insospettabili_al_suo_servizio_30_arresti-73 472 229/
192. Kreiner, Paul: »Mafiabosse melden sich zu Wort.« *Stuttgarter-Zeitung.de*, 10.2.2014. Online im Internet: http://www.stuttgarter-zeitung.de/inhalt.drohung-aus-dem-gefaengnis-mafiabosse-melden-sich-zu-wort.db51e4a9–5935-478b-a567–52 836 025c2f2.html
193. Europol: Threat Assessment: Italian Organised Crime, FILE NO: EDOC#667 574 v8. Europol.eu, Juni 2013. Online im Internet: https://www.europol.europa.eu/sites/default/files/publications/italian_organised_crime_threat_assessment_0.pdf
194. Scarpinato, Roberto: Deutschland braucht kulturelle Antikörper gegen die Mafia. Transkription des Vortrages von Roberto Scarpinato am 27.6.2011 bei der Tagung »Deutschland– ein Paradies für Geldwäscher?!« in Bensberg. Cultura 21, 20.7.2011. Online im Internet: http://magazin.cultura21.de/gesellschaft/inland/deutschland-braucht-kulturelle-antikorper-gegen-die-mafia.html
195. Europol: Threat Assessment: Italian Organised Crime, FILE NO: EDOC#667 574 v8. Europol.eu, Juni 2013. Online im Internet: https://www.europol.europa.eu/sites/default/files/publications/italian_organised_crime_threat_assessment_0.pdf
196. United Nations Office on Drugs and Crime: United Nations Convention Against Transnational Organized Crime and the Protocols Thereto, 2004. Online im Internet: http://www.unodc.org/documents/treaties/UNTOC/Publications/TOC%20Convention/TOCebook-e.pdf, S. 6.
197. Scarpinato, Roberto: Deutschland braucht kulturelle Antikörper gegen die Mafia. Transkription des Vortrages von Roberto Scarpinato am 27.6.2011 bei

der Tagung »Deutschland– ein Paradies für Geldwäscher?!« in Bensberg. Cultura 21, 20.7.2011. Online im Internet: http://magazin.cultura21.de/gesellschaft/inland/deutschland-braucht-kulturelle-antikorper-gegen-die-mafia.html

198. Europol: Italian organised crime. Europol online, Juni, 2013. Online im Internet: https://www.europol.europa.eu/sites/default/files/publications/italian_organised_crime_threat_assessment_0.pdf
199. ebd., S. 10 in der PDF
200. European Police Office: SOCTA 2013 – EU Serious and Organised Crime Threat Assessment. Online im Internet: https://www.europol.europa.eu/sites/default/files/publications/socta2013.pdf
201. ebd.
202. Arlacchi, Pino: *Addio Cosa Nostra. La vita di Tommaso Buscetta*. Mailand 1994, S. 14
203. Taibbi, Matt: »The Great American Bubble Machine.« *Rolling Stone Magazine*, 2.7.2009. Online im Internet: http://www.rollingstone.com/politics/news/the-great-american-bubble-machine-20 100 405
204. McLean, Bethany: »Blood in the Water.« *Vanity Fair,* June 2012. Online im Internet: http://www.vanityfair.com/business/2012/06/goldman-sachs-lloyd-blankfein-succession-plan
205. Financial Times: League Tables. Online im Internet: http://markets.ft.com/investmentBanking/tablesAndTrends.asp
206. Financial Stability Board: Progress and Next Steps Towards Ending »Too Big To Fail« (TBTF). Report of the Financial Stability Board to the G 20, 2.9.2013. Online im Internet: http://www.financialstabilityboard.org/publications/r_130 902.pdf
207. *Vault.com:* »Prestige. Banking professionals across the nation rank the prestige of the firms that they compete against.« Online im Internet: http://www.vault.com/company-rankings/banking/most-prestigious-banking-companies
208. Smith, Greg: »Why I Am Leaving Goldman Sachs.« *The New York Times*, 14.3.2012. Online im Internet: http://www.nytimes.com/2012/03/14/opinion/why-i-am-leaving-goldman-sachs.html?pagewanted=all&_r=1&
209. The Colbert Report, May 22, 2014 – Ray Mabus. Online im Internet: http://thecolbertreport.cc.com/episodes/97ffd8/may-22--2014---ray-mabus
210. Cohan, William D.: Money and Power: *How Goldman Sachs Came to Rule the World*. New York 2011, S. 447. Das Buch liegt nur in englischer Sprache vor.
211. ebd., S. 601
212. ebd., S. 444
213. ebd., S. 446

214. ebd., S. 446
215. ebd., S. 446
216. ebd., S. 101
217. ebd., S. 205
218. ebd., S. 205
219. ebd., S. 204
220. Goldman Sachs: Business Principles and Standards. Online im Internet: http://www.goldmansachs.com/who-we-are/business-standards/business-principles/index.html
221. Durden, Tyler (Pseudonym): »It Is 3 Times Easier To Get Into Harvard Than To Become A Goldman Summer Intern.« *Zero Hedge*, 30.5.2013. Online im Internet: http://www.zerohedge.com/news/2013–05-30/it-3-times-easier-get-harvard-be-goldman-summer-intern
222. Endlich, Lisa: »Inside Goldman Sachs.« *Forbes.com*, 26.11.2007. Online im Internet: http://www.forbes.com/2007/11/26/goldman-finance-women-forbeslife-cz_le_flew_1126flewgoldman.html
223. Turner, Giles, Agnew, Harriet: »Goldman Sachs. Protecting the partnership.« *Financial News*, 12.11.2012. Online im Internet: http://www.efinancialnews.com/story/2012–11-12/goldman-sachs-protecting-the-partnership
224. Cohan, William D.: *Money and Power: How Goldman Sachs Came to Rule the World*. New York 2011, S. 464
225. o.V.: Lloyd Blankfein: »'We Haven't Gotten Everything Right'.« *CNBC.com*, 25.04.2012. Online im Internet: http://www.cnbc.com/id/47 174 049
226. Cohan, William D.: *Money and Power: How Goldman Sachs Came to Rule the World*. New York 2011, S. 208
227. ebd., S. 371
228. Goldman Sachs: 1999 Annual Report. Online im Internet: http://www.goldmansachs.com/investor-relations/financials/archived/annual-reports/attachments/1999-annual-report.pdf
229. Zitiert bei: Groysberg, Boris: *Chasing Stars: The Myth of Talent and the Portability of Performance*. Princeton 2010. S. 103
230. Cohan, William D.: *Money and Power: How Goldman Sachs Came to Rule the World*. New York 2011, S. 443
231. o.V.: »BlackRock's Top 15 Buys.« *Seeking Alpha*, 06.06.2011. Online im Internet: http://seekingalpha.com/article/273 446-blackrocks-top-15-buys; BlackRock: Annual Report for the fiscal year ended December 31, 2011. Online im Internet: http://phx.corporate-ir.net/phoenix.zhtml?c=119 943&p=IROL-secToc&TOC=aHR0cDovL2FwaS50ZW5rd2l6YXJkLmNvbS9vdXRsaW5lLnht bD9yZXBvPXRlbmsmaXBhZ2U9ODEwMTI4OSZzdWJzaWQ9NTc%3d&List All=1&sXBRL=1

232. *Forbes.com:* The Richest People On The Planet 2014. Online im Internet: http://www.forbes.com/billionaires/
233. o.V.: »Warren Buffett wird Großaktionär bei Goldman Sachs.« *Focus Online*, 2.10.2013. Online im Internet: http://www.focus.de/finanzen/banken/2–1-milliarden-dollar-warren-buffett-wird-grossaktionaer-bei-goldman-sachs_aid_1 118 380.html; Shah, Aman: »Buffett's Berkshire discloses 2.8 percent stake in Goldman Sachs.« Reuters, 8.10.2013. Online im Internet: http://www.reuters.com/article/2013/10/08/us-goldmansachs-berkshire-idUS-BRE99 713L20 131 008
234. Lalinde, Jaime; McLean, Bethany: »Bethany McLean Interviews William D. Cohan About Goldman Sachs.« *Vanity Fair*, 31.3.2011. Online im Internet: http://www.vanityfair.com/business/features/2011/05/william-cohan-qa-201 105
235. Roche, Marc: »Goldman heuert an: Mehr Macht durch Macht.« *Voxeurop.eu*, 3.3.2010. Online im Internet: http://www.voxeurop.eu/de/content/article/202 631-goldman-heuert-mehr-macht-durch-macht
236. Issing, Otmar: »Europe cannot afford to rescue Greece.« *Ft.com*, 15.2.2010. Online im Internet: http://www.ft.com/intl/cms/s/0/9b8e66a6–1a3c-11df-b4ee-00 144feab49a.html#axzz331JekvdL
237. »In my 2002 letter to shareholders I referred to derivatives as ›weapons of mass destruction.‹« Buffett, Warren: »Derivatives are Financial Weapons of Mass Destruction.« *InvestorWords.com*. Online im Internet: http://www.investorwords.com/tips/389/derivatives-are-financial-weapons-of-mass-destruction.html
238. Cohan, William D.: *Money and Power: How Goldman Sachs Came to Rule the World*. New York 2011, S. 758
239. ebd., S. 502
240. Goldman Sachs: 2007 Annual Report. Online im Internet: http://www.goldmansachs.com/investor-relations/financials/archived/annual-reports/attachments/entire-2007-annual-report.pdf
241. o.V.: »John Paulson– Subprime Krösus.« *Financial Times Deutschland*, 16.04.2008. Online im Internet: http://archive.today/YpsJ
242. Arlidge, John: »I'm doing 'God's work'. Meet Mr Goldman Sachs.« *The Sunday Times*, 8.11.2013. Online im Internet: http://www.thesundaytimes.co.uk/sto/news/world_news/article189 615.ece
243. Van Voris, Bob; Summers, Nicholas: »Fabulous Fab Trial That Revisits Subprime Crisis 6 Years On.« *Bloomberg.com*, 11.07.2013. Online im Internet: http://www.bloomberg.com/news/2013–07-11/fabulous-fab-trial-revisits-subprime-crisis-6-years-on.html

244. Bel Bruno, Joe; Philbin, Brett: »Blankfein Defends Goldman's Ethics.« *The Wall Street Journal*, 5.5.2010. Online im Internet: http://online.wsj.com/news/articles/SB10 001 424 052 748 703 961 104 575 226 522 119 986 874
245. o.V.: Lloyd Blankfein: »'We Haven't Gotten Everything Right'.« *CNBC.com*, 25.4.2012. Online im Internet: http://www.cnbc.com/id/47 174 049
246. Bel Bruno, Joe; Philbin, Brett: »Blankfein Defends Goldman's Ethics.« *The Wall Street Journal*, 5.5.2010. Online im Internet: http://online.wsj.com/news/articles/SB10 001 424 052 748 703 961 104 575 226 522 119 986 874
247. ebd.
248. o.V.: Lloyd Blankfein: »'We Haven't Gotten Everything Right'.« *CNBC.com*, 25.4.2012. Online im Internet: http://www.cnbc.com/id/47 174 049
249. Cohan, William D.: *Money and Power: How Goldman Sachs Came to Rule the World*. New York 2011, S. 444
250. Freisinger, Gisela Maria: »Im Reich der Rothschilds.« *Manager-Magazin.de*, 09.11.2012. Online im Internet: http://www.manager-magazin.de/magazin/artikel/a-864 730-7.html
251. Cohan, William D.: *Money and Power: How Goldman Sachs Came to Rule the World*. New York 2011, S. 306
252. ebd., S. 312
253. ebd., S. 312
254. Morgenson, Gretchen; Van Natta Jr., Don: »Paulson's Calls to Goldman Tested Ethics.« *The New York Times*, 8.8.2009. Online im Internet: http://www.nytimes.com/2009/08/09/business/09paulson.html?pagewanted=all&_r=0
255. Rappaport, Liz; Mullins, Brody: »Goldman Turns Tables on Obama Campaign.« *The Wall Street Journal*, 10.10.2012. Online im Internet: http://online.wsj.com/news/articles/SB10 000 872 396 390 444 752 504 578 024 661 927 487 192
256. Rappaport, Liz; Mullins, Brody: »Goldman Turns Tables on Obama Campaign.« *The Wall Street Journal*, 10.10.2012. Online im Internet: http://online.wsj.com/news/articles/SB10 000 872 396 390 444 752 504 578 024 661 927 487 192
257. *Memoirs, Correspondence and Private Papers of Thomas Jefferson*, Vol. IV, hrsg. v. Thomas Jefferson Randolph, London 1829. S. 288
258. McLeod, Judi: »George Soros, Maurice Strong and company redefine the Middleclass.« *Canada Free Press*, 26.09.2008. Online im Internet: http://www.canadafreepress.com/index.php/article/5216
259. Platform of the Progressive Party: Declaration of Principles of the Progressive Party, August 7, 1912. PBS American Experience Primary Resources. Online im Internet: http://www.pbs.org/wgbh/americanexperience/features/primary-resources/tr-progressive/

260. President Franklin Delano Roosevelt to Col. Edward Mandell House, November 21, 1933, F.D.R.: *His Personal Letters*. New York 1950, S. 373
261. ARD: »Banken außer Kontrolle. Wie die Politik uns in die Krise führte«, Sendung am 15.7.2013
262. Lafontaine, Oskar, »Entfesselte Finanzmärkte – Analyse des modernen Kapitalismus.« *Oskar-lafontaine.de*, 25.09.2013. Online im Internet: http://www.oskar-lafontaine.de/links-wirkt/details/f/1/t/oskar-lafontaine-referierte-beim-investmentkongress-der-unicredit-bank-in-muenchen/
263. Johnson, Susan R. et al.: »Presidents are breaking the U.S. Foreign Service.« *The Washington Post*, 11.04.2013. Online im Internet: http://www.washington-post.com/opinions/presidents-are-breaking-the-us-foreign-service/2013/04/11/4efb5afe-a235–11e2–82bc-511538ae90a4_story.html
264. Telefoninterview im Juli 2013
265. Evans-Pritchard, Ambrose: »Italians claim country run by Goldman Sachs.« *The Telegraph online*, 29.5.2007. Online im Internet: http://www.telegraph.co.uk/finance/markets/2809685/Italians-claim-country-run-by-Goldman-Sachs.html
266. ebd.
267. ebd.
268. Deutscher Bundestag: Umfangreiche Kontakte der Regierung zu Banken. Antwort der Bundesregierung (17/12332) auf eine Kleine Anfrage der Linksfraktion (17/11456), 06.03.2013. Online im Internet: http://www.bundestag.de/presse/hib/2013_03/04/253096; Deutscher Bundestag: Antwort der Bundesregierung auf die Kleine Anfrage der Abgeordneten Dr. Barbara Höll, Harald Koch, Richard Pitterle, Dr. Axel Troost und der Fraktion DIE LINKE– Drucksache 17/11456 – Beziehungen von Geschäftsbanken und Investmentbanken zur Bundesregierung, 14.02.2013. Online im Internet: http://dip21.bundestag.de/dip21/btd/17/123/1712332.pdf
269. Neuerer, Dietmar et al.: »Wirbel um Merkels enge Banker-Kontakte.« *Handelsblatt*, 20.2.2013. Online im Internet: http://www.handelsblatt.com/politik/deutschland/mehr-als-instinktlos-wirbel-um-merkels-enge-banker-kontakte-seite-all/7812574-all.html
270. Reischauer, Claudia; Zdral, Wolfgang: »Goldman Sachs. Der Schattenmann.« *Capital*, 12.7.2006. Online im Internet: http://web.archive.org/web/20120122112045/http://www.capital.de/unternehmen/:Goldman-Sachs-Der-Schattenmann/100004269.html
271. Morgenson, Gretchen; Story, Louise: »Clients Worried About Goldman's Dueling Goals.« *The New York Times*, 18.05.2010. Online im Internet: http://www.nytimes.com/2010/05/19/business/19client.html?pagewanted=all&_r=0

272. Taibbi, Matt: »The Great American Bubble Machine.« *Rolling Stone Magazine*, 2.7.2009. Online im Internet: http://www.rollingstone.com/politics/news/the-great-american-bubble-machine-20 100 405
273. Brown, Millward, »Google Overtakes Apple to Become the 2014 BrandZ Top 100 Most Valuable Global Brand.« Pressemitteilung vom 20.05.2014. Online im Internet: http://www.millwardbrown.com/Global/News/PressReleases/PressReleaseDetails/14–05-20/Google_Overtakes_Apple_to_Become_the_2014_BrandZ%E2%84%A2_Top_100_Most_Valuable_Global_Brand.aspx
274. o.V.: »Facts and Stats of World's largest data centers.« *StorageServers*, 17.7.2013. Online im Internet: http://storageservers.wordpress.com/2013/07/17/facts-and-stats-of-worlds-largest-data-centers/; Miller, Rich: Report: »Google Uses About 900,000 Servers.« Data Center Knowledge, 1.8.2011. Online im Internet: http://www.datacenterknowledge.com/archives/2011/08/01/report-google-uses-about-900 000-servers/
275. Google: Standorte von Rechenzentren. Google.com. Online im Internet: http://www.google.com/about/datacenters/inside/locations/index.html
276. Spring, Tom: »Three minutes with Google's Eric Schmidt.« *CNN com* 1.2.2002. Online im Internet: http://edition.cnn.com/2002/TECH/internet/02/01/interview.eric.schmidt.idg/index.html
277. Vaidhyanathan, Siva: *The Googlization of Everything (And Why We Should Worry)*. Princeton 2011, S. 210
278. ebd., S. 2
279. ebd., S. 2
280. Metz, Cade: »Google's Top Five Data Center Secrets (That Are Still Secret).« *Wired.com*, 18.10.2012. Online im Internet: http://www.wired.com/2012/10/google-data-center-secrets/
281. ebd.
282. Vaidhyanathan, Siva: *The Googlization of Everything (And Why We Should Worry)*. Princeton 2011, S. 4
283. Rivlin, Gary: »Relax, Bill Gates; It's Google's Turn as the Villain.« *The New York Times*, 24.8.2005. Online im Internet: http://www.nytimes.com/2005/08/24/technology/24valley.html?pagewanted=all&_r=2&
284. ebd.
285. ebd.
286. Gellman, Barton et al.: »How the NSA is infiltrating private networks.« *The Washington Post*, 30.10.2013. Online im Internet: http://apps.washingtonpost.com/g/page/world/how-the-nsa-is-infiltrating-private-networks/542/; o.V.: »Überwachungsaffäre: Google aufgebracht über NSA-Datenspionage.«

Spiegel Online, 31.10.2013. Online im Internet: http://www.spiegel.de/netzwelt/netzpolitik/google-aufgebracht-ueber-nsa-datenspionage-a-930 969.html
287. *Forbes.com:* The Richest People On The Planet 2014. Online im Internet: http://www.forbes.com/billionaires/
288. Levy, Steven: »Google's Larry Page on Why Moon Shots matter.« *Wired*, 17.1.2013. Online im Internet: http://www.wired.com/business/2013/01/ff-qa-larry-page/all/
289. Howard, Caroline: »Google's Susan Wojcicki Takes Lead Of Ads and Engineering.« *Forbes.com*, 06.05.2011. Online im Internet: http://www.forbes.com/sites/carolinehoward/2011/05/06/googles-susan-wojcicki-suddenly-lead-of-engineering-and-ads-she-wants-to-talk-about-chickens/
290. CNBC: CNBC Original– Inside The Mind of Google (2009). Online im Internet: http://www.youtube.com/watch?v=mfXeoP4SJ2 g
291. Shontell, Alyson: »Where are they now: The First 21 Google Employees.« *Business Insider*, 27.7.2012. Online im Internet: http://www.businessinsider.com/googles-first-20-employees-where-are-they-now-2012–7?op=1; Oreskovic, Alexei: »Google CEO's inner circle: Meet the L Team.« Reuters, 16.12.2011. Online im Internet: http://www.reuters.com/article/2011/12/16/us-google-idUSTRE7BF1T420 111 216; Lindner, Roland: »Susan Wojcicki: Von der Garagenvermieterin zur Youtube-Chefin.« *FAZ.net*, 06.02.2014. Online im Internet: http://blogs.faz.net/netzwirtschaft-blog/2014/02/06/susan-wojcicki-von-der-garagenvermieterin-zur-youtube-chefin-3599/
292. Google: Wer wir sind: Management-Team. Online im Internet: http://www.google.de/intl/de/about/company/facts/management/
293. http://en.wikipedia.org/wiki/Eric_Schmidt
294. Lashinsky, Adam: »Google wins again.« *Money*, 29.1.2008. Online im Internet: http://money.cnn.com/2008/01/18/news/companies/google.fortune/index.htm
295. Page, Larry; Brin, Sergey: 2004 Founders' IPO Letter: »An Owner's Manual« for Google's Shareholders. Online im Internet: http://investor.google.com/corporate/2004/ipo-founders-letter.html
296. The Brian Lehrer Show: Regulate Google? WNYC.com, 08.07.2009. Online im Internet: http://www.wnyc.org/story/30 911-regulate-google/
297. Schmidt, Eric: »Die Chancen des Wachstums.« *FAZ.net*, 09.04.2014. Online im Internet: http://www.faz.net/aktuell/feuilleton/debatten/eric-schmidt-ueber-das-gute-an-google-die-chancen-des-wachstums-12 887 813.html; o.V.: »Springer-Chef Döpfner warnt vor der Macht von Google.« *FAZ.net*, 15.4.2014. Online im Internet: http://www.faz.net/aktuell/feuilleton/medien/

offener-brief-an-eric-schmidt-springer-chef-doepfner-warnt-vor-der-macht-von-google-12 897 872.html
298. Bilderbergmeeting.org: Participants, Bilderberg Meetings, Copenhagen, Denmark 29 May– 1 June 2014. Online im Internet: http://www.bilderbergmeetings.org/participants.html
299. Q1-Bericht Google Inc., 2014
300. *Fortune Magazine*: Best Companies to Work For 2014. Online im Internet: http://money.cnn.com/magazines/fortune/best-companies/
301. Levy, Steven: »Google's Larry Page on Why Moon Shots Matter.« *Wired.com*, 17.1.2013. Online im Internet: http://www.wired.com/2013/01/ff-qa-larry-page/all/
302. Stone, Brad: »Inside Google's Secret Lab.« *BloombergBusinessweek*, 22.5.2013. Online im Internet: http://www.businessweek.com/articles/2013–05-22/inside-googles-secret-lab
303. Warman, Matt; Curtis, Sophie: »The sky's the limit as Google takes a ›moonshot‹ at health with Calico.« *The Telegraph*, 20.9.2013. Online im Internet: http://www.telegraph.co.uk/technology/google/10 321 822/The-skys-the-limit-as-Google-takes-a-moonshot-at-health-with-Calico.html
304. Leuty, Ron: »Google-backed research company Calico attempts to unlock secret of aging.« *San Francisco Business Times*, 10.12.2013. Online im Internet: http://www.bizjournals.com/sanfrancisco/blog/biotech/2013/12/calico-google-hal-barron-aging-goog.html?page=all
305. Spector, Alfred: »Two Googlers elected to the American Academy of Arts and Sciences.« Google Official Blog, 25.04.2013. Online im Internet: http://googleblog.blogspot.de/2013/04/two-googlers-elected-to-american.html
306. Thompson, Nicholas: »Stanford and its Start-Ups.« *The New Yorker*, 11.09.2013. Online im Internet: http://www.newyorker.com/online/blogs/currency/2013/09/stanford-and-its-start-ups.html
307. ebd.
308. Markoff, John: »Google Puts Money on Robots, Using the Man Behind Android.« *The New York Times*, 4.12.2013. Online im Internet: http://www.nytimes.com/2013/12/04/technology/google-puts-money-on-robots-using-the-man-behind-android.html?pagewanted=all
309. Swisher, Kara: »Google Will Pay Mozilla Almost $300M Per Year in Search Deal, Besting Microsoft and Yahoo.« *Allthingsd.com*, 22.12.2011. Online im Internet: http://allthingsd.com/20 111 222/google-will-pay-mozilla-almost-300 m-per-year-in-search-deal-besting-microsoft-and-yahoo/
310. Kleinz, Torsten: »Gerüchte über den Tod des Firefox sind reichlich übertrieben.« *Zeit Online*, 7.12.2011. Online im Internet: http://www.zeit.de/digital/

internet/2011–12/google-firefox-chrome; Statista: Marktanteile der führenden Browserfamilien an der Internetnutzung weltweit von Januar 2009 bis Mai 2014. Statista.com, Juni 2014. Online im Internet: http://de.statista.com/statistik/daten/studie/157 944/umfrage/marktanteile-der-browser-bei-der-internetnutzung-weltweit-seit-2009/

311. Wilkens, Andreas: »Apple, Google und Intel einigen sich mit Klägern im Verfahren um Rekrutierungskartell.« *Heise.de,* 25.4.2014. Online im Internet: http://www.heise.de/newsticker/meldung/Apple-Google-und-Intel-einigen-sich-mit-Klaegern-im-Verfahren-um-Rekrutierungskartell-2 176 745.html
312. Wilhelm, Alex; Tsotsis, Alexia: »Google Ventures Puts $258M Into Uber, Its Largest Deal Ever.« *TechCrunch*, 22.8.2013. Online im Internet: http://techcrunch.com/2013/08/22/google-ventures-puts-258 m-into-uber-its-largest-deal-ever/
313. Lowensohn, Josh: »Google made a self-driving car, and it doesn't have a steering wheel.« *The Verge*, 27.5.2014. Online im Internet: http://www.theverge.com/2014/5/27/5 756 436/this-is-googles-own-self-driving-car
314. Shontell, Alyson: »What It's Really Like To Be A Google Intern.« *Business Insider*, 3.6.2013. Online im Internet: http://www.businessinsider.com/what-its-really-like-to-be-a-google-intern-2013–5
315. Poudstone, William: *Are you Smart Enough to Work at Google?* Little, Brown and Company; 2012
316. Schwabel, Dan: »The Secret to Getting a Job at Google Revealed.« *Forbes.com*, 10.1.2012. Online im Internet: http://www.forbes.com/sites/danschwabel/2012/01/10/the-secret-to-getting-a-job-at-google-revealed/
317. CNBC: *CNBC Original– Inside The Mind of Google* (2009). Online im Internet: http://www.youtube.com/watch?v=mfXeoP4SJ2 g
318. Gespräch im Mai 2014 mit einem Google-Mitarbeiter, der seit zwei Jahren für den Konzern in Dublin arbeitet.
319. McIlvaine, Andrew R: »The Innovator.« *Human Resource Executive Online*, 1.7.2010. Online im Internet: http://www.hreonline.com/HRE/view/story.jhtml?id=461 233 863
320. Nisen, Max: »Google Tracks Its Own Employees As Closely As It Tracks You On The Internet.« *Business Insider,* 23.01.2013. Online im Internet: http://www.businessinsider.com/googles-workplace-analytics-2013–1#ixzz2qBrlnBAo
321. Bryant, Adam: »Google's Quest to Build a Better Boss.« *The New York Times*, 12.3.2011. Online im Internet: http://www.nytimes.com/2011/03/13/business/13hire.html?pagewanted=all&_r=0
322. ebd.

323. Bryant, Adam: »In Head-Hunting, Big Data May Not Be Such a Big Deal.« *The New York Times*, 19.6.2013. Online im Internet: http://mobile.nytimes.com/2013/06/20/business/in-head-hunting-big-data-may-not-be-such-a-big-deal.html
324. So der Google-Mitarbeiter aus Dublin EMEA HQ (Europe, the Middle East and Africa Headquarter) der Autorin gegenüber.
325. Gannes, Liz: »Google CIO Ben Fried on How Google Works.« *AllThingsD*, 10.10.2013. Online im Internet: http://allthingsd.com/20131010/google-cio-ben-fried-on-how-google-works/
326. Levy, Steven: »Google's Larry Page on Why Moon Shots Matter.« *Wired.com*, 17.1.2013. Online im Internet: http://www.wired.com/2013/01/ff-qa-larry-page/all/
327. Mills, Elinor: »Meet Google's culture czar.« *CNET*, 27.4.2007. Online im Internet: http://news.cnet.com/2100–1023_3–6179897.html
328. Swift, Mike: »As Google grows, employees carve own niches.« *Los Angeles Times*, 7.7.2011. Online im Internet http://articles.latimes.com/2011/jul/07/business/la-fi-google-groups-20110707
329. Gannes, Liz: »Google CIO Ben Fried on How Google Works.« *AllThingsD*, 10.10.2013. Online im Internet: http://allthingsd.com/20131010/google-cio-ben-fried-on-how-google-works/
330. o.V.: »Open Source at Google: An Interview with Chris DiBona.« *Netsquared.org*, März 2008. Online im Internet: http://www.netsquared.org/blog/nateritter/open-source-google-interview-chris-dibona#.Utasx_soI7o
331. Barr, Alistair; Pasztor, Andy: »Google Invests in Satellites to Spread Internet Access.« *The Wall Street Journal*, 1.6.2014. Online im Internet: http://online.wsj.com/articles/google-invests-in-satellites-to-spread-internet-access-1401666287
332. Co:llaboratory: Fragen und Antworten zum CoLab. Online im Internet: http://www.collaboratory.de/w/Fragen_und_Antworten_zum_CoLab
333. OpenSecrets.org: »Barack Obama (D)– Top Contributors.« Online im Internet: http://www.opensecrets.org/pres08/contrib.php?cycle=2008&cid=N00009638
334. The Workforce Development Network: »President Obama Announces Members of the President's Council on Jobs and Competiveness.« *Nyatep.org*, Februar 2011. Online im Internet: http://www.nyatep.org/i4a/pages/index.cfm?pageid=5397
335. Greenfield, Rebecca: »Google Now Spends More on Lobbying Than Lockheed Martin.« *TheWire.com*, 03.06.2013. Online im Internet: http://www.thewire.com/technology/2013/06/google-lobbying-lockheed-martin/65813/
336. ebd.

337. OpenSecrets.org: Google Inc Summary 2014. Online im Internet: http://www.opensecrets.org/lobby/clientsum.php?id=d000 022 008n
338. ebd.
339. Simpson, John M.: »Google Leads Tech Firms in Lobbying Expenses; Facebook Spending Up 47 Percent.« Insidegoogle.com, 22.10.2013. Online im Internet: http://insidegoogle.com/2013/10/google-leads-tech-firms-in-lobbying-expenses-facebook-spending-up-47-percent/; Kannenberg, Axel: »Google verdoppelt sein US-Lobbybudget.« Heise.de, 24.1.2013. Online im Internet: http://www.heise.de/newsticker/meldung/Google-verdoppelt-sein-US-Lobbybudget-1 790 714.html
340. OpenSecrets.org: Lobbyists representing Google Inc, 2013. Online im Internet: http://www.opensecrets.org/lobby/clientlbs.php?id=d000 022 008&year=2013; o.V.: »Top Lobbyists 2013.« *The Hill*, 30.10.2013. Online im Internet: http://thehill.com/business-lobbying/business-lobbying/188 607-top-lobbyists-2013#ixzz2qZdqZ6Ou
341. Google: »Wer wir sind: Management-Team.« Online im Internet: http://www.google.de/intl/de/about/company/facts/management/
342. Lode, Silke: »Auf der Suche nach Aufmerksamkeit.« *Süddeutsche.de*, 17.05.2010. Online im Internet: http://www.sueddeutsche.de/wirtschaft/google-auf-der-suche-nach-aufmerksamkeit-1.595 712
343. Efrati, Amir: »Kleiner Partners' View Of the Future of Tech.« *The Wall Street Journal*, 19.12.2012. Online im Internet: http://online.wsj.com/news/articles/SB10 001 424 127 887 324 407 504 578 185 381 152 508 470
344. Gellman, Barton; Soltani, Ashkan: »NSA infiltrates links to Yahoo, Google data centers worldwide, Snowden documents say.« *The Washington Post*, 30.10.2013. Online im Internet: http://www.washingtonpost.com/world/national-security/nsa-infiltrates-links-to-yahoo-google-data-centers-worldwide-snowden-documents-say/2013/10/30/e51d661e-4166–11e3–8b74-d89d714ca4dd_story.html
345. Hesseldahl, Arik: »How the NSA May Be Tapping Yahoo's and Google's Fiber Optic Cables.« *AllThingsD*, 30.10.2013. Online im Internet: http://allthingsd.com/20 131 030/how-the-nsa-may-be-tapping-yahoos-and-googles-fiber-optic-cables/
346. Bort, Julie: »Google's Chief Legal Officer is ›Outraged‹ At NSA Snooping On Google's Networks.« *Business Insider*, 30.10.2013. Online im Internet: http://www.businessinsider.com/google-exec-outraged-at-nsa-snooping-2013–10
347. Ferenstein, Gregory: »Watch Google's Eric Schmidt Call NSA Spying ›Outrageous‹ and ›Perhaps Illegal‹.« *TechCrunch*, 4.11.2013. Online im Internet: http://techcrunch.com/2013/11/04/watch-googles-eric-schmidt-call-nsa-spying-outrageous-and-perhaps-illegal/

348. o.V.: »Kontakte zwischen Google und Geheimdienst enthüllt.« *FAZ.net*, 7.5.2014. Online im Internet: http://www.faz.net/aktuell/wirtschaft/netzwirtschaft/google-und-nsa-e-mails-enthuellen-kontakte-12 927 391.html
349. Page, Larry; Drummond, David: »What the…?« Google Official Blog, 7.6.2013. Online im Internet: http://googleblog.blogspot.de/2013/06/what.html
350. »Reform Government Surveillance: Global Government Surveillance Reform.« Online im Internet: http://www.reformgovernmentsurveillance.com
351. Menn, Joseph: »Strong ties bind spy agencies and Silicon Valley.« *Reuters*, 3.7.2013. Online im Internet: http://www.reuters.com/article/2013/07/03/us-usa-security-siliconvalley-idUSBRE96 214I20 130 703
352. Google: Unternehmensprofil. *Google.com*. Online im Internet: https://www.google.com/about/company/
353. Schmidt, Eric; Cohen, Jared: *Die Vernetzung der Welt*. Reinbek 2013
354. »Disruption. Connectivity and the Diffusion of Power.« *Foreign Affairs*, November/December 2010 Issue. Online im Internet: http://www.foreignaffairs.com/articles/66 781/eric-schmidt-and-jared-cohen/the-digital-disruption
355. Schmidt, Eric; Cohen, Jared: *The New Digital Age: Reshaping the Future of People, Nations and Business*. Princeton 2013, S. 8
356. ebd., S. 207
357. ebd., S. 7
358. o.V.: »Eric Schmidt: Google-Manager bekommt 106 Millionen Dollar Bonus.« *Spiegel Online*, 5.2.2014. Online im Internet: http://www.spiegel.de/wirtschaft/unternehmen/ex-google-chef-eric-schmidt-bekommt-106-millionen-dollar-bonus-a-951 556.html
359. Isaacson, Walter: »Jared Cohen, Idea man.« *Time Magazine*, 18.4.2013. Online im Internet: http://time100.time.com/2013/04/18/time-100/slide/jared-cohen/
360. Smith, Greg: »Why I Am Leaving Goldman Sachs.« *The New York Times*, 14.3.2012. Online im Internet: http://www.nytimes.com/2012/03/14/opinion/why-i-am-leaving-goldman-sachs.html?pagewanted=all&_r=1&; Smith, Greg: Why I Left Goldman Sachs: A Wall Street Story. New York 2012
361. Bourdieu, Pierre: Le capital social. Actes de la recherche en sciences sociales, n°31, 1980; Putnam, Robert D.: *Bowling Alone: The Collapse and Revival of American Community*. New York 2000